Jonas Höhn

# ARBEITSLUST STATT FRUST

ÖKOLOGISCHE VERANTWORTUNG

**Wir übernehmen Verantwortung! Ökologisch und sozial!**

- Verzicht auf Plastik: kein Einschweißen der Bücher in Folie
- Nachhaltige Produktion: Verwendung von Papier aus nachhaltig bewirtschafteten Wäldern, PEFC-zertifiziert
- Stärkung des Wirtschaftsstandorts Deutschland: Herstellung und Druck in Deutschland

Jonas Höhn

# ARBEITSLUST STATT FRUST

Gemeinsam zu mehr Wertschätzung, Verbundenheit und Produktivität

GABAL

Bis zum Zeitpunkt der Drucklegung wurde dieses Buch nach bestem Wissen und Gewissen auf Aktualität und Fehlerfreiheit geprüft. Auf etwaige Änderungen zu einem späteren Zeitpunkt hat der Verlag keinen Einfluss. Eine Haftung des Verlages ist daher ausgeschlossen. Wenn notwendige Änderungen auffallen, können diese im Bedarfsfall an info@gabal-verlag.de gesendet werden.

Ein Hinweis zu gendergerechter Sprache: Die Entscheidung, in welcher Form alle Geschlechter angesprochen werden, obliegt den jeweiligen Verfassenden.

Bibliografische Information der Deutschen Nationalbibliothek

Die Deutsche Nationalbibliothek verzeichnet diese Publikation in der Deutschen Nationalbibliografie; detaillierte bibliografische Daten sind im Internet über http://dnb.d-nb.de abrufbar.

ISBN 978-3-96739-184-8

Lektorat: Silke Martin, Kriftel
Umschlaggestaltung: Guido Klütsch, Köln
Autorenfoto: Oliver Güth
Satz und Layout: Lohse Design, Heppenheim | www.lohse-design.de
Druck und Bindung: Salzland Druck, Staßfurt



Wir drucken in Deutschland.

www.gabal-verlag.de
www.gabal-magazin.de
www.facebook.com/Gabalbuecher
www.twitter.com/gabalbuecher
www.instagram.com/gabalbuecher

PEFC-zertifiziert
Dieses Produkt stammt aus nachhaltig bewirtschafteten Wäldern und kontrollierten Quellen.
www.pefc.de

# INHALT

# VORWORT

Liebe Leser:innen,
es gibt inzwischen kaum mehr Branchen und Regionen in Deutschland, in denen kein massiver Arbeitskräftemangel herrscht. Die Generation der »Babyboomer« geht nach und nach in den Ruhestand. Die wenigen jüngeren Menschen, die ins Erwerbsleben nachrücken, können die Lücke nicht schließen. Die Folge: Die Schere geht immer weiter auseinander. Schon heute bleiben rund zwei Millionen Arbeitsplätze in den Betrieben vakant.[1] Tendenz: stark steigend! Wird vonseiten der Politik nicht stärker gegengesteuert, könnten dem deutschen Arbeitsmarkt bis 2035 rund sieben Millionen Erwerbstätige fehlen.[2] Das entspricht in etwa der doppelten Einwohnerzahl Berlins.

Human Resources Management und die Sicherung von Arbeitskräften sind daher zu einer Top-Priorität in den Unternehmen aufgestiegen. Im sogenannten »War for Talents« kämpfen die Betriebe inzwischen branchen-, regionen- und länderübergreifend um Arbeitskräfte. Bleiben Positionen für längere Zeit unbesetzt, nimmt die Arbeitsbelastung der übrigen Belegschaft zu. Die Folge sind Überstunden und höhere Krankenstände bis hin zur Kündigung. Ein Teufelskreis, der im Worst Case zu noch höherer Fluktuation führt und die Zahl der offenen Stellen im Unternehmen potenziert. Das A und O für jeden Arbeitgeber im Arbeitnehmermarkt ist daher eine maßgeschneiderte Retention-Strategie. Ziel einer solchen Strategie ist es, den Teufelskreis aus Fluktuation, Aufwand und Kosten zu durchbrechen und die Mitarbeitenden durch wirksame Maßnahmen langfristig im Unternehmen zu halten. Denn: Zufriedene Mitarbeitende bleiben im Unternehmen ihrer Wahl – eine Win-win-Situation für Arbeitgeber und Beschäftigte.

Apropos Beschäftigte: Das Gute an diesem Buch ist, dass es sich nicht nur an Führungskräfte oder HR-Professionals richtet, sondern auch an Mitarbeiter:innen ohne Führungsverantwortung und ohne HR-Hintergrund. Denn: Jede:r einzelne Beschäftigte kann wirksam Veränderungen in Teams und Organisationen herbeiführen. Wie? Darauf gibt das Buch wertvolle Antworten.

Welche Elemente sollte denn jetzt die oben genannte Retention-Strategie umfassen? Ich sehe fünf Handlungsfelder, die sich für jedes Unternehmen zu durchdenken lohnen:

1. **Unternehmenskultur:** Unternehmen sollten eine Kultur fördern, die auf Vertrauen, Offenheit, Zusammenarbeit und gegenseitigem Respekt basiert. Ein gutes Betriebsklima spielt eine wichtige Rolle, damit Mitarbeiter:innen gerne zur Arbeit kommen, sich mit dem Unternehmen identifizieren und es auch weiterempfehlen.
2. **Entlohnung:** Beschäftigte möchten Wertschätzung und Anerkennung für ihre Leistung erhalten. Wenn Mitarbeiter:innen das Gefühl haben, dass sie unterbezahlt sind oder dass sie anderswo eine bessere Vergütung erhalten können, entscheiden sie sich häufig für einen Arbeitgeberwechsel. Bausteine einer erfolgreichen Retention-Strategie sind daher auch eine markt- und leistungsgerechte Entlohnung, eine Beteiligung der Mitarbeiter:innen am Unternehmenserfolg und ein transparentes Gehaltsgefüge, über das auch offen gesprochen wird.
3. **Arbeitsorganisation:** Flexible Arbeitszeiten, die Möglichkeit, mobil zu arbeiten – wo möglich und sinnvoll –, oder das Angebot von Sabbaticals sind wichtige Aspekte, die dazu beitragen, dass Mitarbeiter:innen sich wohlfühlen und ihr Bestes geben. Sie sollten zudem die Möglichkeit haben, gemeinsam an Projekten zu arbeiten, Ideen auszutauschen und voneinander zu lernen.
4. **Führung:** Am Spruch »Mitarbeiter:innen verlassen nicht ihren Arbeitgeber, sondern ihre Führungskraft« ist viel Wahres dran. Mitarbeiter:innen wünschen sich von ihrer Führungskraft die Anerkennung ihrer Leistungen, einen fairen Umgang – idealerweise auf Augenhöhe – und ein regelmäßiges, konstruktives Feedback. Das gilt insbesondere für die Generation Z.
5. **Personalentwicklung:** Unternehmen, die in die Weiterbildung ihrer Mitarbeiter:innen investieren, zeigen, dass sie an deren Entwicklung interessiert sind, ihren Wert für das Unternehmen schätzen und sie langfristig an sich binden möchten. Umgekehrt gilt: Beschäftigten ist es in einer sich verändernden Arbeitswelt wichtig, ihr Fachwissen und ihre Kompetenzen auf einem aktuellen Stand zu halten und im Idealfall stetig ausbauen zu können. Wenn Beschäftigte das Gefühl haben, dass sie im Unternehmen ihr Potenzial voll ausschöpfen können, ist die Wahrscheinlichkeit hoch, dass sie dem Arbeitgeber treu bleiben.

In den Betrieben gilt es, die fünf Handlungsfelder durch konkrete Maßnahmen mit Leben zu füllen, Beschäftigte mit ihren Ideen zu beteiligen und über die Zeit zu demonstrieren, dass Mitarbeitendenbindung ein strategisches Unternehmensziel ist. Größere Unternehmen haben zumeist durch höhere Budgets und Abteilungen mehr Spielräume bei der Ausgestaltung einer Retention-Strategie. Der Vorteil von KMU ist jedoch, dass keine groß angelegten Mitarbeitendenbefragungen nötig sind. Die Wege zu den Beschäftigten, ihren Anliegen und Bedürfnissen sind kürzer.

Welche Angebote und Maßnahmen kann eine Retention-Strategie konkret beinhalten – abseits von Überschriften und Schlagwörtern? Darauf gibt das vorliegende Buch von Jonas Höhn wertvolle und inspirierende Antworten. Es verliert sich dabei nicht in der Theorie, sondern wird Ihnen konkrete Anregungen und Tipps für die betriebliche Praxis mit auf den Weg geben.

Jonas Höhn weiß, wovon er spricht. Durch seine langjährige Zusammenarbeit mit Konzernen, KMUs und Personalverantwortlichen aus »beiden Welten« gibt er praxisnahe Beispiele und konkrete Tipps, wie die Rahmenbedingungen vor Ort aussehen müssen, damit Mitarbeiter:innen gerne zur Arbeit kommen und gerne im Unternehmen bleiben.

Der Gründer der »detoxRebels« hat seinen Podcast »Rebellisch gesund« zu einem Leuchtturm in der HR-Community aufgebaut. Folge für Folge inspiriert er durch unkonventionelle »Out-of-the-Box«-Ideen für die Arbeitswelt, unerwartete Denkanstöße und seine Gabe, als Moderator empathisch auf Menschen einzugehen und sie für Veränderungen in der Arbeitswelt zu begeistern. In diesem Buch kommen wir – wie seine Podcast-Gäste und Zuhörer:innen – in den Genuss seiner frischen, inspirierenden Ideen. Es sorgt für ganz besondere »Aha-Momente« – überraschend anders, unterhaltsam und rebellisch.

Ich wünsche Ihnen beim Lesen viel Freude und inspirierende Erkenntnisse. Vor allem aber wünsche ich Ihnen viel Erfolg bei der Umsetzung der Impulse im Unternehmen. Retention ist in Zeiten leer gefegter Arbeitsmärkte nicht nur ein Gebot der Stunde, sondern auch der nächsten Jahre.

Mitarbeitende, die sich wohlfühlen, machen die Organisation attraktiver für Bewerber:innen. Dies spricht sich herum und hilft wiederum beim Recruiting. Es zeigt sich: Es sind die Menschen, die den Unterschied ausmachen.

*Inga Dransfeld-Haase*
*Präsidentin des Bundesverbands der Personalmanager:innen*

# BESSER SPÄT ALS NIE

Es ist ein Video, das unter die Haut geht und Gänsehaut erzeugt.[1] Eine junge Frau sitzt vor der Kamera, sie ringt um Fassung, kämpft mit den Tränen. »Ich kann doch nicht die Einzige sein«, sagt sie und schaut an die Decke, »die Einzige, die gar keine Kraft mehr für eine Ausbildung hat.« Sie ist Anfang zwanzig und hat bereits zwei Ausbildungen abgebrochen und dabei wertvolle Zeit vergeudet, etwa drei Jahre. »Weil es einfach der Horror ist«, erzählt sie. »Entweder man sitzt auf der Toilette und heult oder man wird wie der größte Dreck behandelt.« Sie wischt sich immer wieder Tränen aus dem Gesicht und erzählt davon, dass sie entweder ignoriert oder angemotzt wurde. »Und dafür wird man dann auch noch richtig schlecht bezahlt«, sagt sie. »Mich belastet das voll«, erzählt sie weiter. »Ich fange die Ausbildungen an und bin noch voll motiviert.« Jetzt ist sie ratlos, kraftlos, arbeitslos. Am Ende ihres Videos, das sie auf der Social-Media-Plattform TikTok hochgeladen hat, stellt sie zwei Fragen: »Warum ist das so in Deutschland? Warum ist die Ausbildung die Hölle?«

Ich habe mich gefragt, ob diese junge Frau mit ihren Gedanken und Gefühlen wohl allein ist? Stellt sie sich womöglich nur an und hat keine Ahnung davon, was es heißt, sich reinzuknien? Immerhin sind Lehrjahre keine Herrenjahre, oder? Das Beratungsunternehmen Gallup gibt dazu eine klare Antwort und zeigt in weltweiten Umfragen eindeutig, dass viele Menschen im Job mehr Frust als Lust erfahren – unabhängig von Alter oder Geschlecht. Demnach fühlen sich in Deutschland 84 Prozent der Mitarbeitenden nicht verbunden mit dem Unternehmen, in dem sie arbeiten.[2] Für jede:n Dritte:n ist der Leidensdruck sogar so groß, dass ans Kündigen gedacht wird.[3] Wenn du bei Google den Satzanfang »Mein Job ist …« schreibst, schlägt dir die Suchmaschine folgende Vollendungen als Erstes vor: »… langweilig«, »… sinnlos«, »… die Hölle«. Das ist also das, was die Menschen auf ihre berufliche Tätigkeit bezogen beschäftigt.

Im Gallup-Report 2023 heißt es weiter, dass 39 Prozent der Mitarbeitenden in Europa aufgrund der Unzufriedenheit viel Stress erleben. Nicht nur ein wenig oder moderat, sondern so viel Stress, dass sie sich ausgebrannt fühlen – 15 Prozent der europäischen Mitarbeitenden sind sogar sogenannte »Loud Quitter«, also Mitarbeitende, die so unzufrieden sind, dass sie nicht nur innerlich gekündigt haben, sondern ihrer Unzufriedenheit dadurch Ausdruck verleihen, dass sie öffentlich schlecht über ihr Unternehmen reden.[4]

Aber anstatt an dieser Stelle darüber zu diskutieren, warum die Verhältnisse in den Unternehmen so schlecht sind, und vor allem, wie wir das ändern können, schreien aktuell viele Mitarbeitende nach einer Vier-Tage-Woche. Aber was nützt uns eine kürzere Woche, wenn die Arbeitsumgebung weiterhin toxisch bleibt, weil zum Beispiel die Führungskraft so emphatisch ist wie ein Clownfisch? Der Fisch stinkt vom Kopf, heißt es. Und deshalb sollten wir unseren Fokus nicht nur auf Recruiting, sondern auch auf Retention-Management legen. Denn was hilft es, wenn die besten Mitarbeitenden mit großen Versprechungen angeworben werden – die bereits in den ersten Wochen nicht eingehalten werden – und sie womöglich direkt wieder gehen, weil sie sich mit der Unternehmenskultur nicht identifizieren können? Das ist für alle frustrierend, auch für die Unternehmen: Fehlendes Engagement kostet Unternehmen jedes Jahr allein in Deutschland bis zu 113,9 Milliarden Euro.[5]

Deswegen stelle ich mir seit einigen Jahren die Frage, welche Rahmenbedingungen wir brauchen, damit Mitarbeitende gerne bleiben, engagiert sind und auch noch performen können? Wie können wir alle zusammen – ob als Führungskraft, Mitarbeitende oder Unternehmensleitung – die Erlebnisse und Erfahrungen am Arbeitsplatz positiver gestalten, sodass wir wieder mehr Lust als Frust am Arbeitsplatz erleben? Meine Antwort darauf ist das Buch, das du gerade in deinen Händen hältst.

Ich möchte damit Mitarbeitenden, Führungskräften und Unternehmensleitungen Impulse geben, was wir in unserem Berufsalltag anders machen können. Wie wir zusammen eine Arbeitsplatzumgebung schaffen, in der Mitarbeitende nicht nur überleben, sondern leben – und das so, dass sie dabei auch noch aufblühen und über sich hinauswachsen. Die psychologischen Einblicke in diesem Buch mit Best-Practice-Beispielen aus der Wirtschaft sind das Ergebnis aus zahlreichen intensiven Gesprächen mit führenden Expert:innen, Psycholog:innen, Forscher:innen und Personalvorständ:innen, ebenso Erfahrungen aus meinen Unternehmensberatungen sowie meinen persönlichen Erlebnissen.

Dabei geht es nicht darum, alles gleichzeitig umzusetzen, sondern vielmehr darum, auszuprobieren, welche Impulse für das eigene Unternehmen und das eigene soziale Umfeld passend erscheinen. Das Buch ist also so etwas wie ein reichhaltiges Buffet (ohne Warteschlange), von dem du dir das nehmen kannst, was dich anspricht, das zum Reflektieren sowie vor allem zum Handeln anregt.

Es ist mir sehr wichtig, zu betonen, dass es nicht darum geht, mehr aus dir herauszuholen. Du muss nicht dein komplettes Leben auf den Kopf stellen oder alles hinwerfen (wer das tut, muss meist kurz darauf sowieso alles wieder aufheben). Mein Motto für dieses Buch lautet vielmehr: »Mach nicht mehr, sondern mach es anders.« Dazu müssen wir unsere etablierten Routinen und unser Verhalten kritisch hinterfragen: »Ist das, was wir jeden Tag tun und wie wir uns verhalten, für uns selbst und für andere noch gut?« Wir dürfen also für einen kleinen Moment unsere Komfortzone verlassen. Ich weiß, das ist nicht einfach. Wir lieben sie, diese Komfortzone. Wir haben uns in ihr eingerichtet mit Billy-Regalen und Ektorp-Sofas. Aber nur weil wir etwas seit zehn, fünfzehn oder zwanzig Jahren machen, heißt es nicht, dass es heute immer noch gut ist. Daher sollten wir gegenüber anderen Ideen und Ansätzen offen sein und einfach mal etwas ausprobieren.

Was es bringt, nicht mehr, sondern etwas anders zu machen, habe ich selbst eindrucksvoll erfahren dürfen, als ich 2017 zum ersten Mal in Portugal war: in einem Surfcamp zwischen Lissabon und Porto. Am ersten Tag sind wir mit den Boards raus zum Strand, und weil ich recht sportlich bin, dachte ich, dass ich das mit dem Surfen schnell draufhaben würde. Die Trockenübungen am ersten Morgen auf dem Sand schienen das zu bestätigen. Dann ging es ins Wasser. Und dort fiel ich Welle für Welle für Welle vom Board. Den kompletten Tag lang. Zurück im Camp dachte ich abends im Bett darüber nach, was ich noch alles tun müsste, um besser zu werden: mehr Fitness- und Stabilitätsübungen machen, Yoga praktizieren, YouTube-Tutorials schauen.

Am nächsten Tag hatte ich einen anderen Lehrer. Er sah mich am Strand auf dem Board stehen, ließ mich eine Übung machen und sagte nach nur zwei Sekunden: »Du stehst mit dem falschen Fuß vorn.« Es sei eine der wichtigsten Faktoren für den Erfolg beim Surfen, mit dem richtigen Fuß vorn auf dem Brett zu stehen: Goofy (rechter Fuß vorn) oder Regular (linker Fuß vorn).

An diesem Tag habe ich jede Welle bekommen. Und alles, was ich dafür tun musste, war, mich anders aufzustellen. Ohne jeden Mehraufwand. Ich habe weder mehr geschwitzt noch mehr Trainingsstunden bezahlt. Und genauso, glaube ich, kann es im Job laufen: Mach nicht mehr, mach es anders!

Und das Beste daran: Es lohnt sich für alle Beteiligten. Das Softwareunternehmen SAP hat zum Beispiel in einer mehrjährigen internen Erhebung gezeigt, dass ein Prozent mehr Zufriedenheit bei den Mitarbeitenden zu 50 Millionen Euro mehr Gewinn im Jahr führt: »Happy employees. Happy customers.«[6] Darüber hinaus wirken sich zufriedene Mitarbeitende aber auch auf unser gesellschaftliches Miteinander aus. Stell dir mal vor, wir wären alle engagierter und zufriedener bei der Arbeit: Wie würden wir miteinander umgehen? Im Beruf, mit Freund:innen und in den Beziehungen mit unseren Partner:innen und Kindern? Wie würden wir gesellschaftliche Diskussionen führen? Ich finde, dass es auf einen Versuch ankommt.

In diesem Sinne: Viel Spaß mit diesem Buch – zu Hause und vor allem bei der Arbeit.

*Rebellische Grüße*
*Jonas Höhn*

# 1 FLEXIBILITÄT STATT STARRHEIT

Am liebsten würde ich das C-Wort nie mehr in den Mund nehmen, an dieser Stelle lässt es sich aber nicht vermeiden. Denn Corona, also die Pandemie, die vielen von uns noch in den Knochen sitzt, hat auch dafür gesorgt, dass sich die Arbeitswelt maßgeblich verändert hat. Auf einmal gab es Homeoffice – und damit entstand das Konzept des flexiblen Arbeitens, das mehr als eine vorübergehende Reaktion war, sondern inzwischen zu einem festen Bestandteil unserer Job-Welt geworden ist. Immerhin 87 Prozent der Mitarbeitenden nehmen diese Möglichkeit wahr, wenn sie diese Flexibilität bekommen.[1] Wenn es darum geht, was sich Mitarbeitende am ehesten von ihrem Arbeitgeber erhoffen, dann wollen die meisten selbst entscheiden können, wie und wo sie ihren Job erledigen. Das ergab eine US-amerikanische Umfrage mit mehr als 1.200 Teilnehmer:innen.[2] Auch in Deutschland wünschen sich 95 Prozent, ihre Arbeitszeit frei einzuteilen.[3]

Meine Gespräche mit verschiedenen HR-Verantwortlichen zeigen mir, dass diese Freiheit beim Arbeiten die Lösung für zukünftige Herausforderung sein könnte: »Das Thema Flexibilität ist für mich das Geheimrezept für unseren Erfolg und die Zufriedenheit unserer Mitarbeitenden. Und das geht weit über die Arbeitszeit und den Arbeitsort hinaus. In internen Umfragen konnten wir feststellen, dass Flexibilität gender- und altersübergreifend das verbindendste Element ist. Deswegen haben wir uns darauf fokussiert, alles darauf zu setzen«, sagt mir Cawa Younosi bei einem Besuch in Düsseldorf. Er ist ehemaliger Personalchef von SAP in Deutschland, war Head of Global Employee Experience und ist einer der gefragtesten HR-Vordenker.*

---

*Die in diesem Buch oft zitierten persönlichen Gespräche mit Cawa Younosi fanden zu einem Zeitpunkt statt, als er noch aktiv in seinen Rollen bei SAP tätig war. Nach 14 Jahren im Unternehmen hat er SAP im Oktober 2023 verlassen.

In diesem Kapitel gehe ich darauf ein, was Flexibilität im Unternehmenskontext überhaupt bedeutet. Ich erläutere die Möglichkeiten und Herausforderungen, die durch das hybride und flexible Arbeiten für die Mitarbeitenden entstehen, sich aber auch für Führungskräfte und Unternehmen bieten – und wie wir alle bei diesem Thema am besten abgeholt werden.

## Ergebniskultur: Was zählt, ist das Resultat

Ich weiß meine Selbstständigkeit wirklich sehr zu schätzen und bin dabei vor allem für einen Aspekt sehr dankbar: Ich kann mir meine Arbeitszeit weitestgehend frei einteilen, ohne schlechtes Gewissen.

Das war mal anders. Noch immer kann ich mich gut an das Gefühl erinnern, das ich als Angestellter hatte, wenn ich abends mit meiner Arbeit fertig war, den Rechner eigentlich runterfahren wollte – und dann gemerkt habe, dass die versammelte Mannschaft noch am Schreibtisch saß. Also bin ich online geblieben und habe mir Aufgaben geschnappt, die ich eigentlich erst am nächsten Morgen erledigen musste. Obwohl mein Akku schon zu sehr runtergefahren war, um mit Zahlen zu jonglieren, bin ich Kalkulationen durchgegangen – wofür ich am Ende viel länger gebraucht habe. Statt meines Rechners wurde nämlich meine Arbeitsleistung runtergefahren.

An solchen Abenden, und die gab es oft, kam ich später nach Hause als geplant. Dann war ich zu kaputt, um noch zum Sport zu gehen oder mir etwas zu kochen. Also lag ich beim Netflixen auf dem Sofa mit einer bestellten Pizza (mit doppelt Käse) und einem Softdrink mit Strohhalm – damit ich beim Trinken nicht aus Versehen einen Sit-up machte. Am nächsten Morgen ging ich natürlich auch nicht zum Sport, weil ich nicht der Letzte sein wollte, der ins Büro kommt (noch früher aufstehen war einfach nicht drin). Also saß ich wie die anderen Lemminge pünktlich um acht Uhr an meinem Schreibtisch, um nur da zu sein. So richtig losgelegt habe ich meist erst ab neun, weil ich dann erst wirklich wach war, also mit dem Kopf.

Irgendwann, ich weiß es noch genau, saß ich morgens bei der Arbeit auf dem Klo und dort ging mir ein Licht auf – und zwar genau in dem Moment, als es im Raum ausging, weil ich mich eine längere Zeit nicht bewegt hatte und sich die Lampen automatisch ausschalteten. Ich saß also im Dunkeln und dachte: Was, wenn es die anderen genauso machen wie ich? Wenn alle nur deshalb länger bleiben und früher kommen, weil auch sie ein schlechtes Gewissen haben – und dabei genauso unproduktiv sind? Wenn sie weder früh am Morgen noch spät am Abend wirklich ihren Job machen, sondern sich auf YouTube Katzen-, Promi- und Sportvideos reinziehen? An diesem Abend bin ich das erste Mal früher gegangen, als ich nämlich meine Arbeit erledigt hatte. Am nächsten Tag musste ich dafür bei meinem Vorgesetzten Rechenschaft ablegen. Wenig später habe ich mich dann selbstständig gemacht.

## Wer kann schneller Katzenvideos wegklicken?

Wir alle wissen: Manche Menschen schaffen viel in einer Stunde, manche wenig. Und einige auch gar nichts. Das gilt zwar sicher nicht für »Blue-Collar-Mitarbeitende«, also für Leute mit Jobs am Fließband, im Handwerk oder in der Pflege. Sehr wohl aber für Menschen, die im Büro arbeiten (»White-Collar-Mitarbeitende«). Wenn wir das wissen, ist es dann noch zeitgemäß, die zuletzt genannte Gruppe nach ihrer Präsenzzeit zu bewerten? Sind Menschen denn wertvoller, die viele Termine in der Woche haben, die mehr Stunden arbeiten, weniger Pausen machen oder sogar in ihrer Freizeit ins Büro kommen? Die Antwort darauf sollte klar sein: Nein, sind sie nicht. Denn es ist uns doch allen klar: Die reine Arbeitszeit sagt rein gar nichts über die erbrachte Leistung aus – erst recht nicht im Zeitalter der Digitalisierung und Künstlichen Intelligenz. Eine solche Betrachtung wird niemandem gerecht. Der Zukunftsforscher Tristan Horx, der sich in seinem Buch »Sinnmaximierung: Wie wir in Zukunft arbeiten« mit der Arbeitswelt beschäftigt, erzählt mir bei einem Treffen in Dortmund: »Im Moment bestrafen wir effizient arbeitende Menschen mit mehr Arbeit, während die Schlausten jene sind, die es perfektioniert haben, so zu tun, als wären sie hart am Schuften – während sie Katzenvideos schauen.«

Wir kennen bestimmt alle den ein oder anderen dieser Perfektionisten, die uns in Rage bringen können. Schöner wäre es für alle von uns, wenn wir stattdessen eine Ergebniskultur etablieren würden. Wir sollten den Fokus stärker auf Inhalte und Lösungen legen. Dann zählt es auch nicht, wie hoch jemand die Karriereleiter emporgeklettert ist oder wer die ausgefallensten Flipcharts bemalt, sondern wer wirklich Mehrwert schafft – beispielsweise durch neue Produkte und Servicefunktionen oder durch Potenzialentfaltung bei anderen Kolleg:innen.

Wie solch eine Ergebniskultur in der Praxis aussehen kann, davon hat Marcus Diekmann, Unternehmer und einer der bekanntesten Digitalexperten Deutschlands, eine klare Vorstellung. Der ehemalige ROSE-Bikes-CEO erklärt mir im persönlichen Gespräch: »Führungskräfte entscheiden über das strategische Was. Denn das ist kein demokratischer Prozess.« Team und Mitarbeitende dürfen gerne Impulse geben, aber am Ende entscheidet eben die Führungskraft. Sie gibt die Leitplanken vor und definiert gemeinsam mit den Mitarbeitenden die zu erreichenden Ziele. Die Mitarbeiter:innen wiederum entscheiden dann über das operative und taktische Wie. Dies fördert Vertrauen, Freiheit und Eigenverantwortung. Damit dabei nichts aus dem Ruder läuft, wird nach sechs Wochen geschaut, ob die Ziele erreicht wurden. In dieser Zeit stehen Führungskräfte selbstverständlich als Sparringspartner und Coaches zur Verfügung, um ihr Team zu inspirieren und motivieren. In diesem Konstrukt dürfen Mitarbeitende dann auch mal selbst entscheiden, ob sie eine oder zwei Stunden Mittagspause machen, ob sie zu Hause, im Büro oder im Rahmen einer Workation arbeiten, ob sie das lieber direkt vormittags nach dem Aufstehen tun oder abends, wenn die Kinder schlafen. Der Führungskraft kann es am Ende egal sein, wie Ziele erreicht werden – entscheidend ist, dass sie erreicht werden. Ich rede hier aber nicht von einem »Freifahrtschein« – die Vorgesetzten bzw. das Team können natürlich entscheiden, wann es wichtig ist, z. B. Präsenz-Termine anzusetzen.

Wir sollten uns alle einmal die Frage stellen, wann wir wirklich kreativ und produktiv sind. Ist es, wenn wir acht Stunden am Schreibtisch im Büro sitzen und durcharbeiten? Oder wenn wir zwischendurch auch einmal Sport treiben, spazieren gehen oder Mikro-Pausen machen? Wissenschaftliche Studien zeigen, dass es förderlich für die Kreativität und Produktivität ist, wenn wir z. B. regelmäßig Pausen machen, Sport treiben und in der Natur sind.[4] Auch Mario Konrad, Gründer von Ryzon, einer der führenden Brands im Triathlon-Bereich, stellt das täglich bei seiner Arbeit fest: »Ich hatte noch nie wirklich eine gute Idee am Schreibtisch. Die kommen in Interaktion oder wenn das Gehirn entspannt ist, wenn das Handy aus ist und weit weg liegt.« Deshalb ermöglicht Ryzon seinen Mitarbeitenden z. B. während der Arbeitszeit, Sport zu treiben. Viele gute Ideen kommen im Alltag, beim Einkaufen auf dem Weg von der Fleisch- zur Käsetheke, im Stau oder beim Duschen, so wie bei Jonathan Badeen, dem Gründer der Dating-App Tinder, der unter der Dusche den Einfall zum Swipen hatte, was Tinder letztlich an die Spitze gebracht hat.[5]

Ist es nicht verrückt, dass wir immer noch darauf vertrauen, dass physische Anwesenheit positiven Einfluss auf unsere Produktivität und Loyalität hat, mehr noch als unsere Freiheitsräume und damit verbunden unsere Zufriedenheit? Ich finde, bei der Diskussion um Arbeitszeitmodelle fokussieren wir uns auf das Falsche. Am Ende geht es nicht um die Anzahl der Stunden, die jemand abreißt, sondern darum, wie Menschen ihre Arbeit erleben. Es geht darum, welche Rahmenbedingungen vorhanden sind und welche Möglichkeiten es gibt, die Arbeit so auszuführen, dass sie sich mit privaten Interessen und Bedürfnissen vereinbaren lässt. Pa Sinyan, Managing Partner beim Beratungsunternehmen Gallup, erzählt mir beim Podcastgespräch in Köln: »Viele erleben Arbeit als negativ, als einen Energiekiller. Die Arbeit macht viele Menschen krank. Wir reden aber nicht darüber, warum das so ist und wie wir das verändern können, sondern wir reden über die Vier-Tage-Woche. Darüber, dass wir die Arbeitszeit reduzieren sollten. In anderen Ländern haben wir es untersucht, aber noch keinen Effekt gesehen. Wir dürfen dabei nicht vergessen, dass wir nur über dieses Thema sprechen, weil so viele Menschen nicht gerne zur Arbeit gehen. Aber es liegt nicht an der Arbeit. Weltweit zeigen unsere Umfragen, dass knapp 80 Prozent der Mitarbeitenden ihre Arbeit gut finden und Spaß dabei haben. Menschen lieben es also, zu arbeiten.«

Es ist also nicht die Arbeit selbst, die wir als schrecklich erleben und die uns unglücklich macht, es sind die Erfahrungen und die Rahmenbedingungen am Arbeitsplatz. Das ist ein wenig so wie unser Umgang mit Stress, den alle verteufeln und am liebsten abschaffen wollen. Der Stress an sich ist aber überhaupt nicht das Problem, weiß Jacob Drachenberg, einer der führenden Stress-Experten. Der Autor vergleicht Stress gern mit Feuer: Damit kannst du deinen Kamin anzünden und romantisch auf einem Bärenfell liegen – oder dein komplettes Haus abfackeln, wenn du nicht richtig damit umgehst. Genauso ist es auch mit unserem Job. Arbeit ist grundsätzlich erst mal etwas, das uns allen einen Sinn gibt, ein Ort, an dem wir positive Momente erleben und aufblühen können. Aber wenn wir falsch mit ihr umgehen, kann sie uns ausbrennen und krank machen.

Wir müssen die Rahmenbedingungen so gestalten, dass Menschen nicht erst in Teilzeit gehen müssen, um Familie und Beruf zu vereinbaren. Einen guten Ansatz hat meiner Meinung nach zum Beispiel das Softwareunternehmen SAP gefunden. Der ehemalige Deutschland-Personalchef Cawa Younosi sagt mir im persönlichen Gespräch: »Durch Flexibilität geht die Teilzeitquote bei uns kontinuierlich runter. Was für mich ein gutes Zeichen ist, dass Mitarbeitende nicht in Teilzeit gehen müssen, um Vereinbarkeit hinzubekommen. Sie können weiter Vollzeit arbeiten.«

## Volle Führungspower mit Teilzeitarbeit

Natürlich gibt es aber auch Menschen, die gerne zwischenzeitlich in Teilzeit arbeiten möchten, um intensiver ihren Hobbys nachzugehen, noch mehr Zeit mit der Familie zu haben oder andere Wünsche umsetzen zu können. Und hier erlebt Anja Karlshaus, Professorin für BWL und Personalmanagement an der CBS International Business School und Herausgeberin des Buches »Teilzeitführung«, in den letzten Jahren einen deutlichen Wandel in der Unternehmensmentalität: »Unternehmen experimentieren heutzutage vermehrt mit verschiedenen Arbeitszeitmodellen. Zum Beispiel gewinnt das Konzept ›Top-Sharing‹ an Popularität, sodass Unternehmen Teilzeitführung nicht mehr ausschließlich als Instrument zur Förderung von Frauen betrachten, sondern es zunehmend als Instrument zur Förderung der Vereinbarkeit von Beruf und Privatleben verstehen, das auch die Perspektive der Väter einschließt.« Obwohl Teilzeitführung noch immer teilweise stigmatisiert ist und mit Nachteilen, wie geringerer Arbeitszeitverdichtung, begrenzter Akzeptanz oder beschränkteren Karrieremöglichkeiten einhergeht, bemerkt sie eine wachsende Offenheit gegenüber diesem Thema: »Ich beobachte immer mehr Beispiele, in denen es positiv und strategisch angegangen wird.«

Einer dieser Arbeitgeber ist zum Beispiel der größte deutsche Onlineshop OTTO, der seit Sommer 2023 grundsätzlich alle Führungspositionen optional in Teilzeit (ab 80 Prozent) ausschreibt. Für Katy Roewer, Bereichsvorständin Service & HR, die selbst zu 80 Prozent arbeitet, ist klar: »Eine erfolgreiche Führung im Unternehmen schließt einen Teilzeitvertrag nicht aus.«

Gerade frisch gebackene Mütter und Väter können und wollen in bestimmten Lebensphasen nicht in Vollzeit arbeiten. »Sie deswegen zu verlieren, wäre betriebswirtschaftlicher Unsinn«, erklärt mir Prof. Dr. Karlshaus. Vielmehr braucht es eine stärkere Flexibilität in der Festlegung der Arbeitszeiten, die möglichst bürokratielos anzupassen sind – in die Teilzeit hinein und wieder heraus.

»Es ist immer besser, das Talent in einer 80-Prozent-Führung zu fördern, als es zu verlieren, weil es an alternativen Arbeitsmodellen fehlt. Die am besten zur Rolle passende Person soll den Job machen – unter den bestmöglichen Voraussetzungen«, erklärt mir Katy Roewer. Damit macht sie die Verantwortung von Unternehmen klar, auf die individuellen Entscheidungen und Bedürfnisse von Mitarbeitenden flexibel zu reagieren. Wichtig dabei ist aber vor allem, dass der Aufgabenzuschnitt sich an der Arbeitszeit orientiert, damit eine Teilzeitarbeitskraft nicht plötzlich 120 Prozent leisten muss. Falls Führungskräfte weniger als 80 Prozent arbeiten möchten, gibt es bei OTTO sogar die Möglichkeit des Jobsharings: Hierbei wird die Position von zwei Personen in einem Tandem besetzt. Laut einer Umfrage der Nachrichtenagentur dpa bieten immer mehr Unternehmen solche Modelle an. Bei Mercedes-Benz arbeiten beispielsweise bereits 420 Führungskräfte in Tandem-Lösungen, bei Daimler Truck existieren 100, bei Porsche 20 Tandems bis zur zweiten Führungsebene.[6]

Ob diese Modelle positive Auswirkungen auf die Produktivität und Umsätze haben, kann bislang noch nicht ausreichend wissenschaftlich belegt werden. Was sich aber klar zeigt, ist, dass solche flexiblen Arbeitszeitmodelle sich unter anderem positiv auf die Verbundenheit zum Unternehmen und die Zufriedenheit der Mitarbeitenden auswirken. Auch bei OTTO: Katy Roewer erzählt von einer Kollegin, für die die neue Teilzeitoption entscheidend war, überhaupt im Unternehmen zu bleiben und eine neue Führungsverantwortung zu übernehmen. Damit schafft das Unternehmen ganz nebenbei auch die Rahmenbedingungen, um die Geschlechterparität in der Führungsebene zu verbessern. Denn leider ist es immer noch so, dass in Deutschland knapp 73 Prozent der erwerbstätigen Mütter und lediglich sieben Prozent der erwerbstätigen Väter in Teilzeit arbeiten.[7]

Sollten sich die Unternehmen also nicht darum bemühen, die Mitarbeitenden durch flexible Angebote zufriedenzustellen, um dann bestmögliche Leistungen zu erwarten, anstatt Menschen zu Aktivitäten zu zwingen, die sie nicht wollen und die sie deshalb unzufrieden machen?

Eine ergebnisorientierte Kultur würde übrigens dazu führen, dass Mitarbeitende endlich realistisch erreichbare Ziele erhielten, an denen sie gemessen und beurteilt werden würden. Denn seien wir doch mal ehrlich: Bisher ist es eher so, dass es entweder gar keine konkreten Ziele gibt oder die Ziele unrealistisch sind. Anstatt also irgendwelche Aufgaben zu erledigen, um einfach nur beschäftigt zu sein, würde die Arbeitszeit schließlich genutzt werden, um wirklich sinnstiftende Tätigkeiten zu erledigen, die einen echten Mehrwert für das Unternehmen haben.

Mehr als die Hälfte der Angestellten verbringen nämlich fast 60 Prozent ihrer Arbeitszeit mit Tätigkeiten, für die sie nicht eingestellt wurden. Das ergab eine weltweite Umfrage von Asana, einer Plattform für Arbeitsmanagement. Damit sind an dieser Stelle keine Katzenvideos gemeint, sondern beispielsweise nicht zielführende Meetings, Software-Updates, Verwaltung von Prioritäten und To-do-Listen sowie die Kommunikation über ihre Arbeit.[8]

## Busy is the new stupid

Die Präsenzkultur fördert in meinen Augen lediglich die Haltung, dass Stress, ein voller Terminkalender und sogar die reine sinnfreie Beschäftigung als Statussymbole wahrgenommen werden. Bei Angestellten genauso wie bei Selbstständigen. Ich kenne das aus meinem Alltag. Wenn ich erzähle, dass ich in den letzten zwei Wochen in fünf verschiedenen Städten war, nur noch vier Stunden geschlafen habe, weil so viel zu tun war, und ich regelmäßig meine Mittagspause auslasse, dann bekomme ich Anerkennung, bin plötzlich wichtig und bedeutsam. Weniger beeindruckend bin ich offenbar, wenn ich jeden Morgen meditiere, anderthalb Stunden Mittagspause mache und abends Zeit für meine Hobbys und Freundschaften habe. Menschen, die beschäftigt sind oder auch nur Geräte nutzen, die darauf hindeuten, beschäftigt zu sein, wie etwa Kopfhörer, Laptop, Handy, werden als wichtig und beeindruckend wahrgenommen. Zu diesem Ergebnis kommt eine Studie der Marketingprofessorin der Columbia Business School, Silvia Bellezza.[9] Die aktuelle Forschung zeigt, dass Anstrengung grundsätzlich als moralisch bewundernswert angesehen wird, unabhängig davon, ob die Leistung zu einem gewünschten Ergebnis oder einer besseren Qualität führt.[10]

Dahinter stecken verschiedene Gründe und Faktoren. Um diese zu verstehen, müssen wir uns einen Begriff aus der Sozialpsychologie einmal genauer anschauen: Effort Justification. Studien haben gezeigt: Je härter Menschen arbeiten und sich anstrengen, desto positiver bewerten sie diese Arbeit – unabhängig davon, ob die Aufgabe sinnvoll oder sinnlos erscheint. Heißt: Die Bewertung eines Ergebnisses wird also durch den Input und nicht durch den Output bewertet.[11]

Wir rechtfertigen unseren Aufwand, unseren Stress, unsere Arbeit mit allerlei Gründen, ohne dabei zu erkennen, dass wir ausbrennen. Wen wundert es noch, dass Menschen auf die Frage, wie es ihnen geht, meistens so etwas sagen wie: »Ist gerade viel los« – »Bin busy« – »Hab ordentlich Stress«. Viele

Stunden abzuklopfen, bringt Anerkennung, Wertschätzung und erhöht das eigene Ansehen. Ob dabei am Ende etwas herumkommt, hinterfragen wir erst mal nicht. Die Folgen sind gravierend: Unzufriedenheit und Erschöpfung steigen, ebenso wie die Anzahl der Menschen, die unter Burn-out oder Depressionen leiden. Wir machen zwar kein Harakiri, aber Karoshi – wie in Japan ein berufsbezogener plötzlicher Tod bezeichnet wird. Das musst du dir mal vorstellen. Dafür gibt es inzwischen sogar einen eigenen Begriff! Eine Studie der japanischen Regierung kam 2016 zu dem Ergebnis, dass bei 23 Prozent der Unternehmen Mitarbeitende über 80 Überstunden pro Monat arbeiten.[12] Weltweit starben im Jahr 2016 laut einer UN-Studie 745.000 Menschen durch Überarbeitung an einem Schlaganfall oder an einer Herzerkrankung.[13] Sieht so die Arbeit der Zukunft aus?

Es ist auch mal okay, nichts zu tun. Durchatmen, aus dem Fenster gucken und dabei zuschauen, wie sich die Blätter im Wind bewegen oder Hundebesitzer:innen mit einem Plastikbeutel in die Knie gehen. Viele Menschen haben inzwischen ein Problem damit, auch mal nichts zu tun – sogar in der Freizeit. So sehr, dass sie sich lieber selbst mit Elektroschocks drangsalieren, als zu entspannen. Klingt verrückt? Ist es auch! Aber genau das zeigt ein Experiment des Sozialpsychologen Timothy Wilson aus den USA. In diesem Versuch sollten sich Menschen 15 Minuten in einen tristen Raum setzen und einfach nichts tun, absolut gar nichts. Sie durften nicht schlafen, sich nicht bewegen. Einfach nur auf einem Stuhl vor einem Tisch mit einem Gerät sitzen. Wenn sie wollten, konnten sie auf einen Knopf des Geräts drücken und erhielten einen unangenehmen Elektroschock. Dieser war so schmerzhaft, dass sie in einem vorherigen Versuch angaben, Geld zu bezahlen, um diesen ein zweites Mal zu vermeiden. Und genau diesen Knopf drückten schließlich 67 Prozent der Männer und 25 Prozent der Frauen, um sich selbst Schmerzen zuzufügen, weil sie die Langeweile nicht aushielten. Ein Teilnehmer fügte sich unfassbare 190 Elektroschocks in 15 Minuten zu. Einhundertneunzig![14]

Mit der Etablierung einer Ergebniskultur und damit einhergehend der Möglichkeit, die Arbeit flexibel zu gestalten, würde sich meines Erachtens viel zum Besseren verändern. Mitarbeitende würden sich auf einmal Gedanken darüber machen, wie sie ihre Arbeit produktiver und effizienter gestalten können, sie würden sich mit Flow-Arbeit, Produktivität und Zeitmanagement auseinandersetzen.

## Kontrolle ist gut, Vertrauen ist besser

Wir können nicht auf der einen Seite mehr Selbstverantwortung und Initiative von Mitarbeitenden einfordern und sie gleichzeitig weiterhin bis ins kleinste Detail kontrollieren. Immerhin ein Viertel der digital arbeitenden Mitarbeiter:innen haben das Gefühl, ihr Arbeitgeber sei misstrauisch und würde mehr kontrollieren als vertrauen. Das ist das Ergebnis einer Bitkom-Umfrage.[15]

Aus Misstrauen und Kontrolle entsteht am Ende die Angst, Fehler zu machen, worunter das kreative und das innovative Denken leiden. Wir basteln uns damit immer mehr Ja-Sager:innen, die sich nicht mehr trauen, ihre eigene Meinung mitzuteilen und Dinge zu hinterfragen. Statt sich auf den Arbeitsplatz zu freuen, wird er zu einem Ort, der mit Vorsicht genossen wird. Und um das zu vermeiden, brauchen wir Vertrauen. Ich glaube, wenn man einem Mitarbeitenden Vertrauen entgegenbringt, will auch dieser, dass es klappt – für sich und für die Kolleg:innen.

In Firmen mit einer hohen Vertrauenskultur arbeiten Mitarbeitende immerhin um 50 Prozent produktiver, haben 13 Prozent weniger Krankheitstage, sind um 76 Prozent engagierter und um 29 Prozent zufriedener. 74 Prozent sind weniger gestresst und 40 Prozent weniger Leute erleiden einen Burn-out.[16] Erfolg lässt sich eben einfach nicht durch Kontrolle herstellen.

Die Grundlage für ein gutes Vertrauensverhältnis ist erst einmal ein positives Menschenbild – also davon auszugehen, dass die Kolleg:innen schon das Beste für andere und das Unternehmen wollen. Der häufigste Grund, warum wir uns gegenseitig kontrollieren, ist Misstrauen – die Annahme zum Beispiel, dass andere egoistisch sind und jede Situation zum eigenen Vorteil wenden wollen.

Der Historiker und Autor Rutger Bregman ist da anderer Meinung und widerlegt diese Annahme in seinem Buch durch fundierte Forschung. Er schreibt: »Dass Menschen von Natur aus egoistisch, panisch und aggressiv sind, ist ein hartnäckiger Mythos.«[17] Das Problem ist aber, wenn wir davon ausgehen, dass die Menschen um uns herum grundsätzlich nicht gut sind und jede Situation bei der Arbeit ausnutzen, um sich zu entspannen oder faul zu sein, dann behandeln wir sie auch genau so, als würden sie das wirklich tun. Wenn wir also nur an das Negativste eines Menschen denken und Schlechtes erwarten, werden wir es auch bekommen – allein schon deshalb, weil wir uns diesem Menschen gegenüber auch so verhalten. Wir gehen in eine grundsätzliche Abwehrhaltung, ziehen uns zurück, vermeiden die Zusammenarbeit, sind nicht ehrlich, öffnen uns nicht, geben kein Feedback. Egal, ob ich mit meiner Einschätzung über die andere Person recht habe – die Arbeitsbeziehung wird leiden. Gehen wir aber von einem positiven Menschenbild aus, indem wir beispielsweise denken, dass die Kollegin alles in ihrer Macht Stehende tut, um das Unternehmen und das Team nach vorne zu bringen, dann werden wir uns ihr gegenüber positiv verhalten und die Beziehung zu ihr fördern. Weil wir vertrauen.

Ein leuchtendes Vorbild ist für mich der nachhaltige Outdoor-Ausrüster VAUDE, der bereits mehrfach für seine einzigartige Vertrauenskultur ausgezeichnet worden ist. CEO Antje von Dewitz erzählt mir persönlich: »Wir gehen mit einem positiven Menschenbild ran. Also der Überzeugung, dass die Menschen gerne für uns arbeiten. Es ist nicht die Aufgabe des Unternehmens und der Führungskräfte, Kontrolleure zu sein, zu schauen: Seid ihr bei der Arbeit, arbeitet ihr genug? Es geht vielmehr darum, einen guten Rahmen zu schaffen, in dem jede:r Einzelne optimal gefördert und gefordert wird und sein Potenzial entfalten kann. So bleibt auch die Motivation erhalten.« Das Ergebnis ist, dass die Mitarbeitenden bei VAUDE aufblühen, viel Energie in das Unternehmen einbringen und mit Körper, Seele und Geist dabei sind. Dennoch gibt es auch hier ein gewisses Maß an Kontrolle. »Vertrauen heißt nicht, wir haben uns alle lieb, äußern kein Feedback und kontrollieren nichts. Wir vertrauen darauf, dass die Einzelnen die beste Leistung erbringen wollen. Doch natürlich gibt es auch Zielvorgaben, die sich an unserer Strategie ausrichten und deren Erfüllung auch gemessen wird«, sagt von Dewitz.

Und klar, es kann auch mal dazu kommen, dass Vertrauen ausgenutzt wird. Dass wir auch mal danebenliegen und verletzt werden. Davon sollten wir sogar zwingend ausgehen. Das ist der Preis, der bezahlt werden muss. Aber ist es nicht genau das, was uns flexibel macht und weiterbringt? Sind es nicht genau die Situationen, aus denen wir lernen? Auch bei VAUDE wurde das Vertrauen bereits an der einen oder anderen Stelle missbraucht. So hat zum Beispiel ein Mitarbeiter über Jahre Produkte heimlich im Internet verkauft. Die Forderung, deshalb sofort das komplette Konzept über Bord zu werfen, blieb aber überraschenderweise aus. Vielmehr war die Rückmeldung der Kolleg:innen: »Das darf uns jetzt aber nicht unsere Vertrauenskultur zerstören.« Antje von Dewitz sieht es so: »Der Mehrwert durch unser vertrauensvolles Miteinander erträgt auch, wenn das Vertrauen von einigen wenigen mal ausgenutzt wird. Zudem können bei einem offenen Umgang mit solchen Problemen auch Vorkehrungen getroffen werden, um Wiederholungen zu vermeiden.«

Aber wie kann jetzt Vertrauen aufgebaut oder auch gefördert werden? Nach Professorin Frances Frei von der Harvard Business School und Anne Morris gibt es drei Faktoren (Vertrauensdreieck), die dafür entscheidend sind: Authentizität, Logik und Empathie.[18] Werden alle drei Faktoren erfüllt, entsteht großes Vertrauen. Ist jedoch auch nur einer der Eckpfeiler am wackeln, wird die Vertrauensbeziehung bedroht.

Vertrauen aufzubauen ist Arbeit und kein Zufall. Es geht nicht darum, Vertrauen zu gewinnen, sondern aufzubauen. Dieser Prozess ist nie abgeschlossen, es geht hierbei um eine kontinuierliche Arbeit. Der amerikanische Neurowissenschaftler Paul J. Zak konnte durch seine weltweiten Untersuchungen insgesamt sieben Faktoren ausmachen, die das Vertrauen in Unternehmen fördern[19] – die ich weiterführend auch noch in anderen Kapiteln aufgreife:

1. Hervorragende Leistungen anerkennen. Ein unmittelbar positives Feedback nach Erreichen eines Ziels fördert das Vertrauen. Dabei ist es wichtig, dass dieses Feedback unerwartet, öffentlich und persönlich ist.
2. Mitarbeitende brauchen schwierige, aber lösbare konkrete Ziele.
3. Mitarbeitenden sollte es ermöglicht werden, Ziele und Tätigkeiten nach ihren persönlichen Vorstellungen zu erledigen.
4. Informationen, Strategien und Ziele sollten Mitarbeitenden nicht vorenthalten werden.
5. Genauso gilt aber auch: Soziale Beziehungen sollten innerhalb des Arbeitsumfeldes aufgebaut werden.
6. Das persönliche Wachstum sollte durch lebenslanges Lernen gefördert werden.
7. Die Mitarbeitenden dürfen sich verletzlich zeigen, zum Beispiel, indem sie Kolleg:innen um Hilfe bitten.

## Flexibilität braucht Regeln

Wer aber glaubt, dass allein ein Angebot an flexiblen Arbeitszeiten zu gesünderen und produktiveren Menschen führt, der liegt falsch. Denn eine renommierte Studie der Krankenkasse Barmer und der Universität St. Gallen, die 8.000 Erwerbstätige über einen dreijährigen Zeitraum im halbjährlichen Rhythmus untersucht hat, zeigte, dass auch ein klares Grenzmanagement zu einer besseren Arbeitsfähigkeit führt und die Gesundheit der Mitarbeitenden verbessert.[20]

Demnach haben Mitarbeitende, die räumliche, zeitliche und kommunikative Grenzmanagement-Taktiken anwenden, knapp 15 Prozent weniger Stress, über zehn Prozent weniger Schlafprobleme und eine über zehn Prozent höhere physische und psychische Arbeitsfähigkeit. Flexibles Arbeiten bedeutet, nicht völlig unstrukturiert in den Tag, die Woche, den Monat zu starten. Es braucht stattdessen gute Voraussetzungen, um zum Beispiel im Homeoffice gut performen zu können, etwa durch einen räumlich abgetrennten Platz. Darüber hinaus braucht es klare zeitliche Strukturen, wann gearbeitet wird und wann Freizeit, Pausen und Erholung anstehen. Wer im Homeoffice sogar seine Freizeit im hohen Maß aktiv gestaltet, kann aufkommenden Stress erheblich reduzieren.

Das Wichtigste dabei ist, dass diese Strukturen transparent und klar mit Kolleg:innen und Partner:innen, aber auch mit den eigenen Kindern kommuniziert werden, um eine ständige Erreichbarkeit zu vermeiden. Dabei wird es auch immer stärker auf die Fähigkeit des Selbstmanagements und die digitalen Kompetenzen der Mitarbeitenden und Führungskräfte ankommen. Denn wenn Letztere die entsprechende Technikkompetenz mitbringen, zeigen deren Mitarbeitende eine um 50 Prozent höhere Arbeitszufriedenheit und eine um zehn Prozent höhere Produktivität. Außerdem wollen 40 Prozent weniger Mitarbeitende kündigen und 15 Prozent haben weniger Stress. Verfügen Mitarbeitende über starke digitale Kompetenzen, haben sie knapp 20 Prozent weniger Schlafprobleme und sechs Prozent weniger Stress, sind knapp 14 Prozent produktiver und verfügen über eine circa 15 Prozent höhere physische sowie psychische Arbeitsfähigkeit als Menschen mit einer gering ausgeprägten Kompetenz. Diese Ergebnisse zeigen, dass den Mitarbeitenden und Führungskräften nicht allein damit geholfen ist, wenn sie flexibel arbeiten können, sondern dass es einerseits Strukturen, Regeln und Teamabsprachen braucht und andererseits Schulungsangebote, die Kompetenzen weiterentwickeln. Besonders wichtig ist es hierbei, im Team Regeln, Vereinbarungen und Leitlinien zur hybriden Zusammenarbeit festzuhalten. Denn würden wir alle autonom unsere Arbeitszeiten und -orte planen, würde sich die Zusammenarbeit im Team verkomplizieren, weil es keine Überschneidungen mehr geben könnte. Während die einen Kolleg:innen zum Beispiel vormittags gerne Brainstorming-Meetings im Büro haben, bleiben andere in diesem Zeitfenster lieber zu Hause.

Eine Voraussetzung ist also auch, dass wir bereit sind, unsere individuelle Souveränität mal aufzugeben und Kompromisse einzugehen.

## Jetzt kommen wir in Fahrt

Auch der Automobilkonzern Audi hat die Notwendigkeit einer Änderung erkannt und seit Oktober 2022 die Betriebsvereinbarung »Hybrides Arbeiten« an den Standorten Ingolstadt und Neckarsulm ausgerufen. Geregelt sind darin, dass es keine allgemein vorgeschriebene Anzahl an Anwesenheitstagen gibt, sondern die Teams individuell und selbstbestimmt ihre Präsenztage definieren und damit ihren Arbeitsort frei wählen können. So kann jeder entscheiden, ob er Teil der »Desk-Sharing-Policy« sein möchte oder einen festen Arbeitsplatz bevorzugt. Wer sich für die Teilnahme am Desk-Sharing entscheidet, wird mit einem IT-Paket technisch für das mobile Arbeiten ausgestattet. Für eine ergonomische Büroausstattung erhalten diese Mitarbeitenden darüber hinaus einen Gutschein im Wert von 500 Euro. Mitarbeitende, zum Beispiel aus der Produktion, für die kein Homeoffice möglich ist, sollen auch von Fortschritten profitieren: etwa durch flexiblere Arbeitsmodelle für den Schichtdienst, neue Raumkonzepte, eine vielfältigere Gastronomie oder einen besseren Zugang zur digitalen Welt von Audi.

Im Unternehmen wollte man aber nicht nur auf das Bauchgefühl hören. Deshalb hat Audi, unter der Leitung von Prof. Dr. Stephan Böhm von der Universität St. Gallen, eine Studie zum hybriden Arbeiten durchführen lassen. Dazu wurden knapp 1.500 Mitarbeitende in zwei Gruppen eingeteilt: Die erste Gruppe begann ihren Arbeitstag ohne Absprachen und Einflussnahme von außen. Die zweite nahm an moderierten Workshops zum hybriden Arbeiten teil und sprach sich innerhalb des Teams über Bedürfnisse, Wünsche und hybride Vereinbarungen ab. Ergebnis: Die Absprache beziehungsweise das Regelwerk für die Zusammenarbeit stärkte das gegenseitige Vertrauen, steigerte das Zugehörigkeitsgefühl und die einzelnen Teammitglieder zeigten sich verbindlicher. Dabei war es vor allem wichtig, dass die Regeln gemeinsam festgelegt wurden und zum Team passen. Zudem konnte bei den Gruppenmitgliedern, die an den Workshops teilnahmen, im Vorfeld Stress reduziert und die Zufriedenheit sowie das Engagement gesteigert werden. Sogar die Kündigungsabsicht sank bei dieser Gruppe um knapp 50 Prozent.

Im Kern gilt es, die richtige Balance von hybrider Arbeit gemeinsam im Team zu bewerten. Dabei geht es auch um die Offenlegung einzelner Bedürfnisse, zum Beispiel wann sich Mitarbeitende um Angehörige kümmern. Auf Basis dieser Offenheit und Transparenz können dann gemeinsame Regelungen getroffen werden, die eine optimale hybride Zusammenarbeit ermöglichen – z. B. in welchem Zeitfenster Meetings stattfinden können, welche Kommunikationskanäle benutzt werden oder wie Reaktionszeiten auf E-Mails außerhalb der Arbeitszeit geregelt sind. Wenn dies alles einmal festgehalten worden ist, ist der Job aber noch nicht erledigt. Um den sozialen Zusammenhalt eines Teams aufrechtzuerhalten, muss die Balance zwischen Homeoffice und Präsenzarbeit immer wieder durch das Abwägen von Aufgabe, Unternehmenssituation, privater Situation der Mitarbeitenden sowie Teamkonstellation justiert und ausgeglichen werden. Xavier Ros, Personalvorstand von Audi, fasst zum Ende unseres Gesprächs noch einmal zusammen: »Netzwerke, Teamgeist und Innovationen entstehen im regelmäßigen persönlichen Austausch. Das stärkt unseren Audi-Spirit und macht uns als Marke erfolgreich. Dennoch nutzen wir die Vorteile der digitalen Zusammenarbeit. Mobiles Arbeiten ist und bleibt wichtiger Bestandteil unserer Arbeitskultur.«

Ein anderes Unternehmen, das sich an den Ergebnissen seiner Mitarbeitenden orientiert, ist einer der weltweit führenden Touristik-Konzerne: die TUI Group. Die Personalvorständin Sybille Reiß sagt mir bei meinem Besuch am Hauptsitz in Hannover: »Arbeit ist das, was wir tun, und nicht, wohin wir gehen.« Auch Sybille Reiß ist der Meinung, dass es hierfür Vertrauen braucht, das sich aber eben nicht verordnen lässt, sondern verdient werden muss. Durch Kommunikation, Transparenz und Verlässlichkeit. Aber auch durch das eigene Vorleben und dadurch, Fehler zu akzeptieren, die einem auf dem Weg zum Erfolg unterlaufen. Dadurch, dass auf Mitarbeitende eingegangen wird, können sich eigenständige Projekte entwickeln. Eines dieser Projekte ist das »TUI WORKWIDE-Programm«, das aus internen Umfragen entstanden ist, in denen der Wunsch geäußert wurde, auch im Ausland arbeiten zu wollen. »Von der Idee bis zur Umsetzung 2021 sind gerade einmal acht Wochen vergangen«, erzählt Sybille Reiß. Ihr ist es wichtig, auch mal pragmatisch zu sein. Der Prozess wurde so schlank gehalten, dass sich Mitarbeitende nur mit der Führungskraft abstimmen müssen und dann mit gerade mal zwei Klicks z. B. am Stephansplatz in Wien arbeiten können. Dieses Angebot haben direkt am Anfang knapp 4.000 Mitarbeitende genutzt. Bis zu 30 Tage können sie vom Ausland aus arbeiten. Denn für Reiß definiert sich ein Team nicht dadurch, »dass man in einem Büro sitzt und an einer Idee arbeitet, sondern dass man das gleiche Ziel miteinander verfolgt, und das unabhängig von der Anwesenheit in Büros und über Ländergrenzen hinweg«.

»Wir können sehr starke Ergebnisse erzielen, ohne eine solche Präsenz im Büro zeigen zu müssen«, sagt Sybille Reiß. »Ich vertraue so lange, bis mir jemand zeigt, dass es so nicht geht.« Bis dahin wird das »WORKWIDE-Programm« weiter ausgebaut, indem es Mitarbeitenden ermöglicht wird, in TUI-Hotels und -Ressorts arbeiten zu können. Davon profitieren letztlich nicht nur Mitarbeitende, sondern auch das Unternehmen, weil die eigenen Leute das Produkt und die Kunden noch besser kennenlernen. Gleichzeitig wurde ein neuer Campus in Hannover eröffnet, wo zudem mehr Interaktion in Präsenz stattfinden kann.

TUI möchte auch den Mitarbeitenden etwas anbieten, die durch ihren Job eingeschränkter sind, wie zum Beispiel Piloten, Hotel- oder Reisebüromitarbeitenden. Hier werden andere Flexibilitätsmodelle angeboten. Das sieht dann so aus, dass etwa Piloten Weiterbildungen oder die Vorbereitungen auf einen Flug von zu Hause aus erledigen können.

Auch beim Familienunternehmen VAUDE vom Bodensee mit knapp über 650 Mitarbeitenden wurde entschieden, Leistung nicht nach Anwesenheit, sondern nach Ergebnissen zu messen. Als Antje von Dewitz 2009 die Geschäftsführung von ihrem Vater übernahm, war es üblich, dass manche Führungskräfte zwischen 60 und 70 Stunden pro Woche gearbeitet haben. »Da, wo am längsten Licht brannte, saß der Held der Arbeit«, sagt von Dewitz. Durch Gespräche mit ihren Mitarbeiterinnen kam heraus, dass sich Frauen bei VAUDE oftmals von Führungspositionen abschrecken ließen, da sie sich nicht vorstellen konnten, wie Beruf und Familie bzw. Privatleben vereinbart werden konnten. Antje von Dewitz, selbst Mutter von vier Kindern, wurde klar, dass neue Rahmenbedingungen geschaffen werden mussten. Und dafür hat sie gesorgt, indem sie flexible Arbeitszeitmodelle, Homeoffice und Vertrauensarbeitszeit einführte und VAUDE vom Audit »Beruf und Familie« zertifizieren ließ. Dabei ist sie selbst als Vorbild vorangegangen und hat z. B. konsequent abendliche Meetings vermieden, was auch Überwindung gekostet hat: »Anfangs hatte ich Sorge, dass die Leute denken, ich wäre faul. Aber so war es nicht«, erzählt von Dewitz.

Aber nicht nur das Vorleben ist wichtig, sondern insbesondere auch das Aufbauen von Vertrauen. Was VAUDE sehr dabei hilft, sind Coachings: Selbstwirksamkeitstraining, Selbstreflexion, viel offene Kommunikation auf Augenhöhe und Beziehungsmanagement. Dabei lernen sich Mitarbeitende selbst besser kennen, aber auch die unterschiedlichen Menschentypen in der Organisation. Sie erfahren etwas über die Stärken und Schwächen der Kolleg:innen und erarbeiten eigene Bedürfnisse und Werte. Das Ziel ist, gute Beziehungsmanager:innen zu werden, um dann den Fokus auf Inhalte und die Sachebene zu lenken.

»Denn Konflikte bei der Arbeit haben nur zu einem Bruchteil mit inhaltlichen Themen zu tun und basieren zu 95 Prozent auf der Beziehungsebene, weil Menschen sich mit Aussagen oder Verhaltensweisen triggern oder sich missverstehen«, erzählt Antje von Dewitz. Und es wirkt: Durch die veränderten Rahmenbedingungen bei VAUDE sind mehr Frauen bereit, eine Führungsposition zu übernehmen. Und das Unternehmen ist dank seiner nachhaltigen Ausrichtung und Kultur sehr dynamisch und erfolgreich: »Wir stemmen heute eine sehr hohe Komplexität und sind in der Lage, neue Lösungen schnell umzusetzen«, sagt von Dewitz. 2009 erwirtschafte VAUDE 50 Millionen Euro Umsatz, mittlerweile sind es über 150 Millionen. Damit zeigt das Unternehmen eindrücklich, dass ein partnerschaftliches und vertrauensvolles Miteinander die Grundlage des Erfolgs sein kann.

**Mein Fazit:** Je flexibler und freier Mitarbeitende und Teams agieren und traditionelle Strukturen aufgebrochen werden, desto eher wächst leider auch die Gefahr, dass die zentralen Bedürfnisse im Arbeitsumfeld vernachlässigt werden und diese eher unter Risiken wie Ausgrenzung, Konflikten und Überforderung leiden – anstatt von der Autonomie und Flexibilität zu profitieren. Das nennt sich Autonomie-Paradoxon. Während einerseits Mitarbeitende Autonomie und Flexibilität schätzen und genießen, vermissen sie psychologische Sicherheit, klare Strukturen, Verbundenheits- und Gemeinschaftsgefühl. Deshalb sollten unbedingt klare Regeln für die Zusammenarbeit und Kommunikation erarbeitet werden. »Ohne gemeinsames Verständnis ist in hybriden Teams keine effektive Arbeit möglich,« sagt Stefan Böhm, Professor an der Universität St. Gallen.[21] Zudem sollten Mitarbeitende und Führungskräfte Weiterbildungsmöglichkeiten erhalten, um digitale Kompetenzen und die Fähigkeit zu einem besseren Selbstmanagement zu stärken.

Der Wandel zu flexiblen Arbeitsmodellen braucht auf allen Ebenen eine aktive Gestaltung bei den Mitarbeitenden, Führungskräften und dem Unternehmen an sich. Dann gehen alle auch gern wieder ins Büro.

## QUICK WINS

**Für Mitarbeitende**

a) Mittlere Prioritäten häufiger ausblenden, da diese Themen und Tätigkeiten im Kern unseres Lebens und unserer Arbeit nicht wichtig genug sind – aber verführerisch genug, uns von den wichtigen Dingen abzulenken.
b) Räumliche, zeitliche und kommunikative Grenzmanagement-Taktiken anwenden.
c) Digitale Kompetenzen und Selbstmanagement aneignen, um von den Vorteilen der Flexibilität zu profitieren und nicht unter den Risiken zu leiden.
d) Regeln und Vereinbarungen zum hybriden Arbeiten gemeinsam in Teams erarbeiten.

**Für Führungskräfte**

a) Klare und realistische Zielvorgaben mit Mitarbeitenden vereinbaren.
b) Mit Vertrauen führen. Erst dann kontrollieren, wenn es wirklich nötig ist.
c) Regelmäßige Feedbacks und Sechs-Wochen-Ziele einführen.
d) Das strategische Was mit Rahmenbedingungen vorgeben, aber das operative Wie den Mitarbeitenden überlassen.

**Für Unternehmen**

a) Neue Bewertungsgrundlagen für Mitarbeitende schaffen: Leistungen müssen objektiv definiert und gemessen werden.
b) Aber nicht nur Leistung im Blick haben, sondern auch andere Kriterien, wie z.B. Kreativität, Einfallsreichtum, Kollegialität und gute Zusammenarbeit.
c) Flexible Arbeitszeitmodelle anbieten, die zu den Bedürfnissen der Mitarbeitenden und den Unternehmenszielen passen.
d) Die ständige Erreichbarkeit von Mitarbeitenden nicht fördern, sondern unterbinden.

# Führungskräfte: Von der Karriereleiter auf den Karrierepfad

Wann immer ich bei technischen Dingen Probleme habe, und das passiert öfter, als mir lieb ist, rufe ich eine Bekannte von mir an: Dörthe. Diese Frau ist technisch so versiert, dass sie mit einem Taschenrechner das Pentagon hacken könnte. Als IT-Developer ist sie einfach brillant, eine Magierin, um die sich große Konzerne reißen, wenn es ums Coden geht. Mit ihren Fachkenntnissen fuhr sie dem letzten Unternehmen, in dem sie arbeitete, siebenstellige Gewinne ein. Sie war eine absolute Überfliegerin und es dauerte nicht lange, da stand ihr Chef bei ihr auf der Matte mit einer Beförderung zur Führungskraft. Das bedeutete mehr Gehalt, ein größeres Büro, vor allem aber auch Personalverantwortlichkeit. Was im ersten Moment verlockend klang, entpuppte sich bald als grandiose Fehlentscheidung. Denn was der neue Job außerdem bedeutete, war, dass Dörthe weniger Zeit dafür blieb, die Dinge zu machen, die sie liebte. Sehr viel weniger Zeit. Stattdessen schlug sie sich nun mit Aufgaben herum, mit denen sie wenig bis gar nichts anfangen konnte. Denn so gut Dörthe mit Einsen und Nullen umgehen kann, so sehr fehlen ihr die Skills im Umgang mit Menschen, jedenfalls im beruflichen Kontext. Die Folgen waren verheerend: ein unglückliches Team, das plötzlich mehr Arbeit hatte als zuvor, eine unglückliche Führungskraft, also Dörthe, und eine unglückliche Unternehmensleitung, weil nämlich auch die geschäftlichen Ergebnisse immer schlechter wurden. Am Ende kündigten erst einige Mitglieder in Dörthes Team und schließlich auch Dörthe selbst. Was ist da bloß falsch gelaufen? Was hätte besser gemacht werden können? Genau darum soll es im Folgenden gehen.

## Der große Einfluss von Führungskräften

Die meisten Menschen wollen erfolgreich sein. Sie wollen sich weiterentwickeln, mehr Geld verdienen und mehr Anerkennung bekommen. Der Wunsch nach Anerkennung hat erst einmal nichts mit dem Wunsch nach einem höheren Gehalt zu tun. Leider ist der Wunsch nach Anerkennung in vielen Unternehmen immer noch zwangsweise an mehr Personalverantwortung gekoppelt. Das bedeutet, die Karriereleiter immer höher zu klettern, bis man eine Führungskraft wird. Doch nach welchen Kriterien wird in den Unternehmen entschieden, welche Mitarbeitende Führungskraft werden? Zum einen durch die fachlich beste Leistung. Zum anderen durch die Betriebszugehörigkeit: Je länger jemand schon da ist, je tiefer die Konturen des eigenen Hinterns im Bürostuhl, desto besser. Das ergibt eine Befragung, die das Beratungsunternehmen Gallup mit 300.000 Führungskräften durchgeführt hat.[22] Wen überrascht es da, dass bei diesen Kriterien nur 25 Prozent der Mitarbeitenden mit ihrer Führungskraft zufrieden sind?[23] Mich jedenfalls nicht.

Das Problem ist, dass Führungskräfte maßgeblich für die Produktivität und das Wohlbefinden der Mitarbeitenden verantwortlich sind. Und zwar zu 70 Prozent, laut Gallup.[24] Bestimmt kennst du den Spruch, dass Mitarbeitende keine Unternehmen verlassen, sondern sie verlassen ihre Vorgesetzten. Wenn nun also unser Engagement, unsere Zufriedenheit, Emotionen und Gefühle zu 70 Prozent von der Führungskraft abhängen, der wir tagtäglich quasi ausgeliefert sind, dann sollte diese Führungskraft doch bitte mehr auf dem Kasten haben als fachliche Kompetenz und diverse Firmenjubiläen. Dann braucht es meiner Meinung nach andere Kriterien, wie zum Beispiel emotionale Intelligenz, soziale Kompetenzen oder auch Kompetenzen für kritische Situationen wie einer Restrukturierung oder Transformation.

Solange sich hier aber nichts ändert, werden weiterhin Leute zu Führungskräften, die dafür an entscheidenden Stellen ungeeignet sind – weil sie sich entweder gezwungen fühlen, diese Rolle auszuführen, oder schlichtweg kein Talent dafür haben. Und noch mal: Diese Menschen sind zu 70 Prozent dafür verantwortlich, ob der Rest des Teams zufrieden ist oder nicht.

Gallup hat noch etwas anderes herausgefunden: Die Auswertung von Millionen Datensätzen zum »Manager-Talent« ergab, dass lediglich 18 Prozent der weltweiten Führungskräfte Führungstalent haben und dieser Rolle auch gerecht werden.[25] Pa Sinyan, Managing Partner bei Gallup, bringt es im persönlichen Gespräch auf den Punkt: »Führen ist kein Titel, sondern eine Tätigkeit. Es ist eine Kompetenz. Ein Skill, den du lernen musst.«

## Peter-und-Paula-Prinzip

Menschen werden so lange befördert, bis sie in eine Position kommen, in der sie inkompetent sind. Dieses Phänomen entdeckte der Psychologe Laurance J. Peter gemeinsam mit dem Schriftsteller Raymond Hull bereits in den 1960er-Jahren. Sie nannten es das »Peter-Prinzip«.[26] Diese Menschen besitzen zwar exzellente Fähigkeiten, die sie auf bisherigen Ebenen erfolgreich gemacht haben, die sich jedoch nicht auf die nächste Ebene übertragen lassen. Anstatt dass diese Menschen wieder degradiert werden, bleiben und verharren sie in ihrer neuen Position, obwohl sie inkompetent sind. Ist das nicht verrückt!?

Der Wissenschaftler Alan Benson hat mit den beiden Forscherinnen Danielle Li und Kelly Shue untersucht, welche Auswirkungen solche Beförderungen auf die Performance eines Teams haben. Dazu haben sie sich den Vertriebsbereich von 214 Unternehmen angeschaut.[27] Sie konnten bestätigen: Je fachlich erfolgreicher die Vertriebler:innen waren, desto größer war die Wahrscheinlichkeit, eine Führungsposition zu bekommen. Wurde dann eine gute Verkäuferin befördert, führte dies jedoch zu einem Leistungsrückgang von 7,5 Prozent bei den Untergebenen. Daraus schlossen die Forscher:innen, dass »[…] Unternehmen dazu neigen, die besten Vertriebsmitarbeiter:innen ins Management zu befördern, obwohl sie die schlechtesten Manager:innen sind«.[28]

Das Interessante dabei ist zudem, dass es zu einer großen Abweichung des eigenen Selbstbilds und des Fremdbilds kommt. Das zeigt zum Beispiel wieder eine Umfrage von Gallup: Sagenhafte 97 Prozent der Führungskräfte sagen, sie würden einen echt guten Job machen. Sie gehen davon aus, von ihren Mitarbeitenden auch so gesehen zu werden. Die Realität sieht jedoch anders aus: 69 Prozent der Mitarbeitenden sagen hingegen, dass ihre Führungskräfte keinen guten Job ausüben.[29]

Wir erleben hier den sogenannten »Dunning-Kruger-Effekt«, der auf mehrere Untersuchungen der amerikanischen Psychologen David Dunning und Justin Kruger zurückzuführen ist.[30] Sie haben gezeigt, dass Menschen ihre Fähigkeiten oftmals nicht realistisch einschätzen können und davon ausgehen, kompetent zu sein, obwohl sie eben genau das Gegenteil sind. Besonders interessant hierbei: Je weniger ausgeprägt die eigenen Kompetenzen sind, desto mehr sind diese Personen von ihnen überzeugt. Sie treffen selbstbewusster Fehlentscheidungen, unterschätzen überlegene Fähigkeiten anderer, ohne das Ausmaß ihrer Inkompetenzen zu erkennen.

Kein Wunder, findet Dunning und unterstellt dabei weder einen bösen Willen noch Selbstbetrug. Denn die Fähigkeiten, die zu einer Kompetenz in einem bestimmten Bereich führen, sind oft genau die gleichen Fähigkeiten, die notwendig sind, um die Kompetenz in diesem Bereich zu bewerten – und zwar die eigene und die der anderen. Anders ausgedrückt: Wer keinen grammatikalisch korrekten Satz formulieren kann, wird auch keine grammatikalischen Fehler erkennen. Natürlich lässt sich so nicht nur die verzerrte Selbst- und Fremdeinschätzung der Führungskräfte erklären, sondern auch die Einschätzung von Mitarbeitenden. Laut Jobplattform Stepstone ist fast jeder zweite Mitarbeitende davon überzeugt, die Tätigkeit als Führungskraft besser zu machen als der Chef.[31]

Aber an dieser Stelle möchte ich klar sagen, dass dieser Effekt in der Psychologie nicht ganz unumstritten ist und die Methodik von Dunning und Kruger auch kritisiert wird.[32] Dennoch thematisiere ich ihn in diesem Kapitel, weil er seit 20 Jahren immer wieder von Psycholog:innen und renommierten Medien aufgriffen wird und der Effekt meiner Meinung nach die Ergebnisse von Gallup stützt. Andere Psycholog:innen kommen im Rahmen ihrer Forschung zu einem ähnlichen Ergebnis wie Dunning und Kruger. So konnten zum Beispiel Ethan Zell und Zlatan Krizan in ihren Untersuchungen feststellen, dass die Mehrheit der Probanden nicht in der Lage war, die eigene Intelligenz, akademische Kompetenz und andere Fähigkeiten korrekt einzuschätzen – es kam zu einer besseren oder sogar zu einer schlechteren Selbstbeurteilung.[33]

Es gibt also nicht nur eine verzerrte Selbstwahrnehmung nach oben, sondern auch nach unten. In den letzten Jahren gewinnt das sogenannte Impostor-Syndrom in der Wirtschaftswelt immer mehr an Bedeutung. Dabei werden Menschen von extremen Selbstzweifeln geplagt und unterschätzen ihre Fähigkeiten und Leistungen. Anstatt Erfolge auf die eigenen Fähigkeiten zurückzuführen, glauben sie, dass alles, was sie im Leben erreicht haben, nur dem Zufall geschuldet sei. »Diese verzerrte Realitätswahrnehmung gibt den Betroffenen das Gefühl, alles Positive, was ihnen widerfährt, nicht wirklich verdient zu haben«, erklärt mir die Fachärztin für Psychosomatik und Verhaltenstherapeutin Dr. Michaela Muthig. Diese Menschen fühlen sich dann in ihrer Rolle oft fehl am Platz und leiden unter anhaltenden Versagensängsten. Das negative Selbstkonzept erschwert den Menschen, sich über Erfolge zu freuen und Komplimente anzunehmen. Es hindert sie stark in der persönlichen Entwicklung.

Die verzerrte Selbstwahrnehmung ist nicht nur abhängig von Kultur, Persönlichkeit und eigenem Selbstvertrauen, sondern auch vom Geschlecht. Hier lässt sich klar sagen: Männer schätzen ihre eigenen kognitiven Fähigkeiten oft besser ein, als sie tatsächlich sind. Für Frauen gilt genau das Gegenteil.[34] In der Psychologie hat sich dafür der Begriff »hubris humility effect« eingebürgert, der Überheblichkeit-Bescheidenheit-Effekt. In seiner wissenschaftlichen

Untersuchung konnte Prof. Dr. Matthias Sutter, Direktor des Max-Planck-Instituts zur Erforschung von Gemeinschaftsgütern in Bonn, feststellen, dass Männer anfälliger sind, ihre Fähigkeiten zu überschätzen, und sich damit deutlich wettbewerbsorientierter im Berufsalltag verhalten als Frauen.[35]

In diesem Kontext wird auch vom »Paula-Prinzip« gesprochen, das sich beobachten lässt, wenn gut ausgebildete und kompetente Frauen immer wieder in niedrigeren Hierarchieebenen feststecken und Jobs machen, für die sie eigentlich überqualifiziert sind. Diesen Begriff hat der Autor Tom Schuller in seinem Buch »The Paula Principle: Why women lose out at work – and what needs to be done about it« geprägt. Demnach führen strukturelle Diskriminierung und unbewusste Vorurteile dazu, dass Frauen seltener befördert werden. Aber auch fehlende Ambitionen für eine steile Karriere beziehungsweise weniger ausgeprägte Wettbewerbsbereitschaft und mangelnde Betreuungsmöglichkeiten für Kinder sowie eine verzerrte Selbsteinschätzung gehören zu den vielschichtigen Ursachen für das »Paula-Prinzip«.

Um die Wahrscheinlichkeit dieser Phänomene zu reduzieren und Rahmenbedingungen dafür zu schaffen, dass Mitarbeitende sich wohlfühlen, gut performen können und gerne in Unternehmen bleiben, gibt es unterschiedliche Möglichkeiten.

### Fremd- und Selbsteinschätzung optimieren

Sich selbst korrekt einzuschätzen, ist nicht ganz einfach, wenn nicht sogar unmöglich. »Wer versucht, sich durch Introspektion – also den Blick nach innen – selbst zu analysieren, stolpert unweigerlich darüber, gleichzeitig der Leser und das Buch zu sein«, sagt Hans-Peter Erb, Professor für Sozialpsychologie an der Helmut-Schmidt-Universität Hamburg in einem Interview mit dem Wissensmagazin Quarks.[36] Bei eigener Überschätzung muss es aber nicht zwangsweise zu negativen Konsequenzen kommen. Wer von sich und seinen Fähigkeiten überzeugt ist, bringt nämlich überhaupt erst mal den Mut auf, mehr zu riskieren, Grenzen auszutesten und einfach mal Dinge auszuprobieren. Es kommt auf das Maß an. Es ist ein Unterschied, ob man sich für klug genug hält, um sich in viele Dinge einzuarbeiten – oder ob man denkt, die Weisheit mit Löffeln gefressen zu haben.

Am Ende kommt es dann aber schon auf eine realistische Selbsteinschätzung an, wenn wir erfolgreich zusammenarbeiten wollen und sich die Frage stellt, welche Mitarbeiter:innen zur Führungskraft gemacht werden sollen.

Um das zu schaffen, brauchen wir im Arbeitskontext mehr Möglichkeiten und vor allem auch mehr Zeit. Zum Beispiel für Achtsamkeitsübungen, Journaling, eine gute Einstellung zum lebenslangen Lernen und Gespräche mit Vertrauenspersonen. Dabei kann auch ein regelmäßig stattfindendes konstruktives Feedback in Form von Umfragen helfen, das vor allem ehrlich sein sollte – und zwar in alle Richtungen. Denn hier gelten die gleichen Gesetzmäßigkeiten wie zum Beispiel an Weihnachten mit der Familie: Wer so tut, als freue er sich über Socken, der bekommt im nächsten Jahr eben wieder welche. Hierbei ist es zudem wichtig, auf die Formulierung zu achten: Dies ist mir so wichtig, dass ich diesem Thema ein komplettes Kapitel (Radical Honesty) gewidmet habe. Apropos Ehrlichkeit: Sich selbst einzugestehen, etwas nicht zu können oder nicht zu wissen, ist keine Niederlage. Es ist ein Erfolg.

Für Jörg Staff, Chief Human Resource Officer (CHRO) of the Year 2021, muss es aber noch einen Schritt weiter gehen. »Es braucht mehr Professionalisierung«, sagt er mir im Gespräch. »Wir haben so viele technologische Tools zur Verfügung, aber setzen diese viel zu selten in der Praxis ein, um eine valide Einschätzung eigener Fähigkeiten nach objektiven Kriterien zu erhalten.«

Eine Möglichkeit wäre zum Beispiel die Künstliche Intelligenz, die in Zukunft eine große Rolle einnehmen kann und wird. Bereits jetzt ist es mit dieser Technik möglich, allein auf Basis schriftlicher Antworten Introversion bzw. Extroversion, emotionale Stabilität, Resilienz, Optimismus, Gewissenhaftigkeit, narzisstische Verhaltenseigenschaften, Selbstwirksamkeitsüberzeugung und viele weitere Faktoren zu messen. Das erzählt mir Prof. Dr. Florian Feltes, Co-Gründer von Zortify, einem People-Analytics-Unternehmen, bei einem Interview in Köln. Der Vorteil von Künstlicher Intelligenz ist nach Florian Feltes, dass mit ihr bei der Entscheidungsfindung eine objektive Perspektive hinzugezogen werden kann, die wir unter Menschen nicht hinbekommen. Wenn wir miteinander sprechen, wirken auf uns unbewusst bis zu 80 sogenannte Verzerrungseffekte, die es bei der KI nicht gibt. Wichtig ist vor allem, dass wir, wenn Künstliche Intelligenz hinzugezogen wird, den Ergebnissen nicht blind vertrauen, sondern sie eher nutzen, um bei Gesprächen mit Mitarbeitenden über Abweichungen und Erkenntnisse zu sprechen. So kann zukünftig die Wahrscheinlichkeit erhöht werden, dass Mitarbeitende ein realistisches Selbstbild erhalten.

## Niemand sollte ins kalte Wasser geworfen werden

Die Entwicklung zur Führungskraft bringt viele Herausforderungen mit sich. Denn während sich Mitarbeitende im Team ausschließlich um ihre To-dos kümmern, heißt es auf der Führungsebene vor allem auch, die Kontrolle abzugeben und andere in ihrem Handeln zu unterstützen. »Es geht nicht mehr darum, Dinge selbst besser zu wissen als der Rest der Kolleg:innen. Auf einmal heißt es, Potenzialentfalter:in zu sein, Fragen zu stellen, Strukturen zu schaffen. Das heißt, Menschen ausfindig zu machen, die es wirklich besser wissen, und sie zu fördern, damit sie ihren Job bestmöglich erledigen können«, führt Laura Bornmann, eine der führenden Stimmen in Deutschland bei Themen rund um New Work und Unternehmenskultur, in unseren Telefongesprächen aus.

Das hybride Arbeiten hat diese Aufgaben nochmals erschwert, da nun zusätzlich auf Distanz geführt werden muss. Zu oft werden Mitarbeitende ins kalte Wasser geworfen und nicht ausreichend auf die neuen Herausforderungen als Führungskraft vorbereitet. So ist aus einer Stepstone-Umfrage zu entnehmen, dass mehr als jede dritte Führungskraft erst nach Antritt der neuen Rolle oder sogar erst ein Jahr danach ein Führungskräftetraining oder eine entsprechende Fortbildung erhalten hat.[37] »Angehende Führungskräfte müssen frühzeitig von Arbeitgebern unterstützt werden, da nur die wenigsten die nötigen Kompetenzen von Beginn an mitbringen«, stellt Laura Bornmann aus Erfahrung fest. Durch frühzeitiges Coaching kann die Wahrscheinlichkeit reduziert werden, dass zukünftige Führungskräfte sich unsicher fühlen oder sogar den Schritt zur Führungskraft bereuen. Dies ist übrigens gar nicht so selten, wie die Stepstone-Umfrage zeigt: Jede vierte Führungskraft möchte zurücktreten.[38]

## Alles eine Frage der Perspektive

Wir wissen also, dass nicht jeder für die Rolle der Führungskraft gemacht ist. Und wir wissen auch, dass diese Position immer noch das Mittel der Wahl ist, wenn es darum geht, eine Beförderung, Wertschätzung oder Anerkennung auszusprechen. Was wir also dringend brauchen, ist eine Möglichkeit für Mitarbeitende, sich auch in fachlicher Richtung als Expert:in im Unternehmen weiterzuentwickeln. Auch das ist einerseits keine brandneue Erkenntnis. Anderseits sehen Expert:innen wie Jörg Staff sowie Pa Sinyan von Gallup und Laura Bornmann, dass in der Praxis kaum Unternehmen eine gleichwertige Alternativlaufbahn zur Führungskraft anbieten – weder was den Gestaltungsraum angeht noch in Bezug auf Sichtbarkeit sowie der Stellung im Unternehmen. Dies gilt auch bei der finanziellen Entlohnung. Dabei liegt der Vorteil einer gleichwertigen Beförderung doch auf der Hand: Mitarbeitende könnten sich aufgrund ihrer Interessen, Fähigkeiten und Kompetenzen weiterentwickeln und würden nicht gezwungen werden, dafür bestimmte Rollen zu übernehmen. Die Folge wäre zudem, dass wirklich nur die Personen im Unternehmen zu Führungskräften werden, die dies auch wollen, die ehrliches Interesse am Menschen haben und in ihrer Führungsposition aufgehen.

Unternehmen, die eine gleichwertige Laufbahn ermöglichen, schaffen damit auch ein neues Verständnis bei Mitarbeitenden: Die Karriereleiter endet nicht auf der Sprosse, auf der eine Führungsposition mit Personalverantwortung steht. Nicht jede:r Junior Controller:in muss am Ende CFO werden, sondern kann auch in einer Expert:innen-Rolle oder einer anderen Position im Team aufgehen.

Damit müssen berufliche Veränderungen nicht immer nur nach vorn gehen. Ein Schritt zur Seite verbessert manchmal die Sicht auf die Dinge. Und ein Schritt zurück ist womöglich genau dies nicht – sondern ein Anlaufnehmen. Vergessen wir doch das klassische Bild einer Leiter nach oben. Betrachten wir die Karriere doch besser als einen Lauf durch den Wald, wo wir uns immer wieder entscheiden können, welcher Pfad für uns (und das Unternehmen) der beste ist. Gerade bei Führungskräften kann es vorkommen, dass sie am liebsten wieder zurück in ihre Expert:innen-Rolle gehen möchten, weil sie dort ihr Potenzial am besten ausschöpfen (allein schon, weil sie einfach mehr Freude an ihrer Tätigkeit haben). Wieso sollten diese Menschen für diese wertvolle Erkenntnis bestraft werden, indem man sie degradiert? Meiner Meinung nach sollte eine Beförderung auch auf horizontaler Ebene möglich sein. Dafür braucht es eine entsprechende Kultur. Laut einer Studie der Jobplattform LinkedIn ist es übrigens für die Zufriedenheit und die Mitarbeitenden-Retention vollkommen egal, ob Angestellte befördert werden oder nur eine andere Position im Unternehmen bekommen.[39]

Menschen möchten das Gefühl haben, dass ihr Unternehmen daran interessiert ist, sie entsprechend ihren Bedürfnissen und Kompetenzen zu fördern und weiterzuentwickeln. Allerdings haben nur etwa 15 Prozent der

Angestellten das Gefühl, dass ihr Unternehmen bemüht ist, sie auf eine neue Rolle vorzubereiten.[40] Das Problem dabei ist: Wer dieses Gefühl bei seinem Arbeitgeber nicht hat, ist eher bereit, zu kündigen.[41]

Es sollte jedoch nicht vergessen werden, dass es nicht nur um die Wünsche und Bedürfnisse von Mitarbeitenden geht, sondern natürlich auch um die Anforderungen der Unternehmen. Denn schließlich ist es wichtig, wirtschaftlich erfolgreich zu sein. Die Kunst ist, das perfekte Match zwischen den Bedürfnissen der Mitarbeitenden und denen des Unternehmens zu finden. Dabei helfen können diverse Karriere-Experimente, die einerseits klarmachen, dass echtes Interesse besteht, Mitarbeitende in Unternehmen zu entwickeln und auch dort halten zu wollen, und andererseits das Potenzial aus Mitarbeitenden herausholen – basierend auf deren Stärken.

Diese drei Beispiele für Karriere-Experimente gefallen mir persönlich besonders gut:

1. Verzweigte Safari: Mitarbeitende bekommen für eine begrenzte Zeit Urlaub von ihrer eigentlichen Tätigkeit und dürfen stattdessen in andere Bereiche reinschnuppern.
2. Geliehene Genialität: Mitarbeitende mit speziellen Kompetenzen und besonderem Wissen werden anderen Abteilungen für einen kurzen Zeitraum ausgeliehen.
3. Marktplatz der Fähigkeiten: Projekte werden intern auf Basis von Qualifikationsanforderungen ausgeschrieben und mit Fähigkeiten von Mitarbeitenden abgeglichen.

Je mehr Möglichkeiten an Entwicklungsperspektiven es in Unternehmen gibt, desto eher besteht die Möglichkeit, Mitarbeitende zu halten. Aber natürlich hat das seine Grenzen. Zu viel interne Mobilität kann auch dazu führen, dass keine tiefgreifenden Kompetenzen aufgebaut werden und sie stattdessen von Kolleg:innen als störend empfunden wird. Hier gilt es, sich heranzutasten. Ein vielfältiges Angebot für verschiedene Karrierepfade ist aber nicht das Allheilmittel. Denn Führungskräfte, die nur nach individuellen Leistungen im Team bewertet und gemessen werden, haben kein Interesse, ihre besten Leute an andere Abteilungen abzugeben. So zeigt eine Umfrage des Marktforschungsinstituts Gartner, dass über 80 Prozent der befragten Personen angeben, bei einer internen Bewerbung nicht unterstützt zu werden, und zwar weder von Führungskräften noch von anderen Kolleg:innen.[42]

In der Folge ist es für Mitarbeitende also einfacher, direkt das Unternehmen zu verlassen und sich weiterzuentwickeln, als zu bleiben und sich dabei zu verzweigen. Demnach brauchen Führungskräfte ein Verständnis dafür, dass es nicht nur um den Erfolg ihres Teams geht, sondern um den Erfolg für das gesamte Unternehmen. Daraus folgt, dass Führungskräfte zukünftig dafür belohnt werden sollten, Mitarbeitende nicht nur in ihrem Team zu halten, sondern im Unternehmen, weil sie sich grundsätzlich aktiv um die Weiterentwicklung der Mitarbeitenden bemühen. Eine Idee wäre zum Beispiel, neue Bewertungskriterien einzuführen, für deren Erfüllung Führungskräfte entsprechende Boni erhalten – etwa dafür, dass eine bestimmte Prozentzahl von neuen Stellen von Personen besetzt wird, die aus dem eigenen Team kommen. Damit kann auch gewährleistet werden, dass Führungskräfte Mitarbeitende auf interne offene Stellen aufmerksam machen, die zu ihnen und ihrem Karrierepfad passen könnten. Denn laut der bereits genannten Gartner-Umfrage weiß nur jede zweite Person, die sich auf eine neue Stelle bewerben möchte, dass es auch intern offene Stellenangebote gibt.[43]

## Shared Leadership – geteiltes Leid ist halbes Leid

Das hört sich alles nach viel Arbeit an – weil es auch viel Arbeit ist. Nicht umsonst klagen viele Führungskräfte in persönlichen Gesprächen über die Herausforderung, ihre fachlichen To-dos und ihre personalbezogene Führung unter einen Hut zu bekommen. Das Führen von Mitarbeitenden ist in den letzten Jahrzehnten nicht gerade einfacher geworden, da immer mehr individuelle Aspekte dazugekommen sind. Dennoch verbringen Führungskräfte lediglich sieben Prozent ihrer Arbeitszeit mit Tätigkeiten, die in ihrer Rolle zwingend nötig sind: Coachings, Feedbackgespräche und Maßnahmen, die das Team zusammenhalten.[44] Ist das womöglich der Grund, warum Mitarbeitende so unzufrieden sind und sich nicht verbunden fühlen – weil die dringlichen Business-Themen mehr im Fokus stehen als die wichtigen People-Themen? An dieser Stelle möchte ich Führungskräfte in Schutz nehmen. Denn Zeit und Mühe in die Entwicklung von Mitarbeitenden zu stecken, steht häufig im Widerspruch zu den Bewertungskriterien, an denen sie selbst gemessen werden.

Was aber wäre, wenn sich Führungskräfte zukünftig nur noch auf Business- oder People-Themen fokussieren müssten und nicht auf beides gleichzeitig? Dieses Modell nennt sich »Shared Leadership« und wird bereits in der

Praxis von einigen Unternehmen getestet. Dabei geht es nicht allein darum, dass sich zwei Leute den Chef:innen-Sessel teilen. Vielmehr geht es um die Aufteilung der klassischen Aufgaben und eine verteilte Verantwortung für eine bessere Fokussierung. Denn: »Führung besteht aus vielen Dimensionen und es gibt vermutlich keine Person, die allen Dimensionen gleichwertig gerecht werden kann«, sagt mir Dr. Stefan Gladbach, Führungskraft beim Energieunternehmen Yello. Während die eine Führungskraft die fachliche Gesamtverantwortung trägt, indem sie sich zum Beispiel auf die Umsetzung der Geschäftsstrategie und die Einhaltung des Budgets fokussiert, trägt die andere ausschließlich die Personalverantwortung, indem sie etwa Rahmenbedingungen für ein erfolgreiches Zusammenarbeiten schafft, coacht, Feedbackgespräche führt und Räume entwickelt, um größtmögliche Wirksamkeit zu ermöglichen. Das Ganze nennt sich dann »People Lead« und »Business Lead« – oder wie bei Yello »Product Cluster Lead«. Damit sind beide Personen gleichberechtigt und es wird ermöglicht, dass die richtigen Menschen, abhängig von ihren Kompetenzen und Präferenzen, in den richtigen Positionen arbeiten. Ziel dieses Konzepts ist es, dass die Mitarbeitenden in den Fokus der Unternehmung rücken, ohne dass das Business darunter leidet. Gerade in Krisenzeiten oder Transformationsprozessen gibt es damit immer eine Person, die bei allen Entscheidungen einen fokussierten Blick auf die Bedürfnisse der Mitarbeitenden beziehungsweise der einzelnen Teams hat.

## Wenn der Funke überspringt

Diese Zerrissenheit zwischen operativem Business und Personalverantwortung haben auch die Führungskräfte bei Yello erlebt. Personalbelange mussten immer wieder den Business-Entscheidungen weichen und sind ins Hintertreffen geraten. Das merkten die Mitarbeitenden auch in internen Umfragen an. Daraufhin ging das Kölner Energieunternehmen 2022 neue Wege und führte mit knapp 100 Mitarbeitenden das Modell »Shared Leadership« ein.

»Wir sind aber keine Happiness- oder Feelgood-Manager. Auch kein Kummerkasten oder Durchlauferhitzer für Feedbacks«, sagt mir im virtuellen Gespräch Katja Petry, eine der People Leads. »Vielmehr sind wir Faciliator und Moderatoren, die einen Raum für eine individuelle, ganzheitliche Weiterentwicklung schaffen.« Es geht also darum, sicherzustellen, dass Mitarbeitende und Teams über erforderliche Fähigkeiten verfügen, um das Unternehmen voranzubringen. Katja Petry und Stefan Gladbach unterstützen Mitarbeitende darin, ihr volles Potenzial zu entfalten, sich fachlich und persönlich weiterzuentwickeln, gefordert und gefördert zu werden, zwischenmenschliche Konflikte zu lösen, Gehaltsverhandlungen zu führen, Mitarbeitende zu befördern und Teams mit den richtigen Mitarbeitenden zu besetzen – und damit viel mehr in individuellen Karrierepfaden von Mitarbeitenden zu denken als in klassischen Karriereleitern.

Damit ist der People Lead für die gesamte Mitarbeitenden-Entwicklung im Unternehmen – vom Start bis zum Exit – verantwortlich. Wichtig für Katja Petry und Stefan Gladbach ist, dass diese Entwicklung und ihre Arbeit immer auch die Business-Ziele verfolgen. Gemeinsam sind sie jeweils für fünf Teams mit knapp fünf bis sechs Mitarbeitenden verantwortlich. Dadurch werden die persönlichen Bedürfnisse und Fähigkeiten der Mitarbeitenden gesehen. Denn im Vergleich zu HR-Abteilungen können durch die verteilte Führung Gespräche mit Mitarbeitenden regelmäßiger durchgeführt werden. So entsteht eine größere Nähe zu den Mitarbeitenden und die Führungskräfte bekommen die Atmosphäre im Team persönlicher mit. Die daraus wahrgenommenen Wünsche, Bedürfnisse und Belange können dann so entweder direkt umgesetzt oder bei der richtigen Stelle adressiert werden. So konnten zum Beispiel durch die intensiven Gespräche mit Mitarbeitenden strategische Aufgaben effektiver auf unterschiedliche Teams aufgeteilt werden. Ohne den direkten Zugang zu den Mitarbeitenden wäre dieser Veränderungsbedarf vermutlich nicht so frühzeitig erkannt worden. Dennoch: Es gibt auch hier noch Luft nach oben. »Wenn es hart auf hart kommt, haben wir als People Leads noch mehr zu kämpfen als Business Leads, da ihre Belange oftmals als dringender wahrgenommen werden«, sagt Katja Petry. Das Konkurrenzdenken mit den Business Leads konnten Petry und Gladbach mit der Zeit immer stärker ablegen.

Erfolgsfaktoren für eine gute Zusammenarbeit und damit für ein erfolgreiches Duo sind:

- regelmäßige Absprachen
- eindeutige Kommunikation
- klare Verantwortungsbereiche
- Grenzen setzen
- Vertrauen
- Definition von Aufgaben

»Was besonders hilft, ist eine gemeinsame Vision, die für alle eindeutig ist. Gemeinsam zu wissen, worauf wir alle hinarbeiten«, meint Stefan Gladbach. Hier zeigt sich klar der Vorteil von verteilter Führung: Das Modell fördert das Kooperationsverhalten, das abteilungsübergreifende Denken und die Haltung, gemeinsam für den Erfolg einzustehen, statt egoistisches Denken und individuelle Ziele.

Nach nunmehr zwei Jahren ziehen die Führungskräfte und die Unternehmensführung eine positive Bilanz, auch wenn das Unternehmen stetig dazulernt und das Konzept weiterentwickelt. Insgesamt fördert Shared Leadership die Resilienz in der Belegschaft, sorgt für positive Rückmeldung der Mitarbeitenden und führt durch die verteilte Verantwortung dazu, dass sie sich auch bei Veränderungen stets sicher und gut informiert fühlten. Das Business litt darunter nicht. Im Gegenteil: »Wir verzeichnen sehr gute, stabile Werte bei der Kunden-Loyalität. Darüber hinaus erleben wir die Yellos als außergewöhnlich engagiert und teamorientiert«, stellt Katja Petry als Zwischenfazit fest.

Um die richtigen Menschen in Führungspositionen zu entwickeln, führte das Softwareunternehmen SAP bereits 2012 eine wirklich in jeder Hinsicht gelebte gleichwertige Expert:innen- und Führungskräftelaufbahn ein. Neben identischen Gehaltsbändern, welche die Bandbreite des Grundgehalts über weitere Gehaltsbestandteile wie Prämien und sonstige monetäre Leistungen definieren, genießen Expert:innen aufgrund ihrer langjährige Expertise hohes Ansehen im Unternehmen und den gleichen Status wie Führungskräfte.

»Damit wollte das Unternehmen frühzeitig Mitarbeitende wertschätzen, die keine Management-Karriere einschlagen möchten«, erklärt mir der ehemalige Deutschland-Personalchef Cawa Younosi. Vielmehr geht es dem Unternehmen bei diesem Angebot auch darum, Mitarbeitenden und Führungskräften die volle Flexibilität zu geben, zwischen den einzelnen Rollen zu wechseln. »Du bist eine Führungskraft und möchtest wieder in deine Experten-Rolle zurück, weil du merkst, dass dir die People-Themen nicht liegen? Kein Problem! Oder willst du als Experte etwas Neues wagen und siehst deine Chance als Führungskraft? Why not!? Die Möglichkeit besteht bei uns immer, weil die Fallhöhe nicht so hoch ist«, sagt Cawa Younosi.

Ziel des Unternehmens ist es, dass Mitarbeitende sich ständig ihren eigenen Lebensphasen anpassen können, um auf einen Großteil ihrer Bedürfnisse eingehen zu können. Denn bereits seit der Gründung des Unternehmens liegt es in der SAP-DNA, dass Menschen im Mittelpunkt stehen. Erst danach kommen Umsatz und Gewinn. »Es müssen nie Umsätze zulasten der Mitarbeitenden gemacht werden«, erzählt mir Cawa Younosi.

Damit nur diejenigen zur Führungskraft werden, die das auch wirklich wollen, bietet das Unternehmen Mitarbeitenden zum Beispiel das Programm »Leaders Fellowship« an. Hier können interessierte Mitarbeitende über einen bestimmten Zeitraum ausprobieren, ob ihnen die Personalverantwortung liegt oder nicht. Die Warteliste für dieses Programm ist lang.

Darüber hinaus bekommen Führungskräfte zwei Mal im Jahr ihre Skills gespiegelt. Im Rahmen des »NPS« (Net Promoter Score) können Mitarbeitende ihre Führungskräfte anhand einer strengen Skala bewerten. »Wenn hier etwas nicht stimmt, schauen wir natürlich sofort genauer hin«, sagt Cawa Younosi. Durch diese regelmäßige Bewertung werden die Führungskräfte auch dazu angehalten, immer den Dreiklang aus Mitarbeitendenzufriedenheit, Kundenzufriedenheit und Unternehmenserfolg sicherzustellen.

Des Weiteren sind auch Karriere-Experimente eine Möglichkeit, um einen individuellen Karrierepfad mit verschiedenen Abzweigungen für sich herauszufinden. So können Mitarbeitende mit einem »Fellowship« eine Art Praktikum in anderen Abteilungen machen und dabei weiter ihr bisheriges Gehalt beziehen.

SAP macht aus meiner Sicht eine Menge richtig. Das zeigt die überaus hohe interne Fluktuationsquote von zehn Prozent mit einer durchschnittlichen Betriebszugehörigkeit von 13 Jahren und einer niedrigen externen Fluktuationsquote von nur zwei Prozent. Zudem werden 91 Prozent glückliche Mitarbeitende beschäftigt und auf der Bewertungs-Plattform kununu kommt das Unternehmen auf eine Weiterempfehlungsrate von 97 Prozent. Das sind Spitzenwerte. Dazu kommen noch mal 75 globale Auszeichnungen allein im Jahr 2022.

**Mein Fazit:** Zukünftig wird es aufgrund der Komplexität und der kurzfristigen Dynamiken nicht mehr möglich sein, dass eine einzelne Person das gesamte Wissen über einen Fachbereich und die Fähigkeiten zur Führung in sich vereint. Wer daran weiter festhält, wird mehr Führungskräfte erleben, die überfordert sind und kündigen.

Shared Leadership ist nur eine Möglichkeit, um zukünftige Herausforderung zu lösen. Vielmehr geht es darum, Möglichkeiten und Angebote zu schaffen, damit sich Mitarbeitende zu Expert:innen und Führungskräften weiterentwickeln können – und zwar abhängig von ihren persönlichen Bedürfnissen. Unternehmen, die diese Flexibilität für sich am schnellsten bewältigen können, werden erfolgreich, die besten Mitarbeitenden in ihren Unternehmen halten.

## QUICK WINS

**Für Mitarbeitende**

a) Regelmäßige Selbstreflexion im Alltag einbauen oder objektive Beurteilungen durch Führungskräfte und psychologische Tests nutzen, um ein verzerrtes Selbstbild zu vermeiden.
b) Sich klarmachen, dass es nicht um die steile Karriereleiter geht, sondern vielmehr um den Karrierepfad, der mehrere mögliche Veränderungen bietet.
c) Führungskräften aktiv Feedbacks zum Führungsverhalten geben.

**Für Führungskräfte**

a) Vor einer Beförderung tiefgehend prüfen, ob für die betreffende Person die Führungsrolle mit Personalverantwortung die richtige Position ist oder ob sich eine andere Position nicht vielleicht eher eignet.
b) Mitarbeitende für Führungsrollen vorab vorbereiten und nicht erst, wenn sie in der Führungsposition sind.
c) Aufmerksames Zuhören: Interessen, Bedürfnisse und Kompetenzen der Mitarbeitenden mitbekommen, um weitere Karrierepfade anzubieten.

**Für Unternehmen**

a) Aufbau einer gleichwertigen Expert:innen- und Führungskräfte-Laufbahn.
b) Schulungen und Coaching-Möglichkeiten anbieten, um eine gute Selbstreflexion bei Mitarbeitenden und Führungskräften zu ermöglichen.
c) Die Kultur und das Verständnis etablieren, dass Beförderungen nicht immer mit Personalverantwortung zu tun haben müssen.
d) Shared Leadership kann eine Lösung sein, um überforderte Führungskräfte zu entlasten und den Fokus auf Personalentwicklung zu setzen.

# Zyklusorientiertes Arbeiten: Ein Thema voller Missverständnisse

Ich gebe es zu, körperlich bin ich so beweglich wie eine Litfaßsäule. Ansonsten würde ich mich dagegen aber als recht flexibel beschreiben. Mir tut das gut, vor allem im Jobkontext. Denn flexibles Arbeiten ermöglicht es mir, der Arbeit meine bestmögliche Zeit zu widmen, nämlich die Phasen, in denen die meiste Energie da ist. Das kann im Grunde jede:r, wie du hier erfahren wirst. Dabei dürfen und sollten wir unbedingt unsere Hormone nicht außer Acht lassen. Denn wir alle haben einen 24-stündigen Schlaf-Wach-Rhythmus, auch zirkadianer Rhythmus genannt, der durch die Hormone Cortisol, Melatonin und Serotonin geregelt wird und einen Einfluss auf unsere Leistungsfähigkeit und Müdigkeit hat. Frauen* werden zudem noch von ihrem Menstruationszyklus beeinflusst, der einen großen Einfluss auf ihr Wohlbefinden und ihre Leistungsfähigkeit hat.

Die meisten Menschen ignorieren aber diese biologischen Rhythmen und orientieren sich im Job immer noch lieber an ihrem Outlook-Kalender anstatt an ihrer inneren Uhr. Dabei liegt enormes Potenzial darin, unser Arbeitsleben mit unserem zirkadianen Rhythmus beziehungsweise dem Menstruationszyklus zu synchronisieren. Darum soll es in diesem Kapitel gehen.

Worum es hier allerdings nicht gehen wird, ist der Testosteronzyklus der Männer. Ich habe mich bewusst dagegen entschieden, nachdem ich mich ausführlich mit Prof. Dr. Lars Penke, Professor für Persönlichkeitsbiologie an der Universität Göttingen, ausgetauscht habe. Demnach ist der Testosteronzyklus so schwach, dass daraus, entgegen vieler populärwissenschaftlichen Meinungen, keine praktischen Empfehlungen für den Arbeitsalltag abzuleiten sind. Etwas, das häufig mit diesem Hormon in Verbindung gebracht wird, ist das Thema Aggressivität. Noch immer glauben viele Menschen an den Mythos, dass Testosteron unmittelbar aggressiver macht. Dies kann jedoch wissenschaftlich nicht fundiert bestätigt werden. »Ja, es gibt kleine Effekte, aber es ist nicht so simpel, dass ein höherer Testosteronspiegel direkt aggressiver macht. Andere Spezies, denen eine hohe Dosis Testosteron gespritzt

* Als Frau werden in diesem Kapitel Menschen bezeichnet, die mit einer Gebärmutter geboren sind.

wird, zum Beispiel Mäusen oder Ratten, werden in der Regel aggressiver oder entwickeln einen stärken Sexualtrieb. Aber die menschliche Verhaltenssteuerung läuft deutlich komplexer ab«, erklärt mir Lars Penke. Was jedoch an dieser Stelle festgehalten werden kann, ist, dass ein hoher Testosteronspiegel die Wahrscheinlichkeit für ein wettbewerbsorientiertes und führungsstärkeres Verhalten erhöht – und bei einem niedrigen Spiegel die Tendenz zu einem empathischeren und fürsorglicheren Verhalten steigt. Da Männer durchschnittlich einen siebenfach höheren Testosteronspiegel haben als Frauen, kann dies unter anderem eine Erklärung dafür sein, warum Männer sich häufiger wettbewerbsorientierter verhalten.[45]

## Arbeiten nach dem biologischen Rhythmus

Sie hat mich wahnsinnig gemacht. Jedes Mal, wenn ich bei meiner Kollegin morgens im Büro stand, weil ich etwas mit ihr besprechen wollte, zuckten meine Halsschlagader und mein rechtes Augenlid um die Wette. Weil sie beim Gehen so langsam war, dass man ihr dabei die Schuhe besohlen konnte. Weil sie gähnte, gefühlt bei jedem Einatmen. Und weil sie diese Tasse hatte, auf der stand: »Mutig, mich vor meinem ersten Kaffee anzusprechen!« Ich tat es. Wieder und wieder und wieder. Ich konnte sie einfach nicht verstehen. Unter der Woche klingelt mein Wecker morgens um sechs Uhr. Nach einer kurzen Meditation oder Sporteinheit und einem ausgiebigen Frühstück geht es dann um neun Uhr an den Schreibtisch und ich fange so langsam damit an, produktiv zu werden. Zwischen zehn und elf Uhr bin ich dann auf dem Höhepunkt meiner Leistungsfähigkeit, die dann erst Richtung Mittagspause langsam abflacht. Nach dem Essen kann ich zwar immer noch ganz gut Dinge abarbeiten, aber nicht mehr so effektiv wie noch am Vormittag. Etwa gegen 17 Uhr wird mein Blick glasig, mein Hirn gleitet aus seiner Form und wird zu einer Portion Haferschleim. Mein toter Punkt ist erreicht. Und genau dann stand meine Kollegin auf der Matte, um voller Enthusiasmus die Dinge zu besprechen, die morgens für sie nicht möglich waren. Das war dann der Moment, in der ich am liebsten auch meine Kaffeetasse demonstrativ auf den Tisch gestellt hätte: »Ich habe das schon verstanden. Es ist mir nur egal.«

Ehrlich gesagt, wusste ich es damals einfach noch nicht besser. Wir beide nicht. Wir hatten keine Ahnung davon, dass wir einfach einen unterschiedlichen biologischen Rhythmus hatten. Ich als Morgenmensch konnte die

Miesepetrigkeit meiner Kollegin nicht verstehen. Und sie konnte nicht nachvollziehen, dass ich am Nachmittag keine Energie mehr zum Brainstorming hatte, wo sie offenbar ihre Hochphase erreicht hatte. Heute weiß ich Bescheid und deswegen darf dieses Kapitel in diesem Buch auf keinen Fall fehlen. Lies es dir gern frühmorgens durch oder am späten Abend. Ganz so, wie es für dich am besten ist.

## Der frühe Vogel kann schon mal Kaffee machen

Es wäre wirklich einfacher, wenn der Schlaf-Wach-Rhythmus aller Menschen weltweit identisch wäre. Aber das Energieniveau ist nun mal nicht bei allen zur selben Zeit auf dem gleichen Stand. Die chronobiologische Forschung zeigt, dass wir alle eine individuelle innere Uhr besitzen, die regelt, wann wir müde sind und wann wir Bäume ausreißen könnten. Entscheidend ist hierbei der Chronotyp, der uns quasi mit in die Wiege gelegt wurde, da er genetisch verankert ist. Obwohl sich Tendenzen mit dem Alter verändern können.

»Wir wissen mittlerweile, dass unsere Gene darüber entscheiden, wie unsere Vorlieben für den Morgen bzw. den Abend gelagert sind«, sagt mir Dr. Fabian Krapf, einer der führenden Schlafexperten Deutschlands. Wenn du also um neun Uhr morgens nicht bereit bist für ein Meeting, dann ist es nicht deine Schuld – wenn du nicht gerade bis drei Uhr früh im Club warst oder genetflixt hast. Denn du hast dir deinen Schlaf- beziehungsweise Chronotyp nicht ausgesucht und kannst ihn auch nicht verändern.

In der Wissenschaft werden drei unterschiedliche Typen unterschieden:

1. Die meisten Menschen (um die 73 Prozent) entsprechen dem »Normaltyp«, auch Taube genannt, der im Laufe des Tages ähnlich ausgeprägte Leistungsspitzen hat: eine am Vormittag, eine am Nachmittag.
2. Als Spättyp (um die 20 Prozent), Eule genannt, werden hingegen Menschen bezeichnet, die das absolute Leistungshoch am Nachmittag verspüren. Bei ihnen ist der innere Zyklus länger als 24 Stunden und pendelt sich daher später am Tag ein.
3. Das genaue Gegenteil ist der dritte Chronotyp, der Frühtyp (um die sieben Prozent), die Lerche. Das sind Menschen, die ihr absolutes Leistungshoch am Vormittag haben und deren innerer Zyklus kürzer als 24 Stunden ist, weswegen sie früher wach werden.[46]

Lerchen und Eulen sind zwei Extremformen. Alles dazwischen kann als Normaltyp bezeichnet werden und zeigt starke individuelle Abweichungen: zum Beispiel gibt es Tauben mit Tendenz zur Lerche, die problemlos um sieben Uhr aufstehen können. Und es gibt Tauben mit Tendenz zur Eule, die sich um sieben Uhr noch mitten in ihrer biologischen Nacht befinden.

Diese starken Abweichungen sind die Folge der Erfindung der Elektrizität, die es uns ermöglicht hat, nicht mehr ausschließlich im Freien zu arbeiten, sondern in geschlossenen Räumen und auch bis weit nach Sonnenuntergang. Damit haben wir einerseits die Lichtverhältnisse am Tag auf ein Minimum reduziert und andererseits am Abend erhöht. Wir erleben also dunkle Tage und helle Nächte. Das bringt unseren zirkadianen Rhythmus völlig durcheinander, sodass sich unsere innere Uhr später einstellen musste, um überhaupt noch in einem 24-Stunden-Rhythmus zu schwingen – mit Folgen. Während früher die durchschnittliche Mitternacht für uns um ein Uhr nachts lag, liegt sie heute zwischen vier und fünf Uhr morgens.[47]

Völlig logisch also, dass circa 80 Prozent der Menschen einen Wecker brauchen: »Das Problem ist, dass Wecker uns zwar aus dem Bett bringen, aber unsere innere Uhr trotzdem noch auf Nacht steht«, erklärt mir Dr. Fabian Krapf. Wenn unsere inneren Uhren also alle unterschiedlich ticken, sollten wir dann nicht unseren Arbeitsbeginn flexibel gestalten? Und damit aufhören, Menschen dafür zu verurteilen, wenn sie erst später im Tag leistungsfähig sind? Professor Thomas Kantermann, Leiter der Forschungsgruppe »Chronobiologie und Arbeitsgestaltung« an der FOM Hochschule für Ökonomie und Management in Essen, hat ein interessantes Gedankenbeispiel bei der Wissenssendung Quarks gebracht: »Wenn man sich mal vorstellt, es gäbe einen Betrieb, bei dem es Voraussetzung wäre, für die Arbeit Gummistiefel zu tragen. Und jetzt entscheidet die Firmenleitung, alle kriegen Gummistiefel in der gleichen Größe – das würde nicht passen. Vielen würde der Schuh vielleicht passen, manchen wäre er zu groß, anderen zu klein.«[48] Anders ausgedrückt: Die meisten stünden im Regen. Genauso verhält es sich auch mit starren Arbeitszeiten und teilweise auch mit den Uhrzeiten für angesetzte Meetings: Es passt einfach nicht für alle Mitarbeitenden. Gerade Menschen, die eher eine Tendenz zur Eule haben, leiden unter starren Vorgaben des Arbeitgebers. Die Forschung zeigt sogar, dass Führungskräfte diese Mitarbeitenden mit größerer Wahrscheinlichkeit als weniger gewissenhaft und leistungsfähig einstufen als die Frühaufsteher. Diese werden oftmals als bessere Mitarbeitende wahrgenommen, obwohl es objektiv gar nicht zutrifft.[49]

## Es gibt Turbulenzen: der Social Jetlag

Diese soziale Erwartungshaltung und das fehlende Bewusstsein für die innere Uhr und damit auch für den eigenen Chronotyp führen dazu, dass wir am Ende sogar körperliche und psychische Bedürfnisse ignorieren. »Wenn ich ständig gezwungen werde, anders zu leben, als meine innere Uhr es vorgibt, nennen wir das sozialen Jetlag«, erklärt mir Till Roenneberg, Professor Emeritus an der Medizinischen Fakultät der LMU München. Wie sich ein Jetlag anfühlt, das weiß jeder, der schon mal über den großen Teich geflogen ist. Durch die Zeitverschiebung gibt es eine Dissonanz zwischen der Uhrzeit vor Ort und unserer inneren Körperuhr, die alle Abläufe im menschlichen Körper steuert.

In der Folge spielen alle Prozesse im Körper verrückt und wir fühlen uns erschöpft und müde. Das ist bei Ausnahmen auf das Jahr betrachtet auch überhaupt kein Problem. Aber auf Dauer kann uns dieser soziale Jetlag, der sich eben auch aus unflexiblen Arbeitszeiten ergeben kann, stark belasten uns sogar krank machen: Schlafprobleme, Übergewicht, Herz-Kreislauf-Erkrankungen, Diabetes, Müdigkeit am Tag, leichtere Reizbarkeit und Konzentrationsprobleme. Es besteht sogar eine höhere Wahrscheinlichkeit, depressiv zu werden.[50] Üben wir also Tätigkeiten zu einem für uns falschen Zeitpunkt aus, kann das zu einer geringeren Leistungsfähigkeit führen.

Gerade bei Schüler:innen ist dieser Leistungsabfall deutlich zu erkennen. So zeigen Studien, dass der Chronotyp Auswirkungen auf die Noten hat. »Eulen-Kinder« erzielten systematisch schlechtere Noten als ihre Schulkamerad:innen, wenn in den frühen Stunden eine Klassenarbeit geschrieben worden ist.[51] Auch im Sport zeigen Studien eindeutig, dass der Chronotyp-Einfluss einerseits auf die Anstrengung und andererseits auf die sportliche Leistung zu bestimmten Uhrzeiten hat. So müssen sich Lerchen weniger bei sportlichen Wettkämpfen am Morgen anstrengen als die anderen Chronotypen, zudem erzielen sie zu dieser Zeit bessere Wettkampfzeiten.[52]

Damit zeigt sich, dass nicht nur zu wenig Schlaf eine Bedrohung für die Leistungsfähigkeit und Gesundheit darstellt, sondern auch Social Jetlag. Wer entgegen seiner inneren Uhr zu früh oder zu spät einschläft und aufsteht, durchläuft wichtige Regenerationsprozesse nicht oder nicht richtig, was zu einer verminderten Leistungsfähigkeit und weniger Energie am Tag führt. Aber auch wichtige Reinigungs- und Aufräumprozesse von toxischen Proteinen im Gehirn werden nicht vollständig abgeleistet. Das kann zu

Verstimmung, Konzentrationsproblemen sowie einer generellen Unausgeglichenheit führen.* »Diese ganzen Funktionen unseres Schlafs können nur stattfinden, wenn wir genügend REM- und Tiefschlafphasen bekommen. Ein zu spätes oder zu frühes Einschlafen und ein zu früh klingelnder Wecker kann das alles verhindern«, erklärt Experte Fabian Krapf. REM steht dabei übrigens für »rapid eye movement« und bezeichnet die Schlafphasen, in denen sich die Augen bewegen. Währenddessen finden unsere emotionale Regulation und Erholung statt.

## In dunklen Zeiten braucht es helle Köpfe

Auch wenn unser Chronotyp genetisch bestimmt ist, gibt es, wie zahlreiche Studien zeigen, viele Möglichkeiten, um in einem gewissen Rahmen unseren zirkadianen Rhythmus positiv beeinflussen zu können – um so mit mehr Energie in den Tag zu starten, über den Tag das Energielevel zu halten und abends besser einschlafen zu können. Was können wir also tun, wenn sich die äußeren Umstände nicht so flexibel ändern lassen? Weil zum Beispiel deine Kinder um sechs Uhr morgens auf der Matte stehen oder draußen die Müllabfuhr laut mit den Tonnen scheppert.

Drei Tipps möchte ich mit dir teilen:

1. **Lass die Sonne rein:** Den wichtigsten Einfluss auf deinen zirkadianen Rhythmus hat das Licht. Die Gehirnregion »Nucleus suprachiasmaticus« ist unser zentraler Schrittmacher, der wie ein Dirigent die eigenen Fahrpläne jeder einzelnen Zelle und jedes Organs steuert. Die Informationen über die jeweilige Uhrzeit bekommt er durch unsere Augen. Ziel ist es, dass diese so früh wie möglich Licht wahrnehmen, damit die biochemischen Vorgänge im Körper angestoßen werden. Das beste Licht gibt es immer noch von der Sonne. Die Produktion des Schlafhormons Melatonin wird unterdrückt und der Spiegel des Stresshormons Cortisol steigt um 50 Prozent.[53] Zehn bis zwanzig Minuten reichen bei Sonne völlig aus. Alternativ ist auch eine Tageslichtlampe geeignet. Mit der

* Für mehr Informationen zum Thema Schlaf und Verbesserung der Schlafqualität kann ich das Buch »Why We Sleep« von Schlafexperte Matthew Walker, Penguin, 2018, empfehlen.

Lichtzufuhr setzen wir gleichzeitig auch einen Timer für die Melatonin-Ausschüttung am Abend, die 14 bis 16 Stunden später einsetzt, wenn unser Cortisol-Spiegel das Maximum am Morgen erreicht hat. Heißt: Je später das Cortisol-Maximum am Morgen, weil wir zum Beispiel den gesamten Vormittag im geschlossenen Raum verbringen, desto später die Melatoninausschüttung am Abend.[54]

2. **Iss dich wach**: Ein leichtes Energietief am Mittag beziehungsweise nach dem Essen ist rein biologisch völlig normal. Denn wer Leistungshochs hat, der hat eben auch Leistungstiefs. Wenn wir nun versuchen, eine ausgeglichene und sanfte Blutzuckerkurve ohne große Spitzen zu haben, dann können wir das Mittags- beziehungsweise Nachmittagstief abschwächen. Dr. Anne Latz, Ärztin und Co-Gründerin von Hello Inside verriet mir dazu drei Glukose-Hacks:
   Erstens: Bevor du dich auf Proteine und Kohlenhydrate stürzt, iss vorher lieber einen Salat oder Gemüse. Zweitens: Wenn du gerne Süßes isst, solltest du das direkt nach der Mahlzeit tun und nicht zwischendurch am Nachmittag. Drittens: Wenn du dich dann noch zehn Minuten nach dem Essen an der frischen Luft bewegst, wird sich nicht nur dein Blutzuckerspiegel bedanken, sondern auch der Teil in deinem Hirn, der dich mit Energie versorgt.*
3. **Plane deinen Schlaf:** Die Forschung zeigt, dass unser Schlaf in 90-Minuten-Zyklen eingeteilt ist, das heißt, wir durchlaufen die verschiedenen Schlafphasen immer wieder im selben regelmäßigen Rhythmus. Deswegen rät der US-amerikanische Neurowissenschaftler Dr. Andrew Huberman, den Schlaf so zu planen, dass immer ein kompletter 90-Minuten-Zyklus abgeschlossen wird, damit du nicht mitten in einem Zyklus, der nicht abgeschlossen ist, aufwachst. Denn das gibt dir das Gefühl, in einem Betonmischer aufzuwachen. Umgerechnet heißt das also, dass 7,5 Stunden Schlaf besser sind als acht Stunden. Was für den Schlaf gilt, gilt übrigens auch für unsere Wachzeit: Wir durchlaufen immer wieder einen 90-Minuten-Zyklus mit einem Leistungshoch und einem Leistungstief. Anstatt also mehrere Stunden durchzuarbeiten,

---

* Wer mehr über das Thema Blutzuckerspiegel und Glukose-Hacks wissen möchte, dem sei das Buch »Der Glukose-Trick« von Jessie Inchauspé empfohlen, Heyne Verlag, 2023.

ist es sinnvoll, nach 90 Minuten immer wieder eine kurze Pause zu machen – und diese Pause auch wirklich zu nutzen. Das heißt vor allem, dass du auf digitale Screens verzichtest. Denn wer seine Pause mit seinem Handy verbringt, erreicht den gleichen Erschöpfungsgrad wie jemand, der durchgearbeitet hat. Das zeigt eine Studie der Rutgers University in New Jersey.[55]

## Stippvisite beim Vorreiter

Natürlich gibt es eine Reihe von Unternehmen, die durch Gleit- oder Vertrauenszeit den Mitarbeitenden bereits flexible Arbeitszeiten anbieten. Aber nur wenige berücksichtigen gezielt den zirkadianen Rhythmus ihrer Mitarbeitenden. Die Klinik Wartenberg in Oberbayern macht es vor: Mitarbeitende haben die Möglichkeit, den Dienstplan nach dem individuellen biologischen Rhythmus anzupassen. Das Unternehmen startete 2019 das einzigartige Pionierprojekt »Chronobiologie«, nachdem im Rahmen einer Befragung der Mitarbeitenden Schlafprobleme und damit verbundene körperliche Auswirkungen wie Müdigkeit und Mattheit bei den Mitarbeitenden erkannt worden waren. In Kooperation mit verschiedenen Partner:innen unter der Leitung von Prof. Dr. habil. Thomas Kantermann (FOM Hochschule Neuss) wurde die Studie »Chronotyp-orientierte Personaleinsatzplanung« (COPEP) durchgeführt. Mithilfe von Bluttests, mittlerweile auch durch Haarproben, wurde der Chronotyp der Mitarbeitenden bestimmt – natürlich kostenfrei und auf rein freiwilliger Basis. Ein Jahr später bereits nutzt die Klinik die Erkenntnisse aus der Studie und bietet seit 2020 als eines der ersten Unternehmen deutschlandweit den teilnehmenden Mitarbeitenden die Möglichkeit, ihre jeweiligen Chronotypen bei der Dienstplanung zu berücksichtigen. Ob Lerche, Eule oder Taube – die Mitarbeitenden haben nun die Möglichkeit, in ihrer effizientesten Zeit zu arbeiten. Dazu hat das Unternehmen sogar die Betriebsvereinbarungen »Arbeitszeit« und »BGM« ergänzt. »Derjenige, der sich testen lässt, hat einen Anspruch, so gut es geht gemäß seinem Ergebnis eingesetzt zu werden«, sagt mir im Telefoninterview Norman Daßler, Klinikcontroller und BGM-Verantwortlicher. Durch den chronobiologischen Arbeitseinsatz klagten von den 120 Studienteilnehmer:innen 42 Prozent weniger über Schlafstörungen, bei 26 Prozent ist sogar die Tagesmüdigkeit weg und 20 Prozent verspüren größeren Enthusiasmus im täglichen Leben. »Seitdem ich in meiner Position bin und meine Zeiten an meinen Chronotyp anpassen kann, brauche ich auch tendenziell keinen Wecker mehr. Ich stehe ohne Wecker auf und komme ausgeruht zur Arbeit und bin leistungsfähig«, sagt Florian Dittrich, Pflegedienstleistung bei der Klinik Wartenberg.[56] Während Krankenschwester Janine Heise als Lerche morgens konzentriert und voller Energie arbeitet, startet Stationsleiterin Steffi Hunger als Eule später in den Arbeitstag. »Wenn ich Frühdienst mache, dann merke ich, dass ich mittags abbaue, also meine Konzentration nachlässt. Und andersherum, wenn ich zum Spätdienst komme, baut sich die Konzentration erst auf«, sagt Steffi Hunger.[57]

Natürlich bleibt es nicht aus, dass Mitarbeitende auch mal gegen den eigenen Chronotyp arbeiten müssen. Aber: »Ein einziger Dienst nach Chronotyp ist besser als gar kein Dienst nach Chronotyp«, sagt mir Norman Daßler. Er sieht es auch als ein Zeichen der Wertschätzung für das Engagement der Mitarbeitenden und die Bereitschaft, den Bedürfnissen der Mitarbeitenden entgegenzukommen und Lösungen zu bieten: »Ein System kann nicht perfektioniert werden. Aber wir können es optimieren«, hält Daßler fest.

**Mein Fazit:** Oft wünschen wir uns, einfach nur eine Pille zu schlucken, die unseren Körper und unser Gehirn zu Höchstleistungen bringt und Krankheiten vorbeugt. Die gute Nachricht ist, dass wir diese Pille gar nicht brauchen. Weil alles, was unsere Organe und Zellen zu Höchstleistungen bringt, bereits in unseren Genen existiert. Wir haben uns nur in den letzten Jahrzehnten eine Welt geschaffen, die uns nicht im Einklang mit unserem inneren zirkadianen Rhythmus leben lässt. Statt die Arbeit auf unseren Körper abzustimmen, passen wir unseren Körper der Arbeit an. Wenn wir es aber schaffen, unsere Arbeitszeiten und unser persönliches Verhalten vor dem Schlafengehen und nach dem Aufstehen so anzupassen, dass sie optimal zum zirkadianen Rhythmus passen, dann erhalten wir die Power, die wir für einen erfolgreichen Tag brauchen. Statt Energie zu rauben, wird die bestmögliche Energie zur Verfügung gestellt. Natürlich ist mir bewusst, dass das nicht in allen Branchen, in allen Berufen oder für alle Lebensumstände zu 100 Prozent möglich ist. Wenn uns aber der Einfluss unserer inneren Uhr auf die Leistungsfähigkeit und das Wohlbefinden bekannt ist, sollte es doch einen Versuch wert sein, die Übereinstimmung der biologischen und sozialen Uhr zu optimieren. Jede minimale Verbesserung ist ein Anfang und würde für alle Beteiligten eine Win-win-Situation bedeuten.

Zum Ende dieses Kapitels möchte ich noch einmal Till Roenneberg aus unserem Gespräch zitieren, in dem er fordert: »Wir brauchen flexible Arbeitszeiten, wir müssen uns unseren biologischen Rhythmen anpassen. Dann würden wir sehen, dass die Gesellschaft nicht zusammenbricht, sondern viel gesünder und netter wird.«

## QUICK WINS

**Für Mitarbeitende**

a) Den eigenen Chronotyp ermitteln. Wenn man sich morgens nicht fit fühlt, kann es am Chronotyp liegen.
b) Vor dem Schlafengehen nicht nur die blauen Screens der digitalen Geräte vermeiden, sondern auch große Lichtquellen, etwa das Licht im Badezimmer.
c) Unmittelbar nach dem Aufstehen können im Sommer Sonnenstrahlen und im Winter eine Tageslichtlampe die innere Uhr schneller aktivieren und uns wacher machen. Den Handy-Wecker durch einen Tageslichtwecker ersetzen.

**Für Führungskräfte**

a) Bewusstsein und Verständnis dafür entwickeln, dass die Leistung von Eulen und Spätstartern nicht weniger wert ist als von Menschen, die als Erstes bei der Arbeit sind.
b) Meetings und Termine für das gesamte Team nicht an Randzeiten der jeweiligen Chronotypen legen. Auf die verschiedenen Chronotypen Rücksicht nehmen.
c) Gemeinsame Austauschrunden initiieren, um voneinander gute Schlafroutinen lernen zu können.

**Für Unternehmen**

a) Mitarbeitende für die Chronotypen sensibilisieren und kostenfreie Blut- oder Haartests zur Verfügung stellen.
b) Sofern möglich, Mitarbeitende nach ihren Chronotypen in Schichten arbeiten lassen oder flexible Arbeitszeiten anbieten. Das Ziel sollte sein, ohne Wecker aufzustehen.
c) Den Mitarbeitenden Räume zur Verfügung stellen, in denen sie sich ausruhen oder auch mal einen Power-Nap machen können.

## Arbeiten nach dem Menstruationszyklus

Ärger stieg in mir auf, wie Quecksilber in einem Thermometer. Hatte er das eben wirklich zu mir gesagt? Die letzten Tage waren für mich fordernd, überfordernd sogar, wenn ich ehrlich bin. Beruflich, aber auch privat. Ich kam gerade erst aus Berlin zurück von einer Aufnahme zu meinem Podcast und ging vom Bahnhof direkt zu einem Treffen mit einem Kumpel. Das war mein erster Fehler. Ich war einfach nur müde, aber nun saß ich eben doch an dieser Bar auf einem Hocker zwischen ihm und meinem Rollkoffer. Ich erzählte von meiner Woche, dem Stress, den Niederlagen, die ich hinnehmen musste, und davon, wie unglaublich ausgelaugt ich war. Daraufhin schlug mir mein Kumpel auf die Schulter und sagte: »Stell dich nicht so an oder hast du etwa deine Periode?« Ich schwieg. Das war mein zweiter Fehler. Natürlich hätte ich ihm sagen müssen, wie daneben dieser Kommentar gewesen war. Aber ich schwieg.

Männer haben keine Ahnung von der Periode. Mein Kumpel genauso wenig wie ich. Wir mögen theoretisches Wissen haben, bestenfalls, aber wie es sich anfühlt mit den Schmerzen, der Niedergeschlagenheit, dem Unwohlsein, das wissen wir nicht. Manche Männer tun die Periode ab als etwas, das sich leicht ertragen lässt. Aber das Erstaunliche, was mir nach diesem Treffen auffiel, ist: Manche Frauen tun dies offenbar auch. Eines Morgens stand ich an einer Ampel neben zwei Frauen in Business-Outfits, die offenbar auf dem Weg ins Büro waren, und hörte ihre Unterhaltung mit. »Du siehst blass aus, geht es dir nicht gut?«, fragte eine der beiden. »Alles gut!«, antwortete die andere, »ich habe nur meine Tage, aber ich habe schon eine Ibuprofen genommen, dann geht das meistens.« Die andere Frau nickte verständnisvoll. Sie kannte es wohl selbst.

### Ein Einzelfall? Wohl eher die Regel!

In meinem privaten und kollegialen Umfeld ist es nicht anders. Überall gibt es Frauen, die während ihrer Periode oft ziehende Schmerzen im Rücken und starke Krämpfe im Bauch haben – und sich trotzdem ganz selbstverständlich zur Arbeit quälen. Eine niederländische Umfrage hat herausgefunden, dass 80 Prozent der über 33.000 befragten Frauen zwischen 15 und 45 Jahren trotz Unterleibsschmerzen zur Arbeit, Schule oder Universität gehen.[58]

Wie kann es sein, dass in einer Gesellschaft, in der immer häufiger über Gesundheit gesprochen wird, es anscheinend die Norm ist, dass Frauen trotz Schmerzen arbeiten gehen? Die Antwort von Lara Owen, einer der führenden Menstruationsforscherinnen aus Australien, lautet im Interview mit der Frankfurter Rundschau: »[…] wir (leben) immer noch in einer Welt, die den männlichen Körper und die männliche Erfahrung bevorzugt. Frauen fühlen sich dazu angehalten, sich an männliche Codes anzupassen und das Weibliche zu unterdrücken, um erfolgreich zu sein.«[59] Und Gabrielle Golding, Dozentin an der South Australia's Adelaide Law School, kommentiert einen Vorfall in New York City aus dem Jahr 2020, bei dem eine Frau ohnmächtig geworden war, weil sie trotz Menstruationsbeschwerden bei der Arbeit ein Video für Social Media drehen musste, mit folgenden Worten: »Frauen scheuen sich oft, ihren Vorgesetzten menstruationsbedingte Symptome mitzuteilen, weil sie fürchten, als schwach oder unfähig angesehen zu werden, ihre Arbeit zu erledigen.«[60]

Soll die Zukunft der Arbeit wirklich so aussehen, dass Frauen entweder unter Schmerzen arbeiten, die als Folge ihres natürlichen Zyklus hervorgerufen werden – oder Angst haben, über ihre Beschwerden zu sprechen? Was eigentlich allen klar sein dürfte, unterstreichen Forschung und zahlreiche Umfragen noch mal sehr deutlich: Dieser Zustand hat fatale Auswirkungen auf die physische und psychische Gesundheit von Frauen, ebenso auf die Zufriedenheit, zwischenmenschliche Beziehungen und auf die Produktivität und Wirtschaftlichkeit von Unternehmen.[61] Wenn eine Frau mit Periodenschmerzen zur Arbeit geht, führt dies im Schnitt zu neun Tagen Produktivitätsverlust im Jahr. Das ist in der Europäischen Union ein jährlicher wirtschaftlicher Schaden von mehr als 107 Milliarden Euro.[62] Und das nur, weil die Menstruation immer noch ein Tabuthema ist und Frauen zu wenig Unterstützung und Wertschätzung in der Arbeitswelt erfahren.

### Zeit für einen Kurswechsel

Gesellschaftliche Trends deuten allerdings darauf hin, dass die Menstruation ihren historisch stigmatisierten Status immer weiter verliert. Dass die sogenannte Menstruationsgerechtigkeit und das zyklische Bewusstsein zunehmend an Aufmerksamkeit gewinnen und gerade junge Frauen immer mehr über das Thema offen sprechen. So wurde 2020 in Deutschland durch zwei erfolgreiche Petitionen mit über 270.000 Stimmen die Mehrwertsteuer für Periodenprodukte von 19 Prozent auf sieben Prozent gesenkt. In Schulen werden zunehmend Tampons ausgegeben und ein Zuwachs an Periodenunterwäsche und eine stärkere Auseinandersetzung mit dem Thema auf Social-Media-Kanälen ist auch erkennbar.

Während der weibliche Zyklus in der gesellschaftlichen Diskussion um Gleichberechtigung so langsam anzukommen scheint, ist in der Arbeitswelt dagegen bislang nur vereinzelt eine Änderung zu spüren. Das zeigt eine britische Studie, bei der nur sieben Prozent der befragten Arbeitgeber angaben, sich aktiv mit dem Thema Menstruation zu beschäftigen.[63] Die Bedürfnisse und Wünsche von Mitarbeiterinnen sehen hingegen anders aus: Knapp 70 Prozent der befragten Frauen wünschen sich größere Flexibilität bei ihren Aufgaben und Arbeitszeiten am Arbeitsplatz.[64]

Zyklusorientiertes Arbeiten bedeutet aber weitaus mehr, als Rücksicht auf die Menstruation von Frauen zu nehmen. Es bedeutet, die Arbeit mehr an den biologischen Rhythmus anzupassen, um so einerseits das Wohlbefinden von Frauen zu steigern und andererseits die Produktivität in Unternehmen zu erhöhen.

Aber der Reihe nach. Im Gegensatz zu Männern gibt es bei Frauen einen Hormonzyklus, der ihre Leistungsfähigkeit, aber auch ihre Stimmung und ihr Verhalten beeinflusst. Dieser wird maßgeblich durch die Hormone Östradiol, Progesteron und Testosteron beeinflusst und lässt sich in vier Phasen einteilen, in denen einerseits verschiedene Bedürfnisse hervorgerufen werden, die sich, wenn sie ignoriert werden, negativ auf die Zufriedenheit und Leistungsfähigkeit auswirken. Andererseits werden aber auch so etwas wie Superkräfte freigesetzt, die sich auch im Arbeitskontext ideal nutzen lassen. Es lohnt sich also, einen detaillierten Blick auf die einzelnen Phasen zu werfen, die mir Wirtschaftspsychologin und Zyklus-Expertin Dr. Miriam Stark in vielen intensiven Gesprächen erklärte:

## Die Phasen des Menstruationszyklus

**Phase 1: Nach der Periode, vor dem Eisprung (Follikelphase)**
Der Anstieg des Hormons Östradiol sorgt für einen regelrechten Energieschub und fördert dadurch den Entdeckergeist. Frauen können sich in dieser Phase sehr gut in neue Themen reindenken und sind kognitiv in der Lage, Höchstleistung zu bringen. Eine Gefahr kann es allerdings sein, dass die eigenen Grenzen überschritten werden und vor lauter Tatendrang der Kalender viel zu vollgepackt wird.

**Phase 2: Um den Eisprung (Ovulation)**
Ist der Östradiol-Spiegel am höchsten, fühlen Frauen sich besonders attraktiv und unbesiegbar. Beruflich gesehen eignet sich diese Phase hervorragend zum Netzwerken und für Situationen, in denen Diplomatie gefragt ist. Jetzt ist also die perfekte Zeit für schwierige Gespräche. Diese Power kann genauso gut für Vorträge, Meetings oder Sales-Gespräche genutzt werden.

Diese ersten zwei Phasen entsprechen den externen Erwartungen, also dem klassischen Rollenbild in unserer Gesellschaft, das nach Leistungsfähigkeit, sozialer Aktivität und Produktivität verlangt. In diesen Phasen sind Frauen nach außen gekehrt und am Außen interessiert. Die nächsten beiden Phasen sind dagegen für das klassische Arbeitsverständnis eher wenig hilfreich, werden daher von Frauen oft übergangen und von der Gesellschaft auch nicht verstanden.

**Phase 3: Nach dem Eisprung, vor Periode (Lutealphase)**
Nach dem Eisprung beginnt das Östradiol-Level zu sinken und der Körper produziert Progesteron – ein Hormon, das beruhigend wirkt, schneller müde macht und die kognitive Leistungsfähigkeit beeinflusst. Jetzt ist die Zeit für Kreativität und Intuition gekommen, also zum Beispiel für Brainstormings. Gleichzeitig wächst auch das Bedürfnis nach Selbstfürsorge, Innenschau und Rückzug. »Frauen, die jetzt nicht schwanger sind und diese Bedürfnisse ignorieren, begünstigen damit negative Auswirkungen auf Stimmung und insbesondere PMS-Symptome«, sagt Miriam Stark.

**Phase 4: Die Periode (Menstruation)**
Während der Blutung haben Frauen den Drang, sich noch stärker zurückzuziehen, nach innen zu schauen, und wünschen sich mehr Pausen und Regeneration. Im Arbeitskontext bedeutet dies aber nicht, dass Frauen nun nicht mehr arbeitsfähig wären, sondern dass durch den Tiefstand der Hormone sogar verstärkt Weisheit und Klarheit entstehen. Diese Phase ist perfekt dafür geeignet, Altbewährtes kritisch zu hinterfragen und gegebenenfalls loszulassen. Es ist die Zeit, sich auf anstehende Aufgaben zu fokussieren und fundierte Entscheidungen treffen zu können.

So individuell, wie wir als Menschen sind, so individuell können auch diese vier Phasen ausgeprägt sein. Daher können Frauen sich in diesen Stadien so fühlen wie beschrieben, müssen es aber nicht. Expertin Miriam Stark setzt sich dafür ein, dass kein Druck entsteht, irgendwas konkret fühlen zu müssen. »Es gibt Momente, in denen wir Zugriff auf diese Superkräfte haben. Wenn wir aber ein bestimmtes Thema in dieser Zeit haben, kann es auch sein, dass wir keinen Zugriff auf diese Kräfte haben. Dann können diese Themen auf psychologischer Ebene angeschaut werden«, erklärt sie. Grundsätzlich soll das Modell des zyklusorientierten Arbeitens weder ein Versuch eines Optimierungswahns sein, noch soll es Frauen als weniger leistungsfähig darstellen. Es geht auch nicht darum, den eigenen Zyklus mit dem Terminkalender zu synchronisieren. »Vielmehr ist es erst mal wichtig, ein Bewusstsein dafür zu entwickeln, um sich selbst besser zu verstehen«, meint Miriam Stark. »Statt gegen den eigenen Körper zu handeln, sollten Frauen mit dem Körper arbeiten.«

## Menstruationsurlaub als Lösung?

Bislang galt in wissenschaftlichen Studien der Zyklus von Frauen sowohl in der Arbeitswelt als auch im Sportbereich als ein Störfaktor, der unbedingt unterdrückt werden sollte. Neue Erkenntnisse und Studien legen aber nahe, dass gerade die Berücksichtigung des Zyklus die Leistungsfähigkeit verbessert. So richten beispielsweise immer mehr Sportlerinnen das Training nach ihrem Zyklus aus und sind dadurch weniger verletzungsanfällig und gleichzeitig leistungsfähiger – unter anderem Leichtathletin Malaika Mihambo und Triathletin Laura Philipp. Wenn der weibliche Zyklus nun also immer öfter in der Gesellschaft zum Thema wird, dann, finde ich, sollte endlich auch in der Arbeitswelt genauer hingeschaut werden. In einigen Ländern nimmt sogar die Politik Einfluss auf den Umgang mit dem weiblichen Zyklus im Arbeitskontext. So ist beispielsweise in Japan, Indonesien, Südkorea und seit 2022 auch in Spanien das Recht auf Menstruationsurlaub gesetzlich verankert. Demnach ist es Frauen in Spanien möglich, bei Menstruationsbeschwerden bis zu drei Urlaubstage pro Monat einzureichen. Was auf den ersten Blick positiv klingen mag, wirft kritische Fragen auf, wenn man genauer hinschaut. Allein der Begriff »Menstruationsurlaub« ist, nun ja, unglücklich gewählt. Mit Urlaub haben die Schmerzen sicher nichts zu tun – circa zehn Prozent der Frauen leiden sogar an Endometriose*. Menstruationsforscherin Lara Owen sieht zudem die Gefahr, dass dieses Recht von Frauen gar nicht erst in Anspruch genommen wird, wenn diese in Konkurrenz mit einem Mann um einen Job buhlen, weil sie nicht schlechter und schwächer dastehen wollen.[65] So nehmen beispielsweise viele Frauen in Taiwan ihr Recht auf Menstruationsurlaub nicht in Anspruch, weil die Beschaffung ärztlicher Atteste zu umständlich ist. Außerdem befürchten sie, als weniger nützlich angesehen zu werden als Männer und ihren Status oder sogar ihren Arbeitsplatz zu verlieren.[66]

In Deutschland kommt ein solches Gesetz aus drei Gründen leider nicht infrage:

1. Es verstößt gegen das Gleichbehandlungsgesetz.
2. Arbeitgeber sind nicht befugt, nähere Details zur Erkrankung ihrer Mitarbeitenden zu erfragen.
3. Frauen haben jederzeit die Möglichkeit, sich aufgrund von Menstruationsbeschwerden krankschreiben zu lassen. Letzteres führte übrigens dazu, dass in Spanien das zuvor erwähnte Gesetz eingeführt wurde, da dort Mitarbeitende bis dahin erst ab dem vierten Krankheitstag eine Lohnfortzahlung erhalten. Durch dieses Gesetz bekommen Frauen, die sich wegen Menstruationsbeschwerden krankschreiben lassen, weiterhin ihren Lohn.

---

* Gutartige, meist schmerzhafte Wucherungen aus gebärmutterschleimhautartigem Gewebe, das außerhalb der Gebärmutterhöhle meist in benachbarten Organen und Geweben wächst; versprengte Endometriose-Herde wachsen während des Monatszyklus wie die Gebärmutterschleimhaut, damit verbunden sind krampfartige Schmerzen sowie oft chronische Bauch- und Rückenschmerzen.

Das allein reicht aber noch längst nicht. Finde nicht nur ich, sondern sagen auch Menstruationsforscher:innen und Zyklus-Expert:innen. Die Einschätzung ist eindeutig: Es braucht freiwillige Maßnahmen der Unternehmen, um das Thema Zyklus zu enttabuisieren und Rücksicht auf die Bedürfnisse von Mitarbeiterinnen zu nehmen. Wie genau das aussehen kann, zeigen bereits einige fortschrittliche Unternehmen. Das ehemalige britische Unternehmen CoExist aus Bristol hatte 2016 gemeinsam mit der Menstruationsforscherin Owen eine menstruationsbezogene Arbeitsplatzpolitik ins Leben gerufen, die es den Mitarbeiterinnen ermöglichte, sich während der Periode ohne Angabe von Gründen frei zu nehmen – pro Monat gab es einen bezahlten freien Tag. Alles darüber hinaus wurde als Krankheitstage verrechnet. Die damalige Personalentwicklerin Bex Baxter sagte zum Konzept: »Frauen haben das Gefühl, trotz Schmerzen bei ihrer Periode, nicht nach Hause gehen zu können, weil sie sich selbst nicht als krank einstufen. Und das ist ungerecht. Bei CoExist sind wir verständnisvoll. Wer Schmerzen hat, egal welcher Art, wird ermutigt, nach Hause zu gehen. Wir wollten eine Regelung, die es Frauen erlaubt, sich Zeit für den natürlichen Zyklus ihres Körpers zu nehmen, ohne dass dies als Krankheit abgestempelt wird.«[67]

Im Joballtag konnten die Kolleginnen darüber hinaus die Arbeit flexibel an ihre körperlichen Bedürfnisse anpassen. Dabei zeigte sich, dass Mitarbeiterinnen im Back-Office und in der Verwaltung ihre Tätigkeiten an ihren körperlichen Bedürfnissen ausrichten konnten, ohne viel Auszeit zu nehmen und ohne die Erwartungen des Arbeitgebers zu enttäuschen. Mitarbeiterinnen dagegen, die das Unternehmen in der Öffentlichkeit vertraten, fiel dies allerdings schwerer, weshalb sie sich mehr Auszeiten und Pausen während ihrer Menstruation wünschten. Für diese Kolleginnen stellte das Unternehmen deshalb wöchentlich einen Art Notfallplan auf, der es ermöglichte, sich zurückzuziehen, während andere Mitarbeiter:innen als Vertretung einsprangen. Nur so konnte sichergestellt werden, dass sich Frauen diese Ruhepausen gönnen.[68] Bereits während der Zusammenarbeit konnte Menstruationsforscherin Owen feststellen, dass dieses Konzept nicht nur positive Auswirkungen auf die Frauen hatte, sondern sogar auf die männlichen Kollegen. Denn auch sie fühlten sich dadurch ermächtigt, ihren Arbeitstag bei Bedarf an ihren Körper anzupassen. Mit der Zeit sprachen auch Männer darüber, wie sie sich körperlich und emotional fühlten. »Ich habe in meinem Berufsleben schon an so vielen Organisationstreffen teilgenommen, aber selten waren Teilnehmer:innen so entspannt, freundlich, akzeptierend und frei – selbst dann, wenn die Leute sich über andere Dinge uneinig waren«, erzählt Lara Owen.[69] In Deutschland haben bereits Firmen, wie das Nachhaltigkeitsunternehmen everdrop und The Female Company, ein Label, das sich auf Bio-Periodenprodukte konzentriert, sogenannte »Power Days« eingeführt. »Das sind Tage, die Mitarbeiterinnen kommentarlos freinehmen können, wenn sie Schmerzen oder andere Perioden-Beschwerden haben, ohne dass sie dafür einen Krankheitstag einreichen müssen«, erklärt mir Lilly Janoschka, Head of People & Culture bei everdrop. Dabei geht es nicht darum, und das muss ich dieser Stelle sicher hervorheben, männliche Mitarbeiter zu benachteiligen. Das Ziel ist vielmehr, die Achtsamkeit füreinander zu fördern. »Unsere Power Days kosten zwar Geld, aber das wird sich langfristig auszahlen. Die Mitarbeiterinnen haben das Gefühl, gut behandelt zu werden, sind motivierter und resilienter, da offen persönliche Belange thematisiert werden können, ohne sich abgelehnt zu fühlen«, stellt Janoschka nach über drei Jahren fest. Demnach haben die Power Days auch positive Auswirkungen auf die männlichen Mitarbeiter, da grundsätzlich vielmehr Sensibilität und Offenheit gegenüber gesundheitlichen Belangen geschaffen worden ist, gerade im Mental-Health-Bereich. Dadurch ist eine noch stärkere Kultur des Vertrauens und der Rücksicht entstanden.

Diese Beispiele zeigen eindeutig die positiven Auswirkungen solcher menstruationsfreundlichen Rahmenbedingungen: Die Frauen empfehlen ihren Arbeitgeber eher weiter und bleiben länger, da sie sich zutiefst respektiert fühlen. Sie fühlen sich nicht nur als ein paar Arme und Beine, sondern als eine ganze Person. Das ist aber noch nicht alles. Denn auch gesundheitlich können Frauen davon profitieren, wenn sie Rücksicht auf ihre Menstruation nehmen, das konnte Wirtschaftspsychologin Miriam Stark bei ihren zahlreichen Coachings feststellen: »Wenn wir uns bewusst auf unseren Zyklus einlassen und auf unsere Bedürfnisse in den verschiedenen Phasen eingehen, reduzieren sich die Schmerzen und andere Symptome, und gleichzeitig gewinnen wir an Kreativität, Intuition, Produktivität und unglaublich viel Energie im nächsten Monat.« Für Unternehmen geht es also um eine kurzfristige Investition, die sich langfristig auszahlt, da es zu weniger Krankheitstagen, zu einer steigenden Zufriedenheit und zu mehr Produktivität kommt. »Und auf der zwischenmenschlichen Ebene kommt es bei der Arbeit zu weniger Missverständnissen und Konflikten, wenn im Team Verständnis und Transparenz für die jeweilige Zyklusphase herrschen«, sagt Miriam Stark. Für Miriam Stark ist die Möglichkeit, sich aufgrund von

Menstruationsbeschwerden freizunehmen, allerdings nur der erste Schritt beim zyklusorientierten Arbeiten.

Wer noch einen Schritt weitergehen möchte, der kann im Arbeitsalltag versuchen, die Aufgaben an die einzelnen Stärken der Zyklusphasen anzupassen, indem beispielsweise schwierigere Gespräche in die zweite Phase und kreative Aufgaben eher in die dritte Phase gelegt werden. Grundsätzlich bietet der Zyklus die Möglichkeit, physische und psychische Symptome in den einzelnen Phasen als Warnsignale zu nehmen, um langfristig resiliente und in sich gestärkte Mitarbeitende zu formen.

**Mein Fazit**: Es ist meiner Meinung nach längst an der Zeit, dass sich noch mehr Unternehmen mit diesem Thema intensiv beschäftigen. So, wie es die Gesellschaft und auch immer mehr Frauen tun. Jetzt ist die Chance, sich mehr auf weibliche Arbeitskräfte zu fokussieren und dieses Potenzial zu nutzen. Denn eines ist klar: Firmen, die den weiblichen Zyklus ernst nehmen, werden in Zukunft die Arbeitgeber sein, die sich nicht nur die besten weiblichen Arbeitskräfte aussuchen können, sondern auch diejenigen, bei denen die Mitarbeiterinnen gerne bleiben und gut performen können: eine Win-win-win-Situation.

## QUICK WINS

**Für Mitarbeitende**

a) Expertinnen empfehlen Frauen, die ihren Zyklus noch nicht bewusst erleben und fühlen, dieses Bewusstsein zunächst für sich selbst und den eigenen Zyklus zu stärken, indem z. B. ein Zyklus- oder Bedürfnistagebuch geführt wird, in dem Gefühle, Emotionen, Symptome und Stärken festgehalten werden.
b) Wenn wir eine Kultur aufbauen wollen, in der alle mehr und besser zusammenarbeiten, dann braucht es von den Männern mehr Verständnis und Unterstützung für Frauen. Und in jedem Fall keine abwertenden Sprüche oder Gesten.
c) Um ein besseres Verständnis füreinander zu entwickeln, kann eine Zyklusuhr im Büro oder zu Hause helfen, die anderen Beteiligten anzeigt, in welcher Phase sich die Frau befindet – für mehr Verständnis und Rücksicht.

**Für Führungskräfte**

a) Einen sicheren Raum und eine Vertrauensbasis schaffen, in der Mitarbeiterinnen sich öffnen können. Sie sollten gestärkt werden, Menstruationsbeschwerden ernst zu nehmen, und männliche Teammitglieder für das Thema sensibilisieren.
b) Nicht alle Frauen benötigen einen kompletten Tag, um sich von ihren Beschwerden zu erholen. Oftmals sind nur ein paar Stunden nötig, in denen Frauen Ruhe brauchen (vierte Phase) oder vielleicht mit einer Wärmflasche arbeiten möchten. Flexibilität und Homeoffice können helfen.
c) Es ist sinnvoll, eine Art Notfallplan mit Kolleg:innen zu erstellen, damit Mitarbeiterinnen, die regelmäßig für das Unternehmen in der Öffentlichkeit auftreten, kurzfristig vertreten werden können.

**Für Unternehmen**

a) Bei der Umsetzung einer Periodenpolitik ist es eine Grundvoraussetzung, bei der Ausarbeitung von möglichen Maßnahmen den weiblichen Beschäftigten zuzuhören, da ansonsten Anpassung zu einem Lippenbekenntnis und einer PR-Strategie verkommen könnte.
b) Möglichkeiten schaffen, dass Frauen sich bei Menstruationsbeschwerden ohne Angaben von Gründen freinehmen können.
c) Ressourcen bereitstellen und eine gute Arbeitsumgebung schaffen, zum Beispiel mit Ruhezonen/Ruheräumen, in denen Wärmflaschen und Menstruationsprodukte bereitliegen. Diese Räume sollten auch weibliche Führungskräfte nutzen, um mit gutem Beispiel voranzugehen und um sicherzustellen, dass diese Räume nicht als Orte der Schwäche wahrgenommen werden.
d) Frauen sollte die größtmögliche Flexibilität gewährt werden, damit sie selbst entscheiden können, wie, wann und wo sie am besten arbeiten können.

# 2 HUMAN RELATIONS STATT HUMAN RESOURCE

Wenn du über deine Gesundheit nachdenkst, welche Faktoren spielen dann bei dir eine Rolle? Bestimmt hast du sofort deinen mentalen Zustand im Kopf und ebenso deinen körperlichen. Was aber die wenigsten sofort auf dem Zettel haben, obwohl dieser Aspekt laut Wissenschaft einerseits die wichtigste Zutat für unsere Gesundheit und unser Glück ist und andererseits einen erheblichen Einfluss auf unsere Arbeitsproduktivität und -zufriedenheit hat, ist die soziale Gesundheit. Während es bei der mentalen Gesundheit um unseren Geist geht und bei der physischen Gesundheit um unseren Körper, nimmt die soziale Gesundheit auf das Wohlbefinden Bezug, das sich aus sozialen Beziehungen speist: also die Interaktion mit Gemeinschaften aus Familie und Freund:innen, aber auch mit sozialen Netzwerken und Kolleg:innen.

Daher untersuche ich in diesem Kapitel diesen bisher stark vernachlässigten Faktor, insbesondere im Hinblick auf unseren Arbeitsalltag: Warum sollten zwischenmenschliche Beziehungen auch bei der Arbeit gepflegt und gefördert werden? Wieso sind beste Freund:innen im Job so wichtig? Zum Abschluss des Kapitels erfährst du dann, welche Erfolgsfaktoren es braucht, damit Mitarbeitende in Teams erfolgreich zusammenarbeiten und wie wir in Unternehmen ein Kooperations- statt ein Wettbewerbsumfeld schaffen, um beispielsweise narzisstische Verhaltensweisen im Arbeitsalltag zu vermeiden.

## Social Health: Lasst uns doch alle Freund:innen sein

Ich hatte die gesamte Nacht kaum geschlafen und sah um die Augen aus wie ein Panda. Was mit mir los sei, wollte Benni wissen. Wir kannten uns jetzt schon einige Monate und zu diesem Zeitpunkt war er für mich schon nicht mehr lediglich ein Kollege, der mir von Anfang an sympathisch war, sondern bereits ein Freund. Wir gingen jeden Morgen ein Stück zur Arbeit gemeinsam und aßen jeden Tag zusammen zu Mittag. Die ein oder andere feuchtfröhliche Verabredung am Abend hatten wir auch schon hinter uns. Es war so gegen zehn Uhr und wir tranken einen Kaffee im Gemeinschaftsraum. Ich erzählte ihm von meinem Wochenende, davon, dass ich die komplette Zeit an einer PowerPoint-Präsentation für die Chefin gesessen hatte, die ich am nächsten Morgen zu halten hatte und die aktuell ungefähr so spannend anzusehen war wie eine Raufasertapete. Benni hatte seinen Kaffee noch nicht ausgetrunken, da saß er auch schon vor meinem Rechner und schüttelte den Kopf. »Die ist wirklich – mies«, sagte er und zwinkerte mir zu. Ich nickte und hätte am liebsten meinen Kopf auf die Schreibtischplatte gedonnert. »Aber ich hätte da so ein paar Ideen«, fügte er an. Am Abend stand er plötzlich mit zwei Pizzakartons vor meiner Bürotür und kündigte eine Spätschicht an. Wir waren längst die Einzigen im Büro und Benni half mir dabei, die Präsentation nicht nur zu verbessern, sondern in etwas Peter-Jackson-Ähnliches zu verwandeln. Er wusste genau, worauf unsere Chefin Wert legte, und schaffte es sogar, mich so sehr zu motivieren, dass auch ich gute Ideen beisteuern konnte und plötzlich keine Angst mehr davor hatte, am nächsten Morgen zu performen. Genau das tat ich auch. Ich hielt die Präsentation meines Lebens.

### Die Bedeutung zwischenmenschlicher Beziehungen

Was macht ein glückliches und erfülltes Leben aus? Die Antwort darauf fanden Forscher:innen der Harvard Universität, die 724 Männer aus Boston mit weiblichen und männlichen Nachkommen über drei Generationen seit 1938 untersuchen – mittlerweile also über 85 Jahre und 2.000 Menschen. Grundlage sind Interviews, Fragebögen und medizinische Daten der jeweiligen Ärtz:innen. Das Ergebnis: Für unser Glück sind funktionierende Liebesbeziehungen, ein gutes Verhältnis zur Familie, stabile Freundschaften sowie gute Beziehungen im beruflichen Kontext verantwortlich.[1]

Karriere, Reichtum, Macht, Status, gesunde Ernährung und Sport machen übrigens nur bedingt glücklich. Primär ist es die Qualität der zwischenmenschlichen Beziehungen, die unsere Gesundheit, Lebenserwartung und langfristige Zufriedenheit am meisten beeinflussen: »Persönliche Beziehungen schaffen mentale und emotionale Stimulation, die automatisch die Stimmung hebt. Während Isolation die Stimmung eher verdirbt«, erklärt der derzeitige Studienleiter Dr. Robert Waldinger gegenüber dem Harvard Health Blog.[2]

Es ist also naheliegend, dass auch im Arbeitskontext gute zwischenmenschliche Beziehungen, also das Gefühl der Zugehörigkeit und Verbundenheit, ein entscheidender positiver Faktor sind: Mit einem starken Zugehörigkeitsgefühl sind Mitarbeitende um 22 Prozent resilienter, 31 Prozent engagierter und 37 Prozent zufriedener. Zudem erleben sie um 33 Prozent mehr Sinn und Bedeutung, empfinden um 36 Prozent mehr Lebensfreude und erreichen ihre Ziele um 34 Prozent besser. Mitarbeitende mit einem niedrigen Bindungsniveau sind um 74 Prozent eher bereit, zu kündigen. Nicht verwunderlich, dass jeder zweite europäische Mitarbeitende sich bereit erklären würde, auf Gehalt zu verzichten, um mehr Verbundenheit zu spüren: In Deutschland wären die Arbeitnehmer:innen bereit, zehn Prozent ihres Einkommens für mehr Verbundenheit und Zugehörigkeit einzutauschen.[3]

Jetzt sollten wir also meinen, dass soziale Gesundheit eine große Rolle in unserem Joballtag spielt und wir alles dafür tun, um dort zwischenmenschliche Beziehungen zu fördern und pflegen. Aber die Realität sieht leider so aus, dass viele Berufstätige immer noch sehr skeptisch gegenüber emotionalen Bindungen zu Kolleg:innen sind und ihre zwischenmenschlichen Beziehungen wider besseres Wissen vernachlässigen. »Das liegt daran, weil wir materialistische Ziele an erster Stelle setzen, wie Status, Unabhängigkeit, Sicherheit, Reichtum, Luxus, noch ein Auto und vielleicht noch ein größeres Haus«, erklärt mir der Philosoph und Autor Dr. Jörg Bernardy. »Und gleichzeitig wissen wir alle insgeheim, dass uns das letztendlich nicht erfüllt. Dass wir die schönsten und erfüllendsten Momente erleben, wenn wir Menschen um uns haben, bei denen wir nach drei Tagen so inspiriert sind und uns so wohlfühlen, wie wir es selbst in sechs Wochen mit oberflächlichen Kontakten auf einer Yacht niemals schaffen würden.«

Obwohl wir immer stärker durch Social-Media-Netzwerke und technologische Tools vernetzt sind, fühlen wir uns immer einsamer. Für mich sind die meisten Instagram-Freund:innen wie Kugelschreiber: Ich habe Hunderte, aber nur die wenigsten schreiben. Weltweit haben 330 Millionen Menschen über zwei Wochen hinweg keine einzige soziale Interaktion mit einer anderen Person.[4] Fast die Hälfte fühlt sich in Amerika einsam. In Deutschland ist es jede:r Vierte.[5] Die zunehmende Entwicklung der Einsamkeit erkannte Großbritannien bereits 2018 und rief als weltweit erstes Land das Ministerium für Einsamkeit ins Leben. Drei Jahre später folgte Japan mit einem Minister zur Bekämpfung der Einsamkeit.

Um an dieser Stelle Missverständnisse zu vermeiden: Sich einsam zu fühlen ist nicht dasselbe, wie allein zu sein. Denn wir können uns auch dann einsam fühlen, wenn sich zahlreiche Menschen mit im Raum befinden – weil wir uns nicht gesehen, wertgeschätzt, verstanden oder zugehörig fühlen. Dieses subjektive Gefühl der Einsamkeit hat für die Betroffenen laut den Forschungsergebnissen der US-amerikanischen Psychologieprofessorin Dr. Julianne Holt-Lunstad denselben gesundheitlichen Effekt, als würden sie pro Tag 15 Zigaretten rauchen. Es erhöht unser Risiko für Herzinfarkt, Blutdruck, Fettleibigkeit, Depression, Angstzustände, kognitive Beeinträchtigungen, Demenz und lässt sogar unser Sterberisiko um knapp 30 Prozent steigen.[6]

Über die Gründe für das zunehmende Gefühl der Einsamkeit lässt sich ausgiebig diskutieren. Im Arbeitskontext ist die abnehmende Verbundenheit zu Kolleg:innen und zum Unternehmen jedenfalls nicht mehr zu leugnen, sodass die Coachingplattform »BetterUp« in ihrem groß angelegten Bericht »Die europäische Krise der sozialen Verbundenheit« auf Basis verschiedener Studien sogar von einer Bindungskrise spricht. Demnach empfinden durchschnittlich 51 Prozent der Mitarbeitenden aus Großbritannien, Deutschland und Frankreich kein Zugehörigkeitsgefühl zu ihrer Arbeit. 44 Prozent fühlen sich nicht mit den Kolleg:innen verbunden, und 27 Prozent haben noch nicht einmal einen einzigen Freund bei der Arbeit – obwohl 96 Prozent der Manager:innen angeben, dass ihnen die Bedeutung von zwischenmenschlichen Beziehungen bewusst sei.[7]

Die zunehmende Einsamkeit ist also auch im Arbeitskontext angekommen. Immer wieder höre ich in Gesprächen mit Führungskräften und anderen Mitarbeiter:innen meiner Kund:innen, dass das Pflegen zwischenmenschlicher Beziehungen im Job nur von der Arbeit ablenke, die Produktivität senke und es erschwere, kritisches Feedback zu geben. Also wird lieber die To-do-Liste abgearbeitet, von einem Meeting zum nächsten gerannt und die Pausen mit dem Smartphone verbracht, anstatt einfach mal rüberzugehen zur Kollegin, von der man weiß, dass sie auch Tennis spielt, oder dem Kollegen, dessen Kind in derselben Kita betreut wird wie das eigene.

So bleiben wir alle Einzelkämpfer:innen und erleben womöglich Situationen, wie die Teilnehmer:innen einer persönlichen Befragung zum Thema Arbeitsbedingungen des Beratungsunternehmens Gallup. Auf die Frage, ob sie gestern gelächelt habe, antwortete eine Arbeitnehmerin in Vietnam erst mit einem leisen Schluchzen, dann mit einem Weinkrampf und schließlich mit den Worten: »Niemand fragt mich, ob ich glücklich oder gesund bin!«

Ein anderer Gallup-Mitarbeiter erlebte eine ähnlich traurige Situation mit einer Führungskraft aus Kanada, die er nach ihrem Alter fragte. Daraufhin musste der Mann bitter lachen und sagte: »Heute ist mein Geburtstag, und Sie sind die einzige Person, mit der ich bisher gesprochen habe.«[8]

Diese Erlebnisse machte auch Personal-Experte Jörg Staff persönlich bei einer weltweiten Führungskräftetagung mit rund 400 Top-Manager:innen: »Es wurde die Frage gestellt: Wie viel Zeit habt ihr eigentlich wirklich in den letzten sechs Monaten mit euren Mitarbeitenden direkt verbracht? Schweigen im Saal. Hier siehst du wunderbar, dass alle in ihren Rollen das Beste geben, aber eigentlich nicht miteinander sprechen.«

Statt menschlicher Werte, wie Vertrauen, Ehrlichkeit, Wertschätzung, Empathie, Kooperation und Respekt, finden wir im Arbeitsleben eher Egoismus, Gier, Geiz, Rücksichtslosigkeit und Neid. Laut dem amerikanischen Philosophen und Autoren Simon Sinek sind die Gründe dafür darin zu finden, dass viele Unternehmen noch an den Wirtschaftsmodellen und -theorien aus den 1980er- und 1990er-Jahren festhalten, die maßgeblich durch Konkurrenz, die Verfolgung des Eigeninteresses und Maximierung des Shareholder Values gekennzeichnet sind[9]: »Liebe, Mitgefühl und Zugehörigkeit – das, was für uns als Menschen so wichtig und nachweislich auch gesund ist, haben wir acht bis zehn Stunden aus unserem Arbeitsalltag ins Privatleben verbannt«, sagt mir die Neurowissenschaftlerin Prof. Dr. Tania Singer.

## Hallo – ist da noch jemand? Das Bedürfnis nach Verbundenheit

Ohne Frage, in den letzten Jahrzehnten haben wir mit diesen Wirtschaftsmodellen und -theorien großen Wohlstand geschaffen, für den wir der älteren Generation sehr dankbar sein dürfen. Gleichzeitig wurde damit aber auch ein System geschaffen, in dem wir das Suchtpotenzial entwickelt haben, über unsere Grenzen zu gehen, um mit anderen mitzuhalten. Wir wollen um jeden Preis immer besser sein als andere und unseren Status sowie unsere Machtposition verteidigen. »Dadurch haben wir eine Höher-Schneller-Weiter-Mentalität entwickelt, die dazu führt, dass wir ständig in der Angst leben, nicht gut genug zu sein oder nicht genug abzukriegen«, sagt mir Prof. Dr. Tania Singer. Unser Körper ist permanent in Alarmbereitschaft, die Dauerangst mindert unsere Leistungskraft und ruiniert unsere Gesundheit. Eine weltweite Umfrage zu Mental Health von Qualtrics, SAP und Mind Share Partners hat herausgefunden, dass sich seit 2020 bei 42 Prozent der Befragten die psychische Gesundheit verschlechtert hat, 67 Prozent fühlen sich gestresster, 57 Prozent verspüren mehr Angst, 53 Prozent empfinden Traurigkeit, 28 Prozent haben Probleme mit ihrer Konzentrationsfähigkeit und 20 Prozent brauchen mehr Zeit, um Aufgaben zu erledigen.[10] Fehlende soziale Motive verschlechtern also nicht nur unsere Leistungsfähigkeit und unsere Gesundheit, sondern sorgen außerdem dafür, dass Menschen sich emotional immer weniger untereinander und mit Unternehmen verbunden fühlen. Wenn wir uns dagegen verbunden und zugehörig fühlen und unseren Fokus mehr auf die Zusammenarbeit legen, sind wir nicht nur glücklicher und gesünder, sondern auch leistungsfähiger, resilienter, innovativer, kreativer und erleben unsere Arbeit als fast doppelt so wertvoll.[11]

Kurz zusammengefasst: Mitarbeitende performen besser und Unternehmen profitieren davon. Das zeigt die globale Befragung der Managementplattform Asana mit knapp 10.000 Personen. 55 Prozent der Mitarbeitenden in Unternehmen, die ihren Fokus auf die Zusammenarbeit legen, berichten in dieser Befragung sogar von einem Umsatzwachstum in den letzten drei Jahren: fast doppelt so viel wie in weniger kollaborativ ausgerichteten Unternehmen.[12]

»Viel zu viele Arbeitgeber überlassen gute Beziehungen aber dem Zufall. Das ist ein Fehler. Wenn wir uns die Daten darüber ansehen, warum Menschen Jahr für Jahr bei einem Arbeitgeber bleiben, dann ist der beste Indikator oft nicht die Höhe des Gehaltsschecks oder wie gut jemand mit seinem Vorgesetzten auskommt – es ist, wie verbunden sich Menschen in ihrem Team fühlen«, sagt der preisgekrönte Psychologe Ron Friedman.[13]

Und das ist auch keine Überraschung, wenn man sich mit der Selbstbestimmungstheorie der Motivation auseinandersetzt. Denn nach den Psychologen Richard M. Ryan und Edward L. Deci hat jeder Mensch grundsätzlich drei psychologische Grundbedürfnisse:

- Autonomie,
- Verbundenheit und
- Kompetenz.[14]

Hierbei handelt es sich um intrinsische Motivationsbedürfnisse, die maßgeblich die Motivation von Menschen für bestimmte Verhaltenshandlungen beeinflussen und bei Befriedigung das psychische Wohlbefinden steigern und damit schlussendlich auch die Motivation, Zufriedenheit und Leistungsfähigkeit. Die soziale Gesundheit hat also einen enormen Einfluss auf uns, weil zwischenmenschliche Beziehungen das Bedürfnis nach Verbundenheit befriedigen, das wir alle in uns tragen: den Wunsch danach, uns zugehörig zu fühlen, respektiert und geschätzt zu werden und einen Platz in der Gesellschaft zu finden.

Es wird also endlich Zeit, loszulegen, in Kontakt zu treten: an der Kaffeemaschine, im Fahrstuhl oder wo auch immer wir uns über den Weg laufen und die Möglichkeit haben, uns besser kennenzulernen. Dabei sollten wir uns nicht nur zwei oder drei Personen heraussuchen, sondern direkt fünf. Denn um uns verbunden zu fühlen, brauchen wir eine Handvoll Kolleg:innen – und sogar mehr als zehn, um uns stark zugehörig zu fühlen.[15] Klar, nicht mit jeder wollen und können wir eine tiefgehende Beziehung oder Freundschaft eingehen. Manche Kolleg:innen behandeln wir vielleicht eher wie Bekannte, mit denen wir zwar unsere Gefühle in bestimmten Situationen teilen, dabei aber nicht allzu sehr in die Tiefe gehen. Aber bereits solche Beziehungsformen helfen uns, da sie sowohl instrumentelle als auch emotionale Unterstützung bieten und auch bei der Bewältigung von Work-Life- und Identitätsfragen helfen können.

Vielleicht können wir uns zukünftig darauf einigen, im ersten Schritt erst einmal respektvoll und wertschätzend miteinander umzugehen. Es aber dabei zu belassen, wäre aus wissenschaftlicher Sicht für Mitarbeitende und Unternehmen ein Nachteil. Denn »Freundschaft ist der am meisten übersehene Faktor, wenn es darum geht, einen außergewöhnlichen Arbeitsplatz zu schaffen«, sagt Ron Friedman.[16]

## Frollegen: Wenn aus Kolleg:innen Freund:innen werden

Wer echte Freund:innen am Arbeitsplatz findet, der profitiert gleich doppelt – privat und am Arbeitsplatz. Das zeigt eine Umfrage mit Teilnehmer:innen aus über 120 Unternehmen in Großbritannien: 57 Prozent der befragten Personen geben an, dass sich ihr Berufsalltag durch eine beste Freundin verbessert. Darüber hinaus sind 32 Prozent produktiver und 22 Prozent können kreativer arbeiten.[17]

Eine wissenschaftliche Erklärung dafür kann der Professor für Psychologie Dr. James Coan von der Universität von Virginia liefern. Der machte im Rahmen seiner Studie nämlich Folgendes: Coan schickte seine Probanden in einen Gehirnscanner und setzte sie unregelmäßigen kleineren Elektroschocks aus, um eine Gefahr bzw. eine Bedrohung für das Gehirn zu simulieren. Dabei gab es drei verschiedene Szenarien: Die Probanden hielten in dieser Zeit entweder die Hand eines vertrauten Menschen, einer fremden Person oder gar keine Hand. Das Überraschende und Spannende an dem Ergebnis war, dass die Gehirnaktivität der Versuchspersonen ohne Beistand am größten war. Durch den Beistand einer fremden Person verringerte sich die Gehirnaktivität dagegen ein wenig und in Gesellschaft eines vertrauten Menschen kam es sogar zu einer massiven Abnahme der Gehirnaktivität. Diese wurde insbesondere in der Region des präfrontalen Cortex gemessen, der einen großen Einfluss auf unsere innere Emotionsregulierung hat.[18]

Ist also eine Person wütend oder ängstlich, muss das Gehirn bei der Anwesenheit einer vertrauten Person weniger Energie aufwenden, um sich emotional zu regulieren und wieder zu beruhigen. Oder anders formuliert: Das Gehirn muss ohne eine vertraute Person in der Nähe intensiver arbeiten, um mit der herausfordernden Situation fertigzuwerden. Dabei hat eine vertraute Person im direkten Umfeld aber nicht nur Auswirkungen auf die positivere Emotionsregulierung bei Gefahren und Bedrohungen, sondern auch auf die Produktion von Stresshormonen. Denn die Gehirnregion Hypothalamus, die unter anderem für die Ausschüttung von Stresshormonen in den Blutkreislauf verantwortlich ist, wird nicht aktiviert beziehungsweise gehemmt. So wird einerseits insgesamt die mögliche Gefahr oder Bedrohung als weniger stress- und schmerzvoll wahrgenommen und bewertet, andererseits wird das Immunsystem durch die wenigen Stresshormone gestärkt: »Vertraute Personen scheinen unserem Gehirn den Eindruck zu vermitteln, dass wir uns weniger Sorgen um die Umwelt machen müssen und weniger für unseren Körper zu tun ist. Und das hilft uns, Energie zu sparen«, erklärt Coan.[19]

Aber auch schon im Vorfeld einer bevorstehende Herausforderung haben Freund:innen einen positiven Einfluss. So zeigt die Studie von Simone Schnall, einer Professorin für Sozialpsychologie an der Universität von Cambridge, Folgendes: Menschen, die vor einem Berg standen und dessen Neigung einschätzen mussten, empfanden den Berg als weniger steil, wenn eine vertraute Person bei ihnen war. Waren sie dagegen allein oder in Gegenwart einer fremden Person, wurde das Besteigen des Berges als anspruchsvoller eingeschätzt.[20] Ein physisches Hindernis wird also durch die Anwesenheit von Freund:innen als eine kleinere Herausforderung wahrgenommen.

Die Ergebnisse seiner Forschung fasste Coan übrigens gemeinsam mit Lane Beckes, Professor an der Bradley Universität, unter dem Titel »The Social

Baseline« zusammen. Tenor: Unser Gehirn ist grundsätzlich auf Freundschaften angewiesen und es ist für Menschen energetisch weniger anstrengend, Emotionen zu regulieren und in der Folge zu handeln, wenn vertraute Personen anwesend sind.[21]

Für unseren beruflichen Kontext lassen sich diese Erkenntnisse vereinfacht so zusammenfassen:

- Mitarbeitende sind keine Einzelkämpfer:innen, sie fühlen sich in guter Gesellschaft wohler.
- Freundschaften am Arbeitsplatz führen dazu, dass das Stressniveau sinkt, wodurch die Selbstregulierung und Entscheidungsfindung für arbeitsbezogene Tätigkeiten erhalten bleiben.

Aber nicht nur die Mitarbeitenden profitieren davon, sondern auch die Unternehmen. Denn Freundschaften am Arbeitsplatz machen den Arbeitsort zu einem sicheren Ort, besonders in der Fertigung. In Produktionsstätten, in denen Mitarbeitende viele Freundschaften pflegen, gibt es 36 Prozent weniger Arbeitsunfälle, weil Freund:innen mehr und besser aufeinander aufpassen.[22]

Auch die Beziehung zum Kunden intensiviert sich. So ist besonders im stationären Handel zu erkennen, dass Kund:innen häufiger in eine Filiale wiederkommen, mehr einkaufen und dort länger verweilen, wenn dort Verkäufer:innen arbeiten, die untereinander ein freundschaftliches Verhältnis pflegen. Positiver Nebeneffekt: Wo Freund:innen miteinander arbeiten, wird deutlich weniger geklaut.[23]

Gerade durch die Pandemie haben Freundschaften eine noch größere Bedeutung bekommen. So zeigt Gallup, dass die Wahrscheinlichkeit, den Arbeitsplatz und das Unternehmen weiterzuempfehlen, steigt, wenn Mitarbeitende Freund:innen auf der Arbeit haben. Gleichzeitig sinkt die Wahrscheinlichkeit, kündigen zu wollen.[24] Zudem verzeichnen Unternehmen zwölf Prozent mehr Gewinn, wenn sechs von zehn Mitarbeitenden einen besten Freund am Arbeitsplatz haben.[25]

Der Mythos, dass Freundschaften am Arbeitsplatz dazu führen, dass mehr gequatscht und weniger gearbeitet wird, kann an dieser Stelle also entkräftet werden. Das Gegenteil ist der Fall: Menschen mit Job-Freund:innen sind bis zu sieben Mal motivierter und produktiver.[26] In einigen Unternehmen, insbesondere in den USA, gehen Mitarbeitende sogar so weit, ihre engste Bezugsperson als »Working Husbands« und »Working Wifes« zu bezeichnen.

## Ja, ich will! (Bis dass die Kündigung uns scheidet)

Bei diesen eheähnlichen Beziehungen handelt es sich um platonische Beziehungen, also ohne körperlichen Kontakt, die jedoch durch eine enge emotionale Bindung, ein hohes Maß an Offenheit und Unterstützung sowie gegenseitiges Vertrauen, Ehrlichkeit, Loyalität und Respekt gekennzeichnet ist. Hier geht es nicht um eine hierarchische Ordnung, aufgebaut nach traditioneller Rollenverteilung, sondern um eine gleichgestellte Beziehung auf Augenhöhe ohne Machtgefälle, die natürlich auch gleichgeschlechtlich sein kann.

Eine solche Beziehung führt auch mein Kumpel Fabian mit seiner Arbeitskollegin Sabine. Wenn Sabine das Bedürfnis hat zu lachen, geht sie zu Fabian. Und wenn Fabian einen Scheißtag hat, ist Sabine für ihn da. Sie erleben einander fröhlich, wütend, gestresst und aufgeregt, jubelnd und enttäuscht. Sie sind Verbündete. In guten wie in schlechten Zeiten. Keine Freundschaft plus, sondern eine Ehe minus. Man schläft nicht im selben Bett, hat keinen Sex, sondern teilt sich einen Arbeitsplatz. Millionen Menschen weltweit führen eine solche Büroehe, in Österreich z. B. jede siebte Person laut einer Xing-Umfrage.[27] Dawn O. Braithwaite, Professorin für Kommunikation an der University of Nebraska-Lincoln, bringt es in ihren Untersuchungen auf den Punkt: »Ein Arbeits-Ehepartner ist ein seltenes Juwel, das dazu beitragen kann, einen schwierigen Arbeitsplatz erträglicher und eine positive Arbeitsumgebung außergewöhnlich zu machen.«[28]

Ich bin der Meinung, egal, wie man dieses Beziehungskonstrukt nun nennt, ob es einfach nur die beste Freundin ist, der Lieblingsmensch auf der Arbeit, der Working Husband oder sogar Bruder oder Schwester, am Ende ist es nur wichtig, dass wir auf der Arbeit eine vertraute Bezugsperson haben. Denn diese Person versteht uns, was den beruflichen Kontext angeht, wahrscheinlich besser als der Partner zu Hause. Der Arbeitsehepartner erfüllt eine Rolle, die die Ehepartnerin nicht spielen kann, weil sie die Organisationskultur und die Beziehungen nicht in der gleichen Weise versteht wie der Arbeitsehepartner. Und wenn wir begriffen haben, welchen Einfluss soziale Beziehungen haben, dann sollten wir es endlich zulassen, bei der Arbeit auch mal über private Probleme oder berufliche Konflikte sprechen zu können. Schließlich nehmen wir oftmals die Arbeit mit nach Hause und belasten damit die Familie. So können wir uns auf der Arbeit noch mehr stärken, noch besser mit Sorgen umgehen und uns auch vielleicht eine Art psychologischen Raum zur Verfügung stellen, der nachweislich die Erfolgskomponente dafür ist, warum Teams erfolgreich miteinander zusammenarbeiten.* Das findet auch Josée Rose, Journalistin von Business Insider: »Sie sind meine Rettung, wenn ich gestresst bin, wenn ich eine verrückte Idee habe, von der ich nicht weiß, was ich damit anfangen soll, oder wenn ich während meines Mittagsspaziergangs schreien muss.«[29] Wer also versucht, ein gewisses Maß an Distanz zu Kolleg:innen aufrechtzuerhalten, kämpft nicht nur gegen eigene natürliche Triebe, sondern verhindert zahlreiche positive Folgen für sich selbst, für Kolleg:innen und Arbeitgeber.

Es ist aber auch wichtig, bei »Job-Buddys« nicht nur die zahlreichen Vorteile im Blick zu haben, sondern auch auf den einen oder anderen Stolperstein zu achten. Zum Beispiel, wenn es einer von beiden in stressigen Zeiten nicht gut geht, und die andere Probleme damit bekommt, die Bedürfnisse der Freundin mit denen des Unternehmens unter einen Hut zu bekommen. Es könnten schnell Konflikte und Erschöpfung entstehen, wenn keine klare und beiderseitig funktionierende Erwartungshaltung definiert wurde. Hier sollten beide in einem regelmäßigen Austausch stehen und sich gegenseitig immer wieder abholen – vor allem dann, wenn eine die Vorgesetzte der anderen ist.

## Und jetzt alle so: Active-Constructive-Responding

Ähnlich wie bei der körperlichen und mentalen Gesundheit kommt es auch bei der sozialen Gesundheit darauf an, dranzubleiben und Routinen regelmäßig zu wiederholen und damit zu trainieren. Wer nur einmal meditiert oder ein Workout macht, wird kaum Fortschritte erzielen. »Es wäre naiv, zu denken, dass, wenn man erst einmal eine Beziehung hat, man nichts mehr investieren muss«, sagt mir Lars Plenke, Professor für biologische Persönlichkeitspsychologie an der Universität Göttingen.

Für die Förderung einer guten, tiefgehenden zwischenmenschlichen Beziehung gibt es viele Möglichkeiten, die in diesem Buch an verschiedenen Stellen vorgestellt werden. Eine konkrete Methode, die du direkt bei deinen Kolleg:innen und Mitarbeitenden anwenden kannst, ist das Active-Constructive-Responding-Modell (ACR) nach Psychologieprofessorin Shelly Gable von der Universität von Kalifornien. Dies ist eine Reaktionsform positiver Kom-

---

* Ausführliche Informationen dazu findest du im nächsten Kapitelabschnitt »Erfolgsfaktor Team«.

munikation und wird genau dann angewendet, wenn dein Gesprächspartner von Erfolgen oder schönen Momenten erzählt.

Dieses Modell unterscheidet zwei Reaktionsdimensionen: die Beteiligung des Zuhörers (aktiv oder passiv) und die Reaktionsverstärkung der Sprecherin (konstruktiv oder destruktiv). Nehmen wir nun einmal an, jemand erzählt dir von seiner Beförderung, dann ergeben sich aus dem Modell insgesamt vier Möglichkeiten, wie du darauf reagieren kannst. Zum Beispiel diese:

1. **Passiv-destruktiv:** »Was gibt es heute eigentlich in der Kantine zu essen?« Rumms! Du wechselst das Thema. Im schlimmsten Fall hast du dabei auch noch wenig bis gar keinen Blickkontakt. Du bist innerlich nicht beteiligt und hast wenig Aufmerksamkeit. Mit diesem Verhalten ignorierst du dein Gegenüber, das dadurch emotional nackt im Wald steht. Du hast seine positiven Gefühle in nur wenigen Sekunden komplett vernichtet.
2. **Aktiv-destruktiv:** »Mehr Verantwortung? Bin gespannt, was deine bessere Hälfte dazu sagt.« Jetzt bist du zwar emotional beteiligt, aber immer noch destruktiv. Du kritisierst dein Gegenüber oder sprichst mögliche Probleme an und bringst damit lediglich deine eigenen negativen Emotionen zum Ausdruck – die du der anderen Person womöglich sogar unterstellst. Verstärkt wird diese Reaktion durch abweisende Körperreaktionen: Abwinken, Kopfschütteln, Stirnrunzeln.
3. **Passiv-konstruktiv:** »Mhhm. Hast du dir verdient.« Okay, laaangsam geht es in die richtige Richtung. Die passiv-konstruktive Reaktion ist nüchtern und sachlich, aber im Kern zumindest positiv. Du stimmst zwar zu, bist jedoch emotional so unterkühlt, dass Gefrierbrand droht. Immerhin werden die positiven Gefühle deiner Kollegin nicht bewusst zerstört oder angegriffen. Aber: Es ist noch Luft nach oben!
4. **Aktiv-konstruktiv:** »Was für tolle Neuigkeiten! Ich wusste es. Erzähl mir alles ganz genau!« Du feierst deine Kollegin emotional mit Konfetti und Raketen, weil du innerlich an ihrem Erlebnis beteiligt bist. Du bist ihr zugewandt, auch in deiner Körperhaltung, und hältst lächelnd Blickkontakt. Die positiven Gefühle des Gegenübers werden angesprochen. Du äußerst eigene Empfindungen zu dem Erlebnis und gibst ihr Gelegenheit, die eigenen noch mal zu erleben, indem sie sich gedanklich erneut in die Situation versetzt.

Es wird schnell klar, dass du am besten nur die aktiv-konstruktive Reaktion wählen solltest. Studien belegen, dass sie zu einem erhöhten Zugehörigkeitsgefühl, Wohlbefinden und höherer Lebenszufriedenheit führt – und zwar für beide Seiten![30] Eine Win-win-Situation. Nach dem Motto: Die gute Nachricht ist: die gute Nachricht!

## Wie Unternehmen soziale Gesundheit fördern

Das Softwareunternehmen SAP bietet einen bunten Blumenstrauß an kreativen und innovativen Aktionen, um seine Mitarbeitenden einzuladen, sich zu begegnen und auszutauschen. Eine komplette Aufzählung würde diesen Rahmen sprengen, deswegen möchte ich hier nur ein paar Highlights nennen: So gibt es zum Beispiel die Initiative »Lunch-Beat« im Headquarter in Walldorf, bei der die Mitarbeitenden einmal im Monat für eine Stunde zur Mittagspause die Gelegenheit haben, gemeinsam zu tanzen. Der ehemalige Personalchef Cawa Younosi, selbst aktiver Teilnehmer, sagt mir über die Initiative: »Tanzen fördert nicht nur unseren Stressabbau und macht den Kopf frei, sondern hat auch eine soziale Funktion. Tanzen verbindet, egal aus welchen Abteilungen wir kommen, wie alt wir sind oder welchen kulturellen Hintergrund wir haben.« Ob das eine direkte Auswirkung auf die Produktivität hat, kann Younosi zwar nicht belegen. Fest steht aber, so sagt er, dass es zu 100 Prozent auf die Loyalität und das Zusammengehörigkeitsgefühl einzahlt und die Motivation und das Engagement der Mitarbeitenden steigen.

Daneben sind auch die sogenannten »Blind-Lunches« sehr beliebt, bei denen Mitarbeitende per Zufall zusammengewürfelt werden und die Möglichkeit haben, gemeinsam essen zu gehen. So etwas Ähnliches macht auch der Touristik-Konzern TUI, der in der Kantine spezielle »Community-Tables« anbietet, die Mitarbeitende ohne Lunch-Verabredung zu einem gemeinsamen Essen und Austausch einladen. Dadurch werden Räume und Situationen geschaffen, um bewusst in den Austausch zu kommen, wenn Mitarbeitende daran interessiert sind.

Das Thema Essen spielt auch in Schweden eine entscheidende Rolle, um Beziehungen zu stärken. Beim traditionellen Fika (dt. Kaffee) handelt es sich um ein traditionsreiches soziales Ritual, das Menschen zwanglos zusammenkommen lässt, um eine gemeinschaftliche Auszeit abseits des Jobs zu nehmen. Es geht um den aktiven Austausch und um die Pflege von Beziehungen und Freundschaften. Es geht darum, sich informell mit anderen Menschen zu treffen, um sie kennenzulernen und Vertrauen aufzubauen. »Für Deutsche wirkt es erst einmal unproduktiv, dass man bei der Arbeit so oft zusammen Kaffee trinkt. Aber dabei werden viele wichtige Arbeitsthemen besprochen, Missverständnisse ausgeräumt, Informationen ausgetauscht«, sagt Ninni Löwgren Tischer von der Deutsch-Schwedischen Handelskammer.[31] Diese »Kaffee-Pause« wird sogar vertraglich in einigen schwedischen Unternehmen zugesichert und ist Teil einer bezahlten Arbeitszeit: 20 Minuten am Vormittag. 20 Minuten am Nachmittag.

Vielleicht brauchen wir auch in Deutschland eine Initiative, die dazu einlädt, bewusst und aktiv eine kurze gemeinsam Pause zu machen, ohne dabei ein schlechtes Gewissen zu haben.

Auch beim Versicherungskonzern AXA geht das Miteinander durch den Magen. So können sich Mitarbeitende für ihren Jour fixe am Nachmittag eine Team-Pizza im internen Bistro bestellen, dessen extra dafür konstruierte Räumlichkeiten dazu einladen, ein Brainstorming beim Essen durchzuführen. Für eine gänzlich andere Atmosphäre sorgen Outdoor-Meetings in der angrenzenden Grünanlage, für die sich die Mitarbeiter:innen einen Picknick-Korb samt Decke zusammenstellen lassen können. In dieser Anlage finden außerdem regelmäßig Walk & Talk-Runden statt. Personalvorständin Sirka Laudon hat dabei gute Erfahrungen gemacht und ist ein großer Fan dieser Runden: »Manchmal spreche ich bei einem 40-minütigen Walk & Talk-Termin mit meinem Gegenüber erst einmal 20 Minuten über nicht arbeitsrelevante Themen und stelle persönliche Fragen, um ein tieferes Verständnis füreinander zu entwickeln. In den letzten 20 Minuten sprechen wir dann über konkrete arbeitsrelevante Themen. Ehrlich gesagt erreiche in diesen zwanzig Minuten dann viel mehr, als wenn ich in einem Konferenzraum über Excel-Tabellen gebeugt den Termin durchgeführt hätte.«

Eine andere Möglichkeit zur Förderung von Beziehungen im Arbeitskontext sind freiwillige »Helfer-Tage«. So z. B. bei der Volkswagen AG, die bereits zum zweiten Mal einen sogenannten »Freiwilligentag« durchgeführt hat: Bundesweit unterstützen zahlreiche Mitarbeitende an verschiedenen Standorten ehrenamtliche Organisationen, wie die Tafel oder die Obdachenlosenhilfe, um Verantwortung für Gesellschaft und Umwelt zu übernehmen. »Es ist immer wieder schön zu sehen, wie unser Volkswagen Team gemeinsam etwas Gutes tut. Das verbindet«, sagt Gunnar Kilian, Arbeitsdirektor beim Volkswagen Konzern.

**Mein Fazit:** Der Schlüssel zur Förderung von Produktivität, Zufriedenheit, Unternehmenswachstum und insbesondere für eine hohe Loyalität sind also gute zwischenmenschliche Beziehungen und Freundschaften im Arbeitskontext. Dazu braucht es sowohl strukturierte Erfahrungen durch geplante Teambuilding-Maßnahmen als auch unstrukturierte Erfahrungen durch ungeplante Gelegenheiten zum Austausch. In Zukunft wird vieles in Unternehmen austauschbar sein: der Dienstwagen oder das Leasing-Dienstrad, verschiedenen Benefits, wie zum Beispiel ein internes Fitnessstudio, die technischen Ressourcen, die Aufgaben, das Gehalt und womöglich sogar der eigentlich Zweck des Unternehmens selbst – nur ein einziger Faktor wird niemals zu 100 Prozent austauschbar sein: die sozialen Beziehungen in Unternehmen. Genau dieser Aspekt wird meines Erachtens in Zukunft noch stärker der entscheidende Grund dafür sein, warum sich Menschen langfristig für einen Arbeitgeber entscheiden. Gute zwischenmenschliche Beziehungen im Arbeitsumfeld sind damit eine der wichtigsten Quellen des Wohlbefindens, der Zusammenarbeit und der Verbundenheit zum Unternehmen. Die besten Mitarbeitenden sind also nicht deshalb effektiver, weil sie die ganze Zeit durcharbeiten. Sie sind es, weil sie sich Zeit nehmen, echte Freundschaften aufzubauen – was eine wertvolle Ressource ist, um Belastungen weniger stressvoll zu empfinden.

## QUICK WINS

**Für Mitarbeitende**

a) Genauso viel Zeit in soziale Verbundenheit investieren wie in die mentale und physische Gesundheit.
b) Beachten, dass digitale Geräte Beziehungen in der persönlichen Konversation zerstören: Jedem Einzelnen, mit dem man Zeit verbringt, volle Aufmerksamkeit schenken.
c) Langsam beginnen, sich Schritt für Schritt verletzlich zu zeigen, um Freundschaften im Arbeitskontext aufzubauen, die in stressigen Phasen helfen.

**Für Führungskräfte**

a) Digitale Geräte während der Meetings einsammeln, damit keiner der anwesenden Personen abgelenkt ist.
b) Herausfinden, in welcher Intensität und Häufigkeit sich Mitarbeitende soziale Verbundenheit wünschen.

c) Sich immer wieder bewusst machen, dass sich soziale Interaktion unter den Mitarbeiter:innen auch für das Unternehmen auszahlt.

**Für Unternehmen**

a) Beim Onboarding sollte der Aufbau von sozialer Verbundenheit bereits eine Rolle spielen, indem zum Beispiel Gemeinsamkeiten des Teams schnell erkennbar sind oder ein Mentor (Buddy) zur Seite gestellt wird.
b) Das Pflegen von zwischenmenschlichen Beziehungen sollte auch als Arbeitszeit angerechnet und nicht als weniger wichtig als das Abarbeiten von To-do-Listen bewertet werden.
c) Teams besondere Erlebnisse ermöglichen, um diese Menschen noch enger zusammenzuschweißen.

## Erfolgsfaktor Team: So funktioniert Zusammenarbeit

Ich saß im Foyer eines großen Fashion-Labels und wartete auf meinen Termin, als mir ein Mann auffiel, ein Barista, der sich offenbar nicht nur ausgezeichnet mit der Espressomaschine auskannte, sondern vor allem mit seinen Kund:innen. Mir fällt leider nicht mehr ein, wie er hieß – so etwas wäre ihm nie passiert. Und da sind wir auch schon beim Thema, denn was ich an ihm so beeindruckend fand, war, dass er jede:n seiner Kund:innen mit Namen begrüßte. Und nicht nur das. Er wusste auch, was die Person vor ihm am liebsten trank, und erinnerte sich an persönliche Details. Eine Dame zum Beispiel, die einen Cappuccino mit Hafermilch bestellte, fragte er nach ihrem Urlaub und die beiden unterhielten sich, als würden sie sich seit Jahren kennen.

Als der Tresen leer war, wollte ich es genauer wissen und ging rüber. Ich bestellte eine Iced Latte und sprach den jungen Mann an. Ich fragte ihn, ob er seinen Job mag. Er lächelte und erzählte, dass er jeden Tag gerne zur Arbeit komme und sich auf die Menschen hier freue, ebenso auf die Kolleg:innen. Anders als bei seinem vorherigen Arbeitgeber: Dort ignorierten ihnen die anderen Mitarbeitenden und sein Vorgesetzter kontrollierte ihn. Bei Fehlern wurde er sofort zum Chef zitiert und musste Rede und Antwort stehen. Das führte dazu, dass er ängstlich zur Arbeit ging und sich schließlich gar nicht mehr traute, irgendwas zu sagen. Irgendwann machte er nur noch Dienst nach Vorschrift und versuchte, irgendwie durch den Tag zu kommen, nicht aufzufallen und zu überleben. Ich nippte an meinem Kaffee, der wirklich unverschämt gut schmeckte und beinahe noch besser aussah, und der Barrista erzählte fröhlich weiter. Hier in dieser Firma dagegen, sagte er, frage ihn sein Chef, was er brauche, um seinen Job besser machen zu können. Und wie es ihm gehe. Ihm! Das gäbe ihm das Gefühl – und dabei grinste er über beide Ohren –, er selbst sein zu können, sich so verhalten zu können, wie er es gerne möchte. Und dass er sich mit seinen Stärken einbringen könne – und das sei eben: mit Menschen zu reden und sich für sie zu interessieren.

Genau darum soll es in diesem Kapitel gehen. Darum, wie wir uns so wohl und sicher bei der Arbeit fühlen können, dass es sich am Ende für alle Beteiligten lohnt.

## Project Aristotle

»Erfolg hängt nicht von einer Person ab. Er hängt davon ab, dass viele Menschen gut zusammenarbeiten.« Das ist mir in einem meiner Gespräche mit Antje von Dewitz, der Geschäftsführerin von VAUDE, gut in Erinnerung geblieben. Ich finde es sinnvoll, dass wir uns die Zusammenarbeit von Mitarbeitenden daher mal näher anschauen. Das hat das amerikanische Unternehmen Google bereits 2012 getan. Zusammen mit Expert:innen aus den Bereichen Psychologie, Statistik, Ingenieurwesen und Sozialforschung wurden in den folgenden zwei Jahren 180 Teams untersucht. Dabei sind sie der Frage nachgegangen, was ein Team bei Google effektiv macht. Millionen von Datensätzen wurden gesammelt und ausgewertet. Heraus kam, dass es weniger darauf ankommt, welche individuellen Persönlichkeiten in einem Team sind, als vielmehr darauf, wie in diesen Teams zusammengearbeitet wird. Bei der Bewertung der Effektivität orientierte sich Projektleiterin Julia Rozovsky an vier Kriterien: Bewertung des Teams durch die Führungskraft, Teamleiter, Mitglieder und Verkaufsleistung.[32] Am Ende konnten schließlich fünf Erfolgsfaktoren identifiziert werden, die erfolgreiche Teams auszeichnen. Mit großem Abstand auf Platz eins landete dabei die psychologische Sicherheit.

## 1. Erfolgsfaktor: Psychologische Sicherheit

Stell dir vor, du arbeitest in einem Team, in dem du Risiken eingehen kannst, ohne negative Konsequenzen für dein Selbstbild, deinen Status oder deine Karriere zu befürchten. In einem Team, das Fehler nicht gegen dich verwendet, sondern aus denen gelernt wird. Stell dir vor, du arbeitest in einem Team, in dem Herausforderungen und auch unangenehme Themen offen angesprochen werden können. Einem Team, das alle voll und ganz akzeptiert und sie für ihre Stärken und Talente wertschätzt. Niemand wird verurteilt oder als inkompetent abgestempelt. Stell dir vor, du könntest offen zugeben, dass du nicht weiterweißt und Hilfe brauchst. Wie fühlt sich das an?

Ist das nicht eine schöne, eine befreiende Vorstellung? Kein Wunder, denn Menschen, die in einem Team mit solchen Arbeitsbedingungen zusammenarbeiten, verfügen über eine hohe psychologische Sicherheit. Nach Amy Edmondson, Professorin an der Harvard Business School, die diesen Begriff am stärksten durch ihren TED-Talk in den 1990er-Jahren geprägt hat, handelt es sich dabei um ein Teamklima, in dem sich die Menschen sicher genug fühlen, um zwischenmenschliche Risiken einzugehen. Mit anderen Worten: Hier gibt es eine gefühlte Erlaubnis zur Offenheit.

Was aus meiner Sicht völlig selbstverständlich in der Zusammenarbeit sein sollte, ist bei vielen Unternehmen leider häufig keine Realität. Denn es herrscht oft Unsicherheit, da viele Führungskräfte noch immer mit stark hierarchischen Befehlen arbeiten und die Kontrolle übernehmen. Sie versuchen Mitarbeitende durch Angst und Einschüchterung zu motivieren. Verständnisfragen, Unsicherheiten, konstruktive Kritik oder gar Fehler werden in diesem Umfeld nicht geduldet und stattdessen verdrängt. So entsteht eine Kultur des Schweigens, die auch Pa Sinyan, Managing Partner bei Gallup, gut kennt. Er sagt mir: »Heute ist die Situation so, dass 20 Prozent der Mitarbeitenden häufig – also mindestens dreimal im letzten Jahr – Fehlentwicklungen in ihrem Arbeitsbereich feststellen, aber schweigen.«

Aber nicht nur Fehler werden verschwiegen, Mitarbeitende trauen sich erst gar nicht, Ideen und Meinungen auszusprechen. Hier spielt das Schamgefühl eine große Rolle, die Angst davor, etwas zu sagen, das dazu führen könnte, von anderen ausgegrenzt oder abgelehnt zu werden. Vor allem von Menschen, die eine größere Bedeutung für uns haben. Im Berufsalltag sind das Führungskräfte und direkte Kolleg:innen. Der Wunsch nach Verbundenheit ist ein psychologisches Grundbedürfnis. Ablehnung, Erniedrigung,

Demütigungen – all das wird evolutionsbiologisch noch immer von unserem Gehirn als eine Bedrohung des Lebens bewertet. Und genauso fühlt sich das dann auch an. Wir arbeiten unter ständiger Angst, der Stresspegel und die Unzufriedenheit steigen, mit der Folge, dass keine Risiken mehr eingegangen werden, dass Innovationen ausbleiben, dass nicht um Hilfe gefragt wird, dass Ja-Sager:innen und Opportunist:innen durch die Flure rennen, dass Fehler vertuscht und schlichtweg keine eigenen Entscheidungen mehr getroffen werden. Statt aufzublühen, geht es um das nackte Überleben in Anzügen und Blaumännern. Und das ist für niemanden gut, weder für Mitarbeitende noch für Unternehmen.

Wenn wir aber ein Umfeld mit psychologischer Sicherheit schaffen, fühlen wir uns widerstandsfähiger, motivierter und ausdauernder. Menschen können so sein, wie sie sind. Mit allen Stärken, aber vor allem auch mit ihren Schwächen. Dafür werden sie nicht nur akzeptiert, sondern sogar geschätzt. Dann werden auch wieder Ideen eingebracht und die Kreativität kann fließen. Statt einfach nur zu überleben, schaffen Mitarbeitende Werte, weil sie nicht nur gern zusammenarbeiten, sondern sich gegenseitig vertrauen und zusammenhalten, um Gefahren von außen gemeinsam zu trotzen – und schlussendlich (fast) alles dafür tun, die Unternehmensziele zu erreichen. Das zahlt sich aus: Google konnte zeigen, dass zum Beispiel Teams im Vertrieb mit einer hohen psychologischen Sicherheit ihre Ziele um 19 Prozent übertreffen, wohingegen Teams, die eine niedrige psychologische Sicherheit aufweisen, ihre Ziele um 17 Prozent verfehlen.[33] Auch andere Studien zeigen, welche Wirkung psychologische Sicherheit in Unternehmen haben kann: Es kommt nämlich zu einer 27 Prozent geringeren Fluktuation und zu 74 Prozent weniger Stress. Zudem sind 57 Prozent der Arbeitnehmer:innen eher bereit, zusammenzuarbeiten, und 26 Prozent zeigen mehr Bereitschaft zum Erwerb von neuen Fähigkeiten, da sie schneller lernen, wenn sie sich psychologisch sicher fühlen.[34]

Wir halten also fest: Psychologische Sicherheit ist nicht einfach nur ein Nice-to-have, um das sich gekümmert werden kann, wenn genug Zeit übrig ist (also nie). Es ist ein Must-have, damit Mitarbeitende überhaupt gerne im Unternehmen bleiben und performen können. Psychologische Sicherheit schafft eine vertraute und respektvolle Arbeitsumgebung.

Das Ziel von psychologischer Sicherheit ist es dabei aber nicht, ausschließlich freundlich zueinander zu sein. Wir können auch alle höflich miteinander umgehen und uns trotzdem unsicher fühlen. Expertin Edmondson sagt: »Leider ist ›nett‹ am Arbeitsplatz oft gleichbedeutend mit ›nicht offen sein‹.«[35] Es geht gar nicht darum, im Team immer einer Meinung zu sein und Harmonie anzustreben oder dass sich jeder wohlfühlt. Es geht darum, einen Raum zu schaffen, in dem Probleme, Konflikte, unterschiedliche Meinungen und Fehler offen und ehrlich angesprochen werden können, ohne dabei ein persönliches Unbehagen auszulösen. Es kann und darf sich auch mal unangenehm anfühlen, ein Thema anzusprechen. Psychologische Sicherheit bedeutet, dass wir genau dieses Risiko eingehen, weil wir uns sicher fühlen, nicht abgelehnt zu werden, sondern auf offene Ohren stoßen. Edmondson bringt es auf den Punkt: »Offenheit ist hart, aber nicht offen zu sein, ist härter.«[36]

### Wie sicher bist du?

Wenn du checken möchtest, wie es mit der pyschologischen Sicherheit in deinem Team aussieht, dann hilft es dir womöglich, folgende Aussagen von Edmondson zu überprüfen[37]:

- Wenn man einen Fehler macht, wird einem das nicht vorgeworfen.
- Die Mitglieder dieses Teams sind in der Lage, Probleme und schwierige Themen anzusprechen.
- Menschen in diesem Team akzeptieren manchmal, dass andere anders sind.
- Es ist sicher, in diesem Team ein Risiko einzugehen.
- Es ist nicht schwierig, andere Mitglieder dieses Teams um Hilfe zu bitten.
- Niemand in diesem Team würde absichtlich in einer Weise handeln, die meine Bemühungen untergräbt.
- Bei der Arbeit mit den Mitgliedern dieses Teams werden meine einzigartigen Fähigkeiten und Talente geschätzt und genutzt.

Edmonson weist allerdings darauf hin, dass deine Beurteilung dieser Aussagen aufgrund der Verzerrung durch die soziale Erwünschtheit nicht aussagekräftig ist. Das heißt nichts anderes, als dass du die einzelnen Aspekte womöglich so betrachtest, wie du sie gern hättest, und nicht so, wie sie sind. Letzteres ist also sehr wichtig. Sei ehrlich zu dir selbst!

Vielmehr können die Aussagen im Team genutzt werden, um die Erfahrungen der Mitarbeitenden zu besprechen und dann zu überlegen, wie psychologische Sicherheit im Team gefördert und gestärkt werden kann. Und das bringt uns zu der wichtigsten Frage in diesem Kapitel: Wie kann psychologische Sicherheit geschaffen werden?

Was schon mal nicht funktionieren wird, ist so etwas zu sagen wie: »Vertrau mir einfach.« Schließlich geht es nicht um Anweisungen, sondern um Empfindungen. Führungskräfte haben zwar den wohl größten Einfluss auf den Grad der psychologischen Sicherheit, aber sie sind nicht allein entscheidend. Denn es geht nicht um eine zwischenmenschliche Beziehung zwischen zwei Menschen oder Parteien. Sondern um den Zustand, den Raum, in dem sich das gesamte Team befindet. Du kannst einer Person vertrauen, einer anderen nicht. Es geht aber immer um das Vertrauen im gesamten Team. Was wiederum bedeutet, dass wir alle die psychologische Sicherheit steigern können. Wie genau, das möchte ich dir auf den folgenden Seiten zeigen. Darüber hinaus findest du weitere Impulse in anderen Kapiteln, zum Beispiel unter »Radical Honesty«.

### A. Wir brauchen eine gelebte Lernkultur

Mitarbeitende brauchen das Gefühl, Fehler machen zu können. Nur dann werden sie auch offen über Fehlschläge sprechen und sie damit aufdecken. Unsere Arbeit darf nicht als Ausführungsproblem betrachtet werden, sondern vielmehr als Lernproblem. Welche Wirkung das Offenlegen von Fehlern hat, konnte Harvard-Professorin Edmondson im Rahmen ihrer Doktorarbeit feststellen, als sie den Zusammenhang zwischen Medikationsfehlern und Teamleistung in zwei Krankenhäusern untersuchte. Edmondson ging davon aus, dass fachlich bessere Teams weniger Fehler machen. Nach ihren Untersuchungen kam sie aber zu dem Ergebnis, dass genau das Gegenteil der Fall war. Die besseren Teams machten mehr Fehler – das war zumindest ihr erster Eindruck. Das konnte sie nicht so richtig glauben, also schauten sie und ihr Team noch mal genauer hin. Dabei stellte sich heraus, dass die besseren Teams doch nicht mehr Fehler machten – sie sprachen nur mehr darüber als die anderen Teams, weil sie sich sicher fühlten, und erweckten deshalb den Eindruck, mehr falsch zu machen.[38]

Aus Fehlern lernt man, diese Weisheit ist nicht neu. Dennoch finden sich nur sehr selten Unternehmen, die damit gut umgehen. Das zeigt der »Fehlerkultur Report« der Unternehmensberatung Ernst & Young: Demnach gaben 64 Prozent der befragten Führungskräfte an, eigene Fehler in der Vergangenheit nicht oder nur teilweise angesprochen zu haben.[39] Wie dagegen eine richtige Fehlerkultur aussehen kann, habe ich in einem amerikanischen Football-Spiel gesehen.[40] In dem Spiel kam es zu einem unsportlichen Verhalten des Seahawks-Spielers DeKaylin Zecharius Metcalf, der beim Feiern nach einem Touchdown an den Torpfosten gesprungen war. Da dies verboten ist, bekam sein Team eine Strafe von 15 Yards Raumverlust. Seahawks-Trainer Pete Carroll suchte daraufhin das Gespräch mit Metcalf, der ihm erklärte, dass er gar nicht wusste, dass es dieses Verbot überhaupt gab. Was machte Coach Carroll? Weder stauchte er Metcalf vor allen zusammen, noch setzte er ihn auf die Bank. Stattdessen sagte er: »Ich übernehme die volle Verantwortung. Das hätte ich dir mal sagen müssen.« Schließlich sei er der Trainer.

Genau das ist es, was eine gelebte Lernkultur auszeichnet. Es geht nicht darum, Einzelnen die Schuld zuzuweisen, sondern darum, herauszufinden, warum Fehler und Probleme überhaupt erst entstanden sind. Um dann gemeinsam nach Lösungen zu suchen, die in der Zukunft Fehler minimieren oder sogar vermeiden. Bei den Seattle Seahawks jedenfalls wird jeder Spieler wissen, dass sich ihr Coach vor sie stellen wird. Ein gutes Gefühl, oder?

Dabei ist die Fehlertoleranz nach Edmondson aber abhängig vom Kontext:

- Es gibt nämlich Fehler, die aufgrund vorhersehbarer Abläufe vermeidbar gewesen wären (Routine).
- Genauso wie unvermeidbare Fehler, die in einem noch unbekannten und unsicheren komplexen Umfeld gemacht werden (Komplexität).
- Und dann gibt es die intelligenten Misserfolge, die durch Experimentieren bewusst in Kauf genommen werden, weil im Vorfeld keine Lösungen bekannt sind (Pionierarbeit).

In einer guten Lernkultur wird es erst einmal darum gehen, herauszustellen, um welchen Fehlertyp es sich handelt und wie es überhaupt zu diesem oder jenem Fehler gekommen ist. War es Vorsatz? Unachtsamkeit? Mangelndes Können? Immer wieder lese ich davon, dass Scheitern Spaß machen soll. Ich bin anderer Meinung. Ich habe vielmehr die Haltung, dass Fehler ein notwendiges Nebenprodukt sind, um erfolgreich zu sein. An dieser Stelle ist es wieder Edmondson, die es schön formuliert: »Der Mut, sich mit den eigenen Unzulänglichkeiten und denen anderer auseinanderzusetzen, ist entscheidend für die Lösung des scheinbaren Widerspruchs, dass man weder das Melden von Problemen unterbinden noch ein Umfeld schaffen will, in dem alles erlaubt ist. Das bedeutet, dass Führungskräfte ihre Mitarbeitenden auffordern müssen, mutig zu sein und ihre Meinung zu sagen – und nicht mit Wut oder starker Missbilligung auf das reagieren dürfen, was auf den ersten Blick als Inkompetenz erscheinen mag.«[41]

**B. Wir sollten ein Vorbild sein und uns verletzlich zeigen**

Wenn wir Offenheit, Transparenz, Verletzlichkeit und Ehrlichkeit von anderen einfordern, sollten wir diesen Anspruch auch an uns selbst haben. Mal ganz davon abgesehen, dass wir als Vorbild den größten Einfluss haben, wenn wir selbst unsere Fehler zugeben, unsere Herausforderungen oder unsere Sorgen vor der Zukunft teilen. Aber: »Verletzlichkeit bedeutet nicht nur, dass man seine Probleme mitteilt, sondern auch, dass man öffentlich und privat für seine Werte und Überzeugungen einsteht«, sagt Janice Omadeke, Autorin des erfolgreichen Buches »The Best Leaders Aren't Afraid to Be Vulnerabe«.[42] Gerade in schwierigen Momenten können an dieser Stelle Führungskräfte und Mitarbeitende eine Vorbildfunktion übernehmen, indem zum Beispiel Meetings im Bedarfsfall direkt unterbrochen werden, um für bestimmte Werte und Überzeugungen einzustehen. Wer sich verletzlich zeigt, schafft damit einen Raum, dass auch andere mehr von ihren Gefühlen preisgeben. Gerade eine Führungskraft kann damit die Tür für Menschen mit weniger formalen Befugnissen aufmachen, um das Verhalten in einem sicheren Setting nachzuahmen.

»Sich verletzlich zu zeigen, ist überhaupt erst die Voraussetzung dafür, dass sich Menschen verbinden und zugehörig fühlen«, sagt Psychologin Brené Brown in ihren TED-Talk über Verletzlichkeit.[43] Das unterstreichen auch zahlreiche wissenschaftliche Studien.[44] Die Herausforderung an Verletzlichkeit ist, dass sie »[…] der Kern von Scham und Angst sowie unserem Kampf um Anerkennung ist. Aber es scheint, dort entstehen auch Freude, Kreativität, Zugehörigkeit und Liebe«, stellt Brené Brown in ihrer Forschung über Verletzlichkeit fest.[45]

Wir wissen also, welche positiven Folgen Verletzlichkeit haben kann, und trotzdem spüren wir Angst und Scham. In der Wissenschaft hat dieses Paradoxon sogar einen Namen, den Forschende rund um die Psychologin Dr. Anna Bruk von der Universität Mannheim geprägt haben: »Beautiful Mess Effect«. Während es einige Menschen feiern, die ungeschminkte Wahrheit und Offenheit in anderen zu sehen, haben wir selbst Angst, sie in uns zu sehen bzw. sehen es als Schwäche. Es gibt also eine sehr starke Diskrepanz zwischen der Wahrnehmung anderer und unserer eigenen Wahrnehmung über Verletzlichkeit: Andere Personen nehmen unsere Verletzlichkeit viel positiver wahr als wir selbst.[46]

Bruk erzählt mir, dass sie und ihr Team in weiterer Forschung aber zeigen konnten: »je stärker das Selbstmitgefühl ist, desto geringer ist die Tendenz, über die eigene Verletzlichkeit hart zu urteilen«. Ein liebevoller Umgang mit sich selbst und eine stärkere Achtsamkeit fördern also die Bereitschaft, sich im sozialen Umfeld verletzlich zu zeigen.[47] Hierbei ist es wichtig, zu verstehen, dass es nicht nur darum geht, emotional transparent über Gefühle und Emotionen zu sprechen, sondern wirklich etwas in einer Situation zu teilen, in der wir ein Risiko eingehen und uns unwohl fühlen. Das ist aber nur die halbe Wahrheit. Denn Bruk weist mich im Telefonat noch darauf hin, dass ein Risiko für Menschen in Randgruppen bestehen könnte, negativer bewertet zu werden, z. B. hinsichtlich ihrer Sympathie oder Kompetenz, wenn sie sich verletzlich zeigen. Wissenschaftlich ist das aber noch nicht belegt. Ein anderes Risikopotenzial betrifft Menschen, die ihre Kompetenz noch nicht unter Beweis gestellt haben. Denn Menschen, die im sozialen Umfeld als nicht kompetent oder sogar als schwach wahrgenommen werden, könnten beim Zeigen ihrer Verletzlichkeit noch inkompetenter wahrgenommen werden. Umso wichtiger ist es also, gut zu überlegen, wann wir unser authentisches Selbst zeigen, und das Chance-Risiko-Verhältnis abwägen. Gerade für unerfahrene Mitarbeitende wäre es ratsam, zunächst die eigene Kompetenz zu etablieren und erst im zweiten Schritt durch die Selbstoffenbarung oder das Zugeben von Fehlern auch die eigene Fehlbarkeit zu zeigen.[48]

**C. Wir sollten andere zu ihrem aktiven Engagement einladen**

Jede:r in einem Team kann deutlich machen, warum die Stimme der anderen wichtig ist. Viele halten ihre Gedanken und Ideen zurück, um sich vor Ablehnung zu schützen. Um diesen Instinkt zu überwinden, ist es wichtig, dass wir eine aktive Einladung erhalten. Indem wir beispielsweise aufgezeigt bekommen, warum es wichtig ist, genau jetzt zuzuhören, und wie sich das positiv auf das Ergebnis der Arbeit auswirken kann. Durch aktives Ansprechen, etwa durch konkrete und gezielte Fragen, kann eine neugierige Haltung erzeugt werden, die Raum schafft, der Meinung und Expertise anderer zuzuhören.

Was in diesen Momenten helfen kann, ist, diesen Satz im Kopf zu haben: »Danke, erzähl mir gerne mehr davon!« Auf diese Weise können wir die Wahrscheinlichkeit für Schuldzuweisungen und Kritik reduzieren und erst mal neugierig bleiben. Diese Haltung ermöglicht außerdem, dass wir eher bereit sind, negative Emotionen und Gefühle zu teilen. Denn gerade das zeichnet nach dem amerikanischen Sozialpsychologen Ron Friedman erfolgreiche Teams aus. In seinen Untersuchungen konnte er feststellen, dass Teams, die authentischer miteinander umgegangen sind und mehr Emotionen ausgetauscht haben, umso erfolgreicher und leistungsfähiger waren:[49] »Was ich daran so interessant finde, ist, dass es die Vorstellung widerlegt, dass wir als Organisation und Führungskräfte die Menschen ständig glücklich machen müssen. Tatsächlich ist es besser, wenn wir Leistungsträger dazu ermutigen, ihr authentisches Selbst bei der Arbeit einzubringen, als jeden, der nicht ununterbrochen glücklich ist, zu verachten«, hält Friedman fest.[50] So schaffen wir auch eine Arbeitsumgebung, die nicht automatisch Testosteron- oder Dopamin-dominierte Extrovertierte bevorzugt, sondern ein Umfeld, das die unterschiedlichen Arten des Denkens, Lernens und der Kommunikation honoriert.

Ist die psychologische Sicherheit erst mal aufgebaut, kann sie auch schnell wieder zusammenfallen. »Die meisten Menschen wissen, dass es Zeit braucht, um psychologische Sicherheit aufzubauen, aber nur Augenblicke, um sie zu zerstören«, sagt Edmondson.[51] Das sollte uns dazu animieren, wachsam zu sein und psychologische Sicherheit immer weiter auszubauen. Denn es handelt sich viel mehr um eine Reise als um ein fest definiertes Ziel.

## 2. Erfolgsfaktor: Zuverlässsigkeit

Neben der psychologischen Sicherheit konnte Google im Rahmen des Projektes »Aristotle« einen weiteren Erfolgsfaktor erkennen: Hohe Zuverlässigkeit heißt, die Mitarbeitenden leisten zuverlässig und pünktlich gute Arbeit. Alle halten sich an Regeln und Deadlines, und es wird inhaltlich das geliefert, was gemeinsam besprochen wurde. Jede Person übernimmt Verantwortung für ihre Rolle und ihren Aufgabenbereich, sodass sich die anderen stets auf deren Einhaltung verlassen können. Allen im Team stehen damit zu jedem Zeitpunkt alle notwendigen Informationen zum Projekt zur Verfügung. Zuverlässigkeit bedeutet aber auch, dass sich an Werte gehalten wird, die gemeinsam im Team vereinbart worden sind beziehungsweise mit denen das Unternehmen nach außen geht. Immer mehr Mitarbeitende möchten für Unternehmen arbeiten, deren Werte sie selbst teilen. Dafür wären zum Beispiel 71 Prozent der Mitarbeitenden bereit, eine Gehaltskürzung in Kauf zu nehmen.[52]

Gefährlich wird es, wenn sich Führungskräfte und Kolleg:innen nicht an die zuvor gemeinsam vereinbarten Werte halten. Darunter leiden deren Glaubwürdigkeit und Zuverlässigkeit und Mitarbeitende werden entmutigt. Die Forscher Paul Ingram und Yoonjin Choi konnten in ihren Studien zeigen, dass ein gelebter Wertekompass, der mit den Werten der Mitarbeitenden matcht, zu einer höheren Arbeitszufriedenheit, geringeren Fluktuation, besseren Teamarbeit, effektiveren Kommunikation, größeren Beiträgen zum Unternehmen und zu mehr Vielfalt, Gleichberechtigung und Integration führt.[53] Allerdings werden die Werte eines Unternehmens nicht dadurch wirksam, dass sie auf der Homepage grafisch schön aufbereitet sind. Es erfordert sorgfältige Achtsamkeit und harte Arbeit, um die Werte, die kommuniziert werden, auch zu leben.

### 3. Erfolgsfaktor: Klarheit und Struktur

Was eigentlich in der Arbeitswelt selbstverständlich sein sollte, wird in vielen Unternehmen vermisst: Klarheit und Struktur. »Weltweit kommen 50 Prozent der Mitarbeitenden zur Arbeit und wissen nicht, was von ihnen erwartet wird«, sagt mir Gallup Managing Partner Pa Sinyan. Viele Unternehmen und Führungskräfte tun sich schwer damit, Mitarbeitenden Orientierungshilfe zu geben, um ihre Aufgaben zu erledigen. Oft fehlt es an klaren Vorgaben und Zielen.

Helfen können sogenannte OKRs (Objectives and Key Results), die bereits vor der Jahrtausendwende vom ehemaligen Intel-Geschäftsführer Andy Grove entwickelt und vom amerikanischen Manager John Doerr 1999 zum ersten Mal bei Google eingeführt wurden.

Das Grundprinzip ist einfach:

- Es werden übergeordnete strategische Vorhaben als konkrete Ziele festgelegt.
- Diese können durch bestimmte Kennzahlen gemessen werden.
- Und das meistens für einen Zeitraum von drei Monaten.

Grove sagt: »Das Ziel ist die Richtung. Die Schlüsselergebnisse muss man messen. Am Ende kannst du zweifelsfrei sagen: ›Habe ich das getan oder nicht?‹ Ja. Nein.«[54] Damit herrschen Transparenz und Klarheit für alle Mitarbeitenden, woran gearbeitet wird, und es wird eine Struktur geschaffen, in der wunderbar Fortschritte gemessen werden können.

Und Klarheit zahlt sich aus: 80 Prozent der Arbeitnehmer:innen geben an, dass sie persönlich von mehr Klarheit profitieren würden. In Zahlen bedeutet das eine viereinhalb Mal höhere Wahrscheinlichkeit, dass Mitarbeitende sagen, sie seien in ihrem Unternehmen zufrieden.[55] Nicht überraschend, dass mir Jörg Staff als Experte für Transformationen als ersten Erfolgsfaktor für erfolgreiche Transformationen »Case for Change« nennt: »Ist die nachhaltige Veränderung für alle klar nachvollziehbar und transparent? Können Mitarbeitende die Notwendigkeit nachvollziehen und verstehen? Menschen müssen nicht nur informiert werden, sondern brauchen Transparenz und Klarheit.«

Wenn wir von Struktur sprechen, dann bezieht sich das aber auch auf die alltägliche Arbeit. Wir kennen alle Meetings, die keine klare Agenda haben, kein erkennbares Ziel und schon gar keine Struktur. Meetings brauchen Vorarbeit, eine klare Tagesordnung, ein Check-in und ein Check-out. Auf diese Weise können Frustration und Ineffizienz vermieden werden. Genauso sollte jede:r für sich und den individuellen Arbeitsalltag eine Struktur schaffen. Gerade im Homeoffice tun sich Menschen noch schwer, einen Anfangszeitpunkt, eine Pause und einen Endzeitpunkt zu wählen. Aber genau das schafft nach Rafael Frenk, einem erfolgreichen E-Commerce-Unternehmer und Zeitmanagement-Experten, mehr Zeitqualität und bis zu fünf Mal bessere Ergebnisse bei weniger Stress in seinem Unternehmen.

Klarheit vermissen viele Menschen im Berufsalltag, wenn es um Entscheidungsfindung geht. Ich kenne es noch allzu gut von meinen bisherigen Stationen und auch von der Zusammenarbeit mit Kund:innen. Man muss nicht immer mit einer Entscheidung einverstanden sein. Aber es fördert die Akzeptanz und Motivation, wenn Transparenz und Klarheit darüber herrschen, warum diese oder jene Entscheidung so ausgefallen ist. Es geht um die Möglichkeit, die Entscheidung zu verstehen oder zumindest nachvollziehen zu können.

## 4. Erfolgsfaktor: Sinn

»Wer Menschen motivieren will und Leistung fordert, muss Sinnmöglichkeiten bieten.« Das erkannte der österreichische Neurologe und Psychiater Viktor Emil Frankl bereits vor der Jahrtausendwende. Zahlreiche Studien und Umfragen zeigen deutlich, dass die Mehrheit der Mitarbeitenden nicht nur bereit ist, auf ihr Gehalt zu verzichten, um mehr Sinn bei der Arbeit zu erleben[56], sondern dass Sinnerleben das Engagement steigert, ebenso wie die Zufriedenheit und das emotionale Commitment.[57] Grund genug für viele Unternehmen weltweit, nach einem Purpose zu suchen. Wichtig ist aber, diesen nicht mit dem Sinnerleben der Mitarbeitenden gleichzusetzen. Du kannst dir das in etwa so vorstellen wie bei einem Musikfestival. Was alle Besucher:innen auf dem Festival verbindet, ist die Liebe zur Live-Musik, das Erfreuen am Erlebnis und das Feiern mit Gleichgesinnten – und doch hat jeder einen individuellen Musikgeschmack, eine andere Vorliebe für Bands und eine andere Vorstellung davon, wie die Zeit auf Festivals verbracht werden sollte. Das Musikfestival ist in dieser Metapher der Zweck des Unternehmens und steuert damit die Kultur, die Entscheidungen und das Verhalten der Mitarbeitenden. Er ist die Daseinsberechtigung für das Unternehmen, die über die reine Gewinnerzielung hinausgeht und in der heutigen Zeit auch genau so von vielen Mitarbeitenden eingefordert wird. Die Vorliebe für eine bestimmte Melodie ist die persönliche Sinnwahrnehmung der Mitarbeitenden. Diese unterscheidet sich individuell im gesamten Unternehmen. Nehmen wir zum Beispiel die Personalabteilung. Hier ziehen die Menschen ihren Sinn vielleicht daraus, andere dazu zu befähigen, ihr volles Potenzial zu entfalten. Ihr Sinnerleben ist also ein anderes als bei Mitarbeitenden aus der Sales-Abteilung. Es kann auch Sinn darin bestehen, einfach nur mit Kolleg:innen Zeit zu verbringen, weil es netter und angenehmer ist als allein zu Hause. Oder darin, finanzielle Sicherheit zu schaffen, um in der Freizeit ein kostspieliges Hobby auszuführen. Daher wiederholt Psychologe und Autor Dr. Nico Rose immer wieder in unseren Gesprächen: »Du kannst Menschen keinen Sinn einimpfen. Du kannst Sinneinladungen aussprechen, aber es liegt am Ende beim Mitarbeitenden, ob er diese auch annimmt.«

Wie eine sinnstiftende Arbeit aussehen kann, habe ich in der Dokumentation »Die Stille Revolution« gesehen, in der es um das Unternehmen Upstalsboom geht, das Ferienwohnungen und Aparthotels an der Ost- und Nordsee anbietet (auf die spannende und beeindruckende Geschichte des Managers Bodo Janssen gehe ich im nächsten Kapitel detaillierter ein). In einer Szene macht ein Zimmermädchen das Bett und bekommt von einem Reporter die Frage gestellt: »Warum arbeiten Sie hier?« Ihre Antwort lautet: »Früher habe ich hier gearbeitet, um Geld zu verdienen – jetzt arbeite ich hier, weil wir von den Gewinnen Schulen in Ruanda bauen. Wir haben schon drei gebaut und bauen gerade die vierte. Deswegen gebe ich mir so viel Mühe mit den Betten, mit den Rosen und mit dem Handtuch hier auf dem Bett. Ich möchte nämlich, dass so viele Gäste hierhin kommen und sich so wohlfühlen, dass sie allen anderen von unserem Hotel erzählen, damit wir immer ausgebucht sind. Dann können wir noch weitere Schulen bauen.«

Das Zimmermädchen hat eine sinnstiftende Arbeit. Sie weiß, warum sie morgens aufsteht und warum sie sich extra viel Mühe gibt – sie wird sehr wahrscheinlich eigenständig gute Entscheidungen im Sinne des Unternehmens treffen, weil sie den Purpose des Unternehmens verinnerlicht hat. Deshalb wird sie auch mal bereit sein, stressigere Zeiten durchzuhalten oder die eine oder andere Überstunde zu machen. Zudem wird sie die Zusammenarbeit mit ihren Kolleg:innen positiver erleben. Viel zu oft aber haben die Verantwortlichen in Unternehmen eine Markenaussage im Sinn und möchten damit Absatz, Umsatz und Gewinn steigern. Aber: »Was nützt mir der Purpose, wenn der Chef bzw. die Chefin ein Arsch ist?«, fragt Psychologe Rose berechtigt.

## 5. Erfolgsfaktor: Wirkung

Glaubt man den Verantwortlichen bei Google, dann entstehen Höchstleistungen im Team, wenn das Gefühl entsteht, mit der eigenen Tätigkeit etwas bewirken zu können. Für viele Mitarbeitende ist es aber durch die Wissensarbeit schwieriger geworden, sich die Wirkung ihrer Arbeit auf das Unternehmen oder sogar auf die Kund:innen bewusst zu machen. So geht es auch mir manchmal. Ich gehe aus dem Büro und frage mich, was ich heute eigentlich gemacht habe, außer E-Mails zu schreiben und zu telefonieren.

Einer Umfrage der Managementplattform Asana in Zusammenarbeit mit Statista zufolge kennen zwar über 80 Prozent der Befragten die Unternehmens- und Teamziele, aber 59 Prozent ist nicht klar, welchen Einfluss ihre Arbeit auf die Strategie hat. 42 Prozent sind sogar einmal im Monat völlig ratlos, weil sie nicht verstehen, inwiefern die zu erledigenden Aufgaben für das Unternehmen nützlich sind.[58] Das Ziel sollte also sein, dass wir unsere Wirkung auf Unternehmen, Kolleg:innen oder Kund:innen erkennen. Denn dann sind wir engagierter, innovativer, zufriedener und produktiver.[59] Und wenn wir ehrlich sind: Das ist weder ein Geheimnis noch eine Offenbarung. Das ist gesunder Menschenverstand.

Es ist egal, in welcher Branche wir arbeiten und welche Position wir innehaben. Wenn uns die Verbindung zwischen Unternehmenszielen und den eigenen Alltagsaufgaben viel bewusster wäre und wir aus erster Hand erführen, welche Wirkung unsere Tätigkeit auf andere Menschen hat, wären wir nicht nur produktiver und zielstrebiger, sondern würden auch mehr Sinn bei unserer Arbeit erleben. Wir wären sogar eher bereit, Informationen mit anderen Kolleg:innen zu teilen und diese auf dem Laufenden zu halten, weil wir ja wissen, welche Wirkung dies auf andere haben kann.

Bevor wir einen Blick auf die Umsetzung der Erfolgsfaktoren in der Praxis werfen, möchte ich an dieser Stelle anmerken, dass es weitere Variablen geben kann, die explizit bei Google für die Zusammenarbeit keine Rolle gespielt haben, dafür aber sicherlich in anderen Unternehmen, wie zum Beispiel die Teamgröße, der Umfang des Workloads, die Persönlichkeiten der Teammitglieder.

### Auf Nummer sicher gehen

Ein gutes Beispiel für die Umsetzung des Erfolgsfaktors psychologische Sicherheit ist der Versicherungskonzern AXA. Für die Personalvorständin Sirka Laudon ist es wichtig, ein Umfeld zu schaffen, in dem Menschen ihre bestmögliche Leistung erbringen und sich dabei so gut es geht entfalten können. Das Thema psychologische Sicherheit ist dabei aber kein Selbstzweck, sondern verfolgt das Ziel, dass Menschen sich mit ihren Fähigkeiten einbringen und selbstwirksam sowie eigenständig ihrer Tätigkeit nachgehen können. »Menschen sollen bei uns das Gefühl und die Haltung haben, dass sie etwas auf die Straße bringen können. Dass sie etwas bewirken. Dass sie etwas schaffen, was sie als sinnvoll erachten, und sich beim Schaffen selbst erleben«, führt Laudon aus. Empowerment heißt aber nicht, dass sich die Mitarbeitenden allein überlassen werden, sondern dass für klare Zuständigkeiten, Grenzen und Strukturen gesorgt wird. So gibt es für jeden Bereich des Unternehmens sehr dezidierte Strategiezyklen. Alle drei Jahre entwickelt AXA eine Strategie, die auf die verschiedenen Bereiche heruntergebrochen und mit Transparenz und Aufmerksamkeit kommuniziert wird. Alle Mitarbeitenden erhalten Klarheit und Transparenz über den Zielzustand, der in den folgenden drei Jahren erreicht werden soll. Dabei legt Laudon großen Wert darauf, dass das Ziel für die Mitarbeitenden so attraktiv ist, dass sie ihm mit großer Lust entgegenfiebern. »Nur so schaffen wir es, dass sich Menschen freiwillig und gerne verändern«, sagt sie. Aus dieser übergeordneten Strategie werden dann »Annual Business KPIs« abgeleitet, die dann wiederum in

Aufgaben aufgeteilt werden. Hier arbeitet das Unternehmen sehr stark mit OKRs, die den Mitarbeitenden die entsprechende Klarheit vermitteln sollen. Denn anstatt dem Bauchgefühl zu vertrauen, geht es bei AXA um eine valide Messung.

»Ich habe selten ein Unternehmen erlebt, das einerseits performancegetrieben ist und anderseits mit einer solchen großen Begeisterung und Motivation die Zielerfüllung verfolgt«, sagt mir Laudon. Es geht bei AXA aber nicht darum, lediglich die eigenen Erwartungen mit den Mitarbeitenden abzustecken, sondern auch darum, ihnen ein Gefühl davon zu vermitteln, was sie konkret bewirken, für Kund:innen und das Unternehmen. Dafür führt das Unternehmen auch sogenannte Verantwortungsdialoge durch, bei denen nicht nur gemeinsam die Wirkung besprochen wird, sondern vielmehr auch noch der jeweilige Ermessens- und Handlungsspielraum des Einzelnen: Bei welchen Prozessen können die Mitarbeitenden allein entscheiden? Ab welcher Grenze wird das Team hinzugezogen? Ab wann wird die Führungskraft bei der Entscheidungsfindung einbezogen?

Für Laudon ist klar: »Wenn wir als Unternehmen geeignete Organisationsstrukturen und Prozesse schaffen, folgen das gewünschte Verhalten der Mitarbeitenden und die Kultur automatisch. Es muss einfach sein, das Richtige zu tun.«

Bei anstehenden Veränderungen versucht man bei AXA grundsätzlich auch immer zu berücksichtigen, wie die Mitarbeitenden davon persönlich profitieren könnten. Ein konkretes Beispiel hierfür ist die Einführung einer Masterclass zum Erlernen von Kompetenzen im Umgang mit Emotionen. Denn wer besser mit Emotionen umgehen und dadurch seine Gefühle offen mitteilen kann, verbessert nicht nur die Beziehungen zu anderen, sondern auch die Zusammenarbeit und den Grad der psychologischen Sicherheit. »Die Fähigkeiten, Emotionen zu regulieren, ist für mich einer der wichtigsten Super-Skills für die Zukunft«, sagt Laudon. Unser Alltag ist geprägt von Veränderungen, Ambiguität und Ungewissheit. Wer in diesem Umfeld mit seinen Emotionen und denen der anderen besser umgehen kann, der wird sein Engagement hochhalten und leidenschaftlich sowie optimistisch die Zukunft gestalten können. Auf diese Weise profitiert nicht nur das Unternehmen von der verbesserten Kompetenz, sondern auch die Mitarbeitenden im Rahmen ihrer privaten Beziehungen und Partnerschaften. Genau das zeichnet AXA aus. Denn dem Unternehmen ist es gelungen, die fünf Erfolgsfaktoren, die von Google geprägt worden sind, ganzheitlich zu erfüllen. Hier geht es eben nicht nur darum, die Performance im Unternehmen zu steigern, sondern vielmehr auch darum, den Mitarbeitenden die Möglichkeit zu geben, etwas für sich als Mensch dabei herauszuziehen.

Ein anderes Beispiel für die Umsetzung von psychologischer Sicherheit im Unternehmenskontext ist das Unternehmen Primal State, eine der führenden Plattformen für gesunde Leistungsfähigkeit im deutschsprachigen Raum, das mit knapp 100 Mitarbeitenden einen achtstelligen Umsatz erwirtschaftet. »Wir sind mal weg«, hieß es am 15. August 2023 bei den Gründern und Geschäftsführern Rafael Frenk, Nicolas Martin und Janis Budde. Die drei entschieden sich acht Jahre nach Gründung, für insgesamt 33 Tage komplett von der Bildfläche zu verschwinden. Heißt: Die komplette oberste Führungsetage zog sich aus dem operativen und strategischen Business zurück, um eine Art Sabbatical zu machen, in dem sie für absolut niemandem im Unternehmen zu erreichen waren – mit dem Ziel, die Eigenverantwortung und Selbstwirksamkeit der Mitarbeitenden zu steigern.

Und was passierte ohne die Gründer? Anarchie? Chaos? Weder noch! Die Profitziele wurden um fünf Prozent übertroffen, neue Herausforderungen selbstständig gelöst und 18 neue Mitarbeitende eingestellt. Die Mitarbeitenden waren sogar so zufrieden, dass sie laut eigenen Angaben 30 Tage länger ohne die Gründer hätten arbeiten können.

Nach seiner Auszeit hatte ich die Gelegenheit, mit Rafael Frenk zu sprechen. Dabei fiel uns auf, dass das Unternehmen, ohne es zu wissen, die fünf Erfolgsfaktoren von Google berücksichtigt hatte, was unserer Meinung am Ende der Grund dafür war, dass das Experiment besser als erwartet funktioniert hatte. Die Geschäftsführer hatten eine Kultur aufgebaut, die insbesondere auf das Thema psychologische Sicherheit eingezahlt hat. »Das war aber keine geplante Managementstrategie von uns, sondern resultierte vielmehr aus unserem Anspruch an die Persönlichkeitsentfaltung«, sagt Frenk. So haben die Gründer von Anfang an zum Beispiel Wert auf ein wöchentliches Roundtable-Meeting gelegt, in dem ausschließlich über die Befindlichkeiten, Bedürfnisse und Gefühle der Mitarbeitenden gesprochen wurde. »Als Gründer sind wir als Vorbild vorangegangen und haben uns selbst verletzlich gezeigt, indem wir über unsere Gesundheit und Stimmungen gesprochen haben«, erzählt Frenk.

Wenn Themen aufkommen, gehen die Gründer proaktiv auf die Personen zu und fragen, was sie dafür tun können, dass es ihnen besser geht. »Wir möchten den Mitarbeitenden das Gefühl geben, dass wir immer nur das Beste für sie im Blick haben«, sagt Frenk. Das hat sich schnell rumgesprochen. Die Mitarbeitenden können sich ihrer Arbeit widmen und dabei sogar Risiken eingehen, ohne dabei Angst vor negativen Folgen zu haben. »Wir haben ein emotionales Bonding geschaffen, ohne zu wissen, was psychologische Sicherheit überhaupt ist. Damit haben wir anscheinend einen Safety-Raum geschaffen.«

Der Erfolg ihres Experiments gibt Frenk Recht. Nachdem in der ersten Woche noch eine Aufbruchstimmung geherrscht hatte, machte sich in der zweiten Woche Verunsicherung breit. Aber anstatt in dieser Situation einen der Gründer anzurufen oder aufzugeben, sprachen die Mitarbeitenden miteinander und tauschten sich aus, um Probleme kooperativ gemeinsam zu lösen. Auf diese Weise stärkten sie von Tag zu Tag die Selbstwirksamkeit und das Selbstvertrauen in ihre eigenen Rollen. Ein ausschlaggebender Punkt für den Erfolg des Rückzuges war die sechsmonatige Planungszeit im Vorfeld, in der die Gründer Klarheit, Struktur und Transparenz für die Mitarbeitenden geschaffen haben. Die Mitarbeitenden erhielten klare Rollenzuteilungen. »Jedes Problem hat eine konkrete Anlaufstelle gehabt. Und durch klare Vorgabe an KPIs konnten die Mitarbeitenden innerhalb des Wirkungskreises eigenständig und kooperativ Maßnahmen ergreifen, um ihre Leistungskennzahlen zu optimieren«, sagt Frenk. Damit schafften die Gründer nicht nur eine klare Zuweisung der Zuständigkeiten, sondern auch Transparenz im Unternehmen. Falls es dabei Überschneidungen gab oder ein Puzzle-Teil nicht zugeteilt war, konnten die Mitarbeitenden eigenständig Lösungen finden.

**Mein Fazit:** Unternehmen und Mitarbeitende werden immer wieder neuen Veränderungen und Rahmenbedingungen ausgesetzt sein. Dabei sollten die fünf Erfolgsfaktoren von Google allerdings nie vergessen, sondern immer wieder herangezogen werden, um eine Basis für eine erfolgreiche Zusammenarbeit im Unternehmen zu schaffen. Die Praxisbeispiele zeigen auch, dass dafür gar nicht viel Budget erforderlich ist. Es geht nicht immer um kreative und innovative Methoden und Strukturen. Vielmehr geht es um die Haltung und den Anspruch an die eigene Zusammenarbeit: Nicht nur das Unternehmen soll von seinen Mitarbeitenden profitieren, sondern auch die Mitarbeitenden vom Unternehmen.

## QUICK WINS

**Für Mitarbeitende**

a) Um Kolleg:innen Neugier, Offenheit und Wertschätzung zu zeigen, können diese sechs Wörter helfen: »Danke, erzähl mir gerne mehr davon!«
b) Persönliches Sinnerleben in der alltäglichen Arbeit finden.
c) Durch das eigene Verhalten Zuverlässigkeit und Glaubwürdigkeit für andere schaffen.

**Für Führungskräfte**

a) Klarheit im Team schaffen, indem jeder weiß, was von ihm erwartet wird.
b) Psychologische Sicherheit schaffen, indem man sich als Erstes verletzlich zeigt und etwas teilt, z. B. Fehler in der Vergangenheit.
c) Wenn Mitarbeitende kommen und von Fehlern oder gescheiterten Projekten erzählen, nicht fragen, was schiefgelaufen ist oder wie es hätte verhindert werden können – sondern, was die Person daraus gelernt hat.
d) Aktiv Mitarbeitende in Meetings und zu anderen Terminen einladen, ihre Meinung beziehungsweise ihre Expertise zu teilen.

**Für Unternehmen**

a) Regelmäßig den Grad der psychologischen Sicherheit im Team messen.
b) Einen authentischen Unternehmenszweck finden, der Sinneinladung für Mitarbeitende sein kann.
c) Mitarbeitende brauchen aus erster Hand Kund:innen-Erfahrungen, um ihre Wirkung in ihrem alltäglichen Tun zu erkennen, zum Beispiel durch Besuche vor Ort, Danksagungen der Kund:innen oder Erfahrungsberichte.
d) OKRs können eine von vielen effektiven Methoden sein, um Klarheit und Struktur für Mitarbeitende zu schaffen.

# Change Management: Innerer Wandel braucht äußeren Wandel

Manche Bewerbungsgespräche verlaufen vollkommen anders als geplant. Tanja, Ende zwanzig und mit einem fantastischen Lebenslauf – länger als der Abspann von Herr der Ringe – war die erste Kandidatin, die an diesem Tag vor mir saß. Sie hatte auf alles sofort eine passende Antwort, bis ich sie irgendwann im Verlaufe unseres Gespräches fragte, wieso sie bei ihrem vorherigen Arbeitgeber gekündigt hatte. Es wurde eine Zeitlang still, dann sagte sie leise: »Ich habe es einfach nicht mehr ausgehalten, wie ich behandelt wurde. Alle haben es mitbekommen, aber niemand hat sich getraut, etwas zu sagen.« Dieser Satz vibrierte in der Luft. Tränen liefen ihr über die Wange, sie zitterte.

Im ersten Moment dachte ich, dass sie nun über ihren Vorgesetzten lästern würde, was mir ein ungutes Gefühl bereitete. Dann aber begriff ich, worum es eigentlich ging. Tanja erzählte von einer Führungskraft, die offenbar extrem narzisstische Züge besaß. Fehler wurden bestraft, Erfolge als die eigenen verbucht. Wann immer sich eine Gelegenheit bot, trafen sie seine Blicke wie ein Schwarm Mücken, als säße sie auf dem Motorrad ohne Helm. Aber auch verbal teilte ihr Chef bei jeder Gelegenheit aus – und wenn auch nur die Tassen im Schrank nicht richtig geordnet waren. In der Folge nahm Tanjas Leistungsfähigkeit immer mehr ab, ihre Selbstzweifel dagegen zu. Täglich saß sie bei der Arbeit weinend auf der Toilette. Dann kam der Burnout und sie kündigte.

Um anderen solche Erfahrungen zu ersparen, wollte sie zu uns ins Team kommen. Ihr Anliegen war es, ein Bewusstsein für toxische Arbeitsumfelder zu schaffen, sie wollte narzisstischen und anderen toxisch ungesunden Verhaltensweisen entgegenwirken und einen Beitrag zu einer gesünderen Arbeitswelt leisten. Wenn ich ehrlich bin, dann war es Tanja, die mich an diesem Tag unbewusst davon überzeugt hatte, dem Thema Narzissmus im Rahmen dieses Buches mehr Aufmerksamkeit zu schenken. Für Tanja und alle anderen Menschen, die eine bessere Arbeitskultur verdient haben.

## Die Generation Ich-Ich-Ich

Bis zu diesem Tag dachte ich, dass Narzissmus eher etwas ist, das für toxische Liebesbeziehungen sorgt. Erstmals aufmerksam gemacht wurde ich auf dieses Buzzword bereits 2013 durch einen Artikel im »Time Magazine« mit folgendem Titel: »Millenials – The Me Me Me Generation«. Seitdem geistert das Thema durch die Medien und Netzwerke. Aber bis ich Tanja kennenlernte, dachte ich, dass wir einfach nur etwas Geduld haben müssten, bis die alten weißen Männer mit Geltungsdrang vom Chefsessel in den Ruhestand fallen und ersetzt werden durch junge offene Work-Life-Balance-Generation-Z-Menschen, die Mental Health in ihrer DNA haben, ebenso wie gewaltfreie Kommunikation. Dann nämlich, so mein Gedanke, würde die Arbeitswelt gerechter, kollaborativer und sozialer sein. Damit lag ich leider falsch, wie eine der weltweit größten Studien zum Thema Narzissmus aus dem Jahr 2020 zeigt.[60] Gerade die Generation U 30 stellt die meisten Narzisst:innen unter aller Altersgruppen. Gründe gibt es dafür genug: zum Beispiel der ständige Vergleich und die Bewertung auf Social Media, ebenso der Wettbewerbsdruck und der Fokus auf Leistung, Erfolg und Macht. Die gute Nachricht übrigens: Mit dem Alter nimmt der Narzissmus ab.

An dieser Stelle möchte ich allerdings festhalten, dass weder in der Studie noch in diesem Kapitel über die pathologische Persönlichkeitsstörung Narzissmus gesprochen wird, von der nur sehr wenige Menschen betroffen sind, sondern von der subklinischen Persönlichkeitseigenschaft Narzissmus, die mit Machiavellismus und Psychopathie in der Psychologie auch als »dunkle Triade« bezeichnet wird und in jedem Menschen von uns in unterschiedlicher Ausprägung stecken soll. Wir sprechen hier also von einer Charaktereigenschaft, die zu vergleichen ist mit Schüchternheit, Kreativität oder Hilfsbereitschaft.

Damit sind narzisstische Verhaltensweisen grundsätzlich nicht immer nur negativ zu bewerten. Denn gerade geringe Narzissmus-Werte resultieren aus einem geringen Selbstwertgefühl und drücken sich zum Beispiel in Willensschwäche und Passivität aus. Ein Mangel an Narzissmus führt also dazu, dass wir kein Durchhaltevermögen haben, wenn der Weg mal etwas steiniger wird, dass wir unfähig sind, uns abzugrenzen und uns Gehör zu verschaffen. Wir brauchen also eine gewisse Portion Narzissmus, um andere Menschen mitreißen zu können, um motiviert und leistungsfähig zu sein. Studien zeigen, dass Führungskräfte, die einen Narzissmuspegel haben, der mit den Durchschnittswerten der Normalbevölkerung übereinstimmt, den stabilsten Erfolg und die zufriedensten Mitarbeiter:innen haben.[61] Das können wir uns wie eine umgekehrte U-Kurve vorstellen: »Eine minimale Ausprägung an narzisstischem Verhalten kann durchaus förderlich sein in Bezug auf Leadership Effectiveness, kippt aber sehr schnell ins Negative und wird dann wirklich eher hinderlich bis hin zu toxisch«, erklärt mir Florian Feltes, einer der Studienleiter der genannten Narzissmus-Studie und Professor für Digital Leadership und HR an der XU Exponential University in Potsdam. Solche eher toxischen Menschen weisen einen extremen Minderwertigkeitskomplex auf, sind stark abhängig von hoher Aufmerksamkeit und Bewertung von außen, haben eine sehr geringe Empathiefähigkeit, sind extrem kritikunfähig und so sehr von sich überzeugt, dass ihnen Macht und Anerkennung zustehen müssen. Wenn solche Menschen Führungskräfte im Unternehmen sind, hat das natürlich verheerende Auswirkungen auf Mitarbeitende und Kolleg:innen. Eine befragte Teilnehmerin der bereits genannten Studie hat es so ausgedrückt: »Der Narzisst ist wie die Sonne. (…) Wenn man der Sonne zu nah kommt, verbrennt man. Wenn man sich zu weit entfernt, erfriert man.«[62] Narzisstische Führungskräfte weisen oftmals Erfolge anderer als ihre eigenen aus und schreiben Misserfolge ausnahmslos anderen Menschen zu. Statt die Ziele des Unternehmens oder des Teams zu verfolgen, konzentrieren sich diese Menschen oft auf ihre eigenen Ziele. Nicht selten behalten Narzissten ihr Wissen und ihre Erkenntnisse für sich, anstatt sie im Unternehmen oder im Team zu teilen. Narzisstische Menschen manipulieren andere so sehr, dass diese immer ängstlicher und nervöser werden. Zudem umgeben sie sich mit Ja-Sager:innen, was heterogene und diverse Teams verhindert.

Aus der eingangs genannten Studie geht hervor, dass jede befragte Person schon mal Erfahrung mit Narzist:innen im Unternehmenskontext gemacht hat. Die Studie zeigt übrigens auch: Je höher jemand auf der Karriereleiter geklettert ist, desto ausgeprägter sind die narzisstischen Verhaltensweisen. Unter solchen Arbeitsbedingungen möchte niemand arbeiten. Die einen kündigen, die anderen bleiben zwar, aber werfen innerlich die Brocken hin. Und das hat Folgen: Nach einem Bericht des Beratungsunternehmens Gallup kostet ein geringes Mitarbeitenden-Engagement die Weltwirtschaft 8,8 Billionen Dollar pro Jahr.[63]

## Erste Hilfe bei Narzissmus

Doch was ist die Lösung für mehr Verbundenheit und Zusammenarbeit im Unternehmenskontext? Der Versuch, viele narzisstische Menschen zu einem inneren Wandel zu bewegen, ist nicht nur schwierig, er ist aussichtslos. Denn für eine Veränderung braucht es vor allem eines: Einsicht. Und die gehört nicht unbedingt zu den Stärken von Narzisst:innen. Was bleibt, ist der eigene Wandel, und zwar dahingehend, dass wir selbst lernen, wie wir am besten mit Narzisst:innen im Arbeitskontext umgehen, um nicht auszubrennen. Dazu hat mir der Psychiater Dr. Pablo Hagemeyer und Bestseller-Autor des Buches »Gestatten, ich bin ein Arschloch« in unserem Telefonat drei Tipps gegeben:

1. **Klar werden:** Wie bereits erwähnt, können wir andere Menschen nicht ohne Auftrag verändern – Narzisst:innen erst recht nicht. Das sollten wir uns erst mal bewusst machen. Es lohnt sich also nicht, Energie darauf zu verschwenden. Außerdem sollten wir das Verhalten und die Aussagen dieser Personen niemals persönlich nehmen und den Fehler nicht bei uns suchen. Die narzisstische Person ist es, die mit ihren Gefühlen nicht richtig umgehen kann und dementsprechend reagiert.
2. **Feedback geben:** Narzisst:innen sind Personen, die nicht nur schaden, sondern auch Leistung erbringen. Sie können wegen ihrer eigenen Großartigkeit Großartiges erreichen, jedoch auch großartig scheitern. Ihren Grandiositäts-Glauben kann man sich nutzbar machen. Dafür können wir diese Menschen auch ruhig mal loben. Denn dadurch fühlen sie sich geschmeichelt und das eigene Selbstwertgefühl steigt.
   In der Folge kann sich das toxische Verhalten gegenüber anderen verringern. Wir können sogar auch mal ein klares und konstruktives Feedback geben, solange es nicht auf einer öffentlichen Bühne ist, sondern unter vier Augen und auf einer sachlichen Ebene. Dabei ist es besonders hilfreich, der Person als Feedback zu geben, dass sie sich mit diesem Verhalten selbst im Weg steht, was sich negativ auswirken kann.
   Da sie ihre Bedürfnisse über die der anderen stellt, priorisiert sie das eigene Vorankommen. Deshalb wird sie ein solches Feedback eher annehmen.

3. **Grenzen setzen:** Sind die eigenen Grenzen überschritten, sollte das klar adressiert werden. Am besten zusammen im Team oder wenigstens mit einem Mitstreiter im Rücken. Denn wer zusammen auftritt, kann nicht manipuliert oder gegeneinander ausgespielt werden.

Darüber hinaus können Unternehmen im Rahmen der Personalauswahlverfahren darauf achten, dass keine narzisstischen Führungskräfte nachrücken. Hier helfen beispielsweise KI-gestützte Persönlichkeits- und soziale Situationstests, die Personen auf narzisstische Verhaltensweisen analysieren. Werden Menschen mit stark negativen narzisstischen Verhaltensweisen erkannt, kann es sinnvoll sein, ihnen einen Karriereweg zu ermöglichen, auf dem sie weniger negative Auswirkungen auf andere haben: Das wäre zum Beispiel bei einer Expert:innen-Rolle der Fall, wo diese Arbeitskräfte hervorragend ihre Stärken einbringen können.

Es gibt aber noch ein weiteres Problem: Es ist leider so, dass sich narzisstische Führungskräfte gern mit Gleichgesinnten umgeben, oder anders ausgedrückt: Sie ziehen narzisstische Menschen an. Das nennt sich dann kollektiver Narzissmus. Gleichzeitig fördern, dulden und belohnen Unternehmen immer noch narzisstische Verhaltensweisen, indem sie an veralteten Strukturen festhalten, die eher auf Wettbewerb als auf Zusammenarbeit ausgerichtet sind. Der Fokus liegt auf Performance und damit auf dem finanziellen Erfolg. Dafür wird in Kauf genommen, dass die Unternehmenskultur vergiftet wird. Es ist nicht die eine Person, die an allem schuld ist. Es ist das Umfeld im Unternehmen, das ein solches Verhalten verstärkt und belohnt. Es ist paradox: Wir erziehen uns regelrecht Narzist:innen, obwohl sie eigentlich keiner will. Daher braucht es neben dem inneren Wandel, den ich in diesem Buch ausführlich beschreibe, auch eine äußere Veränderung, also in unserer Gesellschaft generell.

## Gewinn- oder Hormon-Ausschüttung?

Nach der Neurowissenschaftlerin Prof. Dr. Tania Singer und dem von ihr entwickelten Caring-Economics-Ansatz zeigt die Motivationspsychologie eindeutig, dass unser Umfeld, der Kontext, in dem wir uns bewegen, Einfluss auf unser Verhalten hat und maßgeblich unsere Motivationssysteme aktiviert – entgegen der Annahme vieler Verhaltensökonomen. Solange also die Wirtschaftswelt immer noch maßgeblich von belohnungs- und bedrohungsorientierten Motivationssystemen geprägt ist und sozial orientierte Motivationssysteme vernachlässigt, wird für Singer und Wirtschaftswissenschaftler Dennis Snower ein empathisches und sozial orientiertes Verhalten am Arbeitsplatz schwierig: »Der empathischste Familienmensch wird sich auf der Arbeit egoistisch verhalten, wenn wir nicht endlich das institutionelle Design der Institution, das heißt auch kontextuelle Faktoren, verändern«, sagt mir Singer. Während also der bisherige Fokus auf Macht, Konsum und Leistung weiterhin eher Stress und Konkurrenzdenken aktiviert, würde der Fokus auf ein »Care-System«, also unsere Fürsorge, prosoziales Verhalten fördern, wie Singer in einer Studie zeigen konnte. Hierbei wurde das Care-System von einer Gruppe von Menschen ohne deren Wissen mit süßen Hundevideos aktiviert. An einem anderen Tag wurde hingegen das Macht-Motivationssystem aktiviert. Daneben gab es noch eine Kontrollgruppe. Als alle Teilnehmer:innen anschließend in einem zweiten Experiment spielerisch wirtschaftliche Entscheidungen treffen mussten, zeigte sich, dass die erste Gruppe, also jene Menschen, die viele Hundevideos geschaut hatten, sich deutlich kooperativer und vertrauensvoller verhielt als die Kontrollgruppe. Die Menschen, deren Macht-Motivationssystem zuvor aktiviert wurde, waren deutlich konfliktorientierter.[64]

Es geht nicht darum, das aktuelle System zu ersetzen oder ein komplett neues Wirtschaftsmodell zu fordern. Es geht vielmehr darum, dass wir den Kontext erweitern beziehungsweise ergänzen müssen. Es geht darum, alle drei Klassen von Motivationssystemen in Einklang zu bringen. Denn während das anreizorientierte Motivationssystem nach Singer das Hormon Dopamin ausschüttet und süchtig machen kann, weil wir immer mehr davon haben wollen, stärkt das bedrohungsorientierte Motivationssystem unseren Stresslevel und die Cortisol-Produktion, da wir Angst haben, Macht und Geld zu verlieren. Nur das sozial orientierte Motivationssystem sorgt für die Produktion von Opiaten oder Oxytocin, dass schmerzstillend ist und uns körperlich und seelisch beruhigt.

Daran ist leicht zu erkennen, dass es keinen Sinn ergibt, ausschließlich sozial orientiert zu arbeiten, da wir dann überhaupt keine Motivation zur Leistungsfähigkeit haben. Sich aber ausschließlich auf die anderen beiden Motivationssysteme zu fokussieren, macht uns dagegen süchtig und krank. Es braucht Unternehmen, die den Rahmen dafür schaffen, alle drei Motivationssysteme in Einklang zu bringen.

## Es ist Zeit, Gemeinwohl-Bilanz zu ziehen

Diese Notwendigkeit haben einige Unternehmen in den USA bereits erkannt. So haben zum Beispiel 2019 Konzerne wie Apple, Amazon, Walmart, Pepsi und die Unternehmensberatung Accenture gemeinsam in einer Erklärung verkündet, dass sie zunehmend den Fokus ihres Wirtschaftens auf die Stakeholder legen und eben nicht mehr ausschließlich auf Shareholder.[65] Es geht also als oberstes Ziel nicht mehr ausschließlich um die Gewinnmaximierung für Aktionäre, sondern um die Verpflichtung gegenüber allen Anspruchsgruppen, einschließlich der eigenen Mitarbeitenden. Obwohl es sich hier nicht um einen konkreten Umsetzungsplan handelt, sondern vielmehr um eine Missionserklärung, wird die richtige Richtung eingeschlagen.

Ein konkreter Umsetzungsplan hingegen ist die Gemeinwohl-Bilanz, die ein Bestandteil der Bewegung zur Gemeinwohl-Ökonomie ist, die der Autor und politische Aktivist Christian Felber aus Österreich bereits 2010 initiierte. Die Idee der Gemeinwohl-Bilanz ist, dass neben der gesetzlich erforderlichen Bilanz eines Unternehmens eine zusätzliche Bilanz erstellt wird, die den Beitrag zum Wohl der Gesellschaft bemisst. Die Unternehmen werden dabei auf Basis der Verfassungswerte Menschenwürde, Solidarität, Gerechtigkeit, ökologische Nachhaltigkeit und demokratische Mitentscheidung bewertet: »Die Gemeinwohl-Bilanz misst, wie diese Grundwerte gegenüber den Berührungsgruppen eines Unternehmens gelebt werden. Berührungsgruppen sind alle Personengruppen, die von der Tätigkeit eines Unternehmens betroffen sind oder mit diesem direkt in Beziehung stehen: Zuliefer:innen, Geldgeber:innen, Mitarbeiter:innen, Kund:innen, Mitunternehmen, Standortgemeinden, zukünftige Generationen und die Umwelt einschließlich Weltklima«, schreibt Christian Felber in seinem Buch.[66]

Im Rahmen dieser Bewertung gibt es insgesamt zwanzig Themen, die wiederum in weitere Negativ- und Positivaspekte aufgeschlüsselt werden. So wird zum Beispiel das Thema Menschenwürde am Arbeitsplatz in Aspekte wie Mitarbeitenden-orientierte Unternehmenskultur, Diversität und Chancengleichheit sowie menschenunwürdige Arbeitsbedingungen aufgeschlüsselt. Diese einzelnen Aspekte werden in Gemeinwohl-Punkten bewertet und zusammengerechnet, sodass sich am Ende eine Summe ergibt: das Gemeinwohl-Bilanz-Ergebnis. Diese Bilanz wird durch einen externen Auditor auf Richtigkeit geprüft.

Damit wird ein Umfeld geschaffen, das ein soziales, kooperatives Verhalten fördert und belohnt und die Zusammenarbeit und das Gemeinwohl aller Beteiligten in den Vordergrund stellt. Auf diese Weise machen sich Unternehmen ethisch, sozial und nachhaltig vergleichbar und zeigen transparent auf, welche Auswirkungen ihr Handeln auf Umwelt und Gesellschaft hat. Tausende Unternehmen in unterschiedlichen Ländern lassen bereits eine Gemeinwohl-Bilanz erstellen, so zum Beispiel auch der Outdoor-Ausrüster VAUDE oder die Spardabank München, bei der sich die Initiativbewerbungen verdoppelt haben, nachdem dies öffentlich bekannt geworden war. »Eine Gemeinwohl-Bilanz kann ein Magnet für ethisch ausgerichtete Arbeitskräfte sein«, sagt Felber mir bei meinem Besuch in Wien. Für VAUDE-Geschäftsführerin Antje von Dewitz ist die Gemeinwohl-Bilanz aber viel mehr, da sie auch das Verständnis für ethische Konflikte fördert: Denn jedes Unternehmen muss sich mit den unterschiedlichen Perspektiven seiner Stakeholder auseinandersetzen – die einen profitieren, bei den anderen entsteht ein Schaden. »Wir sind das beste Beispiel dafür, dass erfolgreiches Wirtschaften auch in einer globalisierten Welt menschlich, umweltfreundlich und werteorientiert funktionieren kann«, sagt mir von Dewitz.

Während die Gemeinwohl-Bilanz für Unternehmen freiwillig ist, sorgt eine neue Richtlinie der EU für eine verpflichtende Nachhaltigkeitsberichterstattung, die Corporate Sustainability Reporting Directive (CSRD) genannt wird. Demnach müssen in den nächsten Jahren immer mehr Unternehmen umfassender und nach einheitlicheren Maßstäben über ihre Nachhaltigkeit Bericht erstatten.

Dabei werden sie nach den sogenannten ESG-Richtlinien bewertet:

- Environment (Umwelt und Klima),
- Social (Gesellschaft und soziale Gerichtigkeit) und
- Governance (Aufsichtsstrukturen, Unternehmensführung).

Schon jetzt greifen Investoren bei der Beurteilung einer Investition und Unternehmen bei der Bewertung von erreichten Nachhaltigkeitszielen immer mehr auf diese ESG-Richtlinien zurück. Bis bundesweit alle Unternehmen von der gesetzlichen Pflicht betroffen sind, wird es aber noch ein paar Jahre dauern. Umso mehr braucht es jetzt Kennzahlen im Unternehmen, die ein menschlicheres, sozialeres, nachhaltigeres und ethisch korrektes Wirtschaften ermöglichen.

## Der Fall des Bodo Janssen

Bodo Janssen war ein Narzisst. Das sage nicht ich, sondern er selbst. Im Jahr 2007 übernahm er die Geschäftsführung seiner Eltern, als sein Vater bei einem tragischen Flugzeugabsturz ums Leben kam. Das Unternehmen Upstalsboom zählt mit über 600 Mitarbeitenden zu den führenden Anbietern von Hotels und Ferienanlagen an der Nord- und Ostsee – und ist dir vielleicht noch aus dem vorherigen Kapitel in Erinnerung. In den ersten Jahren war Bodo Janssen der Typ Manager, der von sich und seiner Welt sehr eingenommen war: »Ich schaute in den Spiegel, nicht nur um die Haare zu machen, sondern um mir selbst auf die Schulter zu klopfen«, erzählte er. Er war der typische Geschäftsführer, der nur auf Zahlen, Daten und Fakten fixiert war und in dem größten Büro vor dem größten Schreibtisch in seinem Chefsessel saß und das Unternehmen durch sein gigantisches Kennzahlen-Cockpit steuerte. Manchmal auch mit Zuckerbrot und Peitsche, um Mitarbeitende dazu zu bringen, Dinge zu tun, die sie sonst nicht machen würden.

Nach den ersten beachtlichen Erfolgen wurden die Mitarbeitenden unruhig, die Fluktuation wuchs, es bewarben sich immer weniger Leute auf neue Stellen, die Krankheitstage stiegen und die Umsätze gingen immer mehr zurück. Schließlich stellte Janssen 2010 einen neuen Personalleiter ein, der eine Lösung finden sollte, um die Mitarbeitenden und damit das Unternehmen wieder auf Kurs zu bringen. Dessen erste Amtshandlung war eine Mitarbeitenden-Befragung, die für Janssen vernichtend war. Auf die Frage: »Was braucht ihr, um besser zu arbeiten?«, gab es eine eindeutige Antwort: »Einen anderen Chef als Bodo Janssen.«

Das tat weh. »Ich hatte ein Ego, das hätte nicht mal ansatzweise in eine Turnhalle gepasst. Und das schrumpfte innerhalb von Sekunden auf die Größe einer Erbse«, sagt Janssen mir bei meinem Besuch in Emden. Er musste etwas ändern. Über eineinhalb Jahre ging er regelmäßig ins Kloster, um von dem Benediktinermönch Anselm Grün zu lernen, worauf es bei der Führung von Mitarbeitenden ankommt.

Zwei Erkenntnisse verfestigten sich dabei sehr schnell:

1. Führung ist eine Dienstleistung. Kein Privileg.
2. Nur wer sich selbst führen kann, kann andere führen.

Ab jetzt änderte sich alles. Janssen nahm seine Mitarbeitenden mit auf eine Reise, indem er sie einlud, die gleichen Erfahrungen zu machen wie er. Er leitete einen Paradigmenwechsel ein, der als »Upstalsboom Weg« bezeichnet wird und der nach dem »Harvard Business manager« zum beeindruckendsten Wandel in der deutschen Management-Geschichte gehört. Janssen hat gelernt, dass Mitarbeitende nicht als Mittel verstanden werden dürfen, um einen höheren Zweck zu erreichen, wie zum Beispiel die Rentabilität des Unternehmens. Vielmehr geht es darum, dass sich das Unternehmen als Mittel versteht, um Menschen zu stärken und Möglichkeiten zu schaffen, ihr volles Potenzial zu entfalten. Janssens Ziel ist es nun, dass Mitarbeitende das Unternehmen am Abend aufrechter verlassen, als sie es am Morgen betreten haben. Die Finanzkennzahlen sind damit in den Hintergrund gerückt: »Wirtschaftlichkeit ist heute nicht mehr Sinn unseres Handelns, wohl aber die Basis unserer Existenz«, sagt Janssen. »Sie dient dem Menschen.« So wurden auch soziale Projekte gestartet, in Ruanda werden zum Beispiel durch die Hilfe von Upstalsboom Schulen gebaut. Aber auch um Auszubildende kümmert sich das Unternehmen nun intensiver. Alle zwei Jahre findet eine »Tour des Lebens« statt, wie etwa die Besteigung des knapp 6.000 Meter hohen Kilimandscharo. Ziel von Janssen ist es, die Mitarbeitenden fit für sich selbst zu machen, unabhängig vom Unternehmen.

Aber was heißt das alles nun wirtschaftlich für Upstalsboom? In den drei Jahren der Transformation verdoppelte sich der Umsatz. Die Produktivität erhöhte sich signifikant und die Krankheitsquote sank von über zwölf auf unter zwei Prozent. Dafür stieg die Zufriedenheit der Mitarbeitenden auf 80 Prozent und die Fluktuation sank unter fünf Prozent (in der Hotellerie sind im Durchschnitt 30 Prozent üblich). Und die Marketingkosten reduzierten sich, da sich Upstalsbooms Geschichte schnell verbreitete.

»Seit ich nicht mehr panisch auf die Zahlen schiele, laufen die Geschäfte viel besser. Damals sind mir die Menschen davongerannt, heute haben wir Wartelisten für freie Stellen«, sagt Janssen. Upstalsboom wurde 2018 nach dem F.A.Z.-Institut sogar zum begehrtesten Arbeitgeber in der Hotellerie. Janssen hat mit Upstalsboom auf eine sehr beeindruckende Art und Weise gezeigt, dass ein innerer Wandel auch zu einer positiven äußeren Veränderung führen kann. Und der Weg ist noch lange nicht vorbei. Entwicklung ist ein lebenslanger Prozess.

**Mein Fazit:** Ich bin der Überzeugung, dass unternehmerischer Erfolg zukünftig nicht nur durch Finanzkennzahlen bemessen werden darf, sondern auch Kennzahlen benötigt, die soziales und ökologisches Engagement widerspiegeln. Jon Clifton, CEO bei Gallup, hat es in einem Interview auf den Punkt gebracht, das ich mal zusammenfasse:[67] Vor 70 Jahren kam der amerikanische Ökonom Simon Kuznets auf die Idee, dass wir in der Wirtschaft eine Zahl brauchen, die zeigt, ob die Wirtschaft größer oder kleiner geworden ist. Das war die Geburtsstunde des Bruttonationalprodukts. Diese Kennzahl sagt aber überhaupt nichts über die Gefühle und Gedanken der Menschen aus. Wenn ein Unternehmen um zehn Prozent wächst, können wir nicht erkennen, ob Menschenrechte verletzt oder ökologische Lebensgrundlagen zerstört werden. Wir sehen nicht, ob wir mehr Ärger, Traurigkeit oder Zufriedenheit bei den Mitarbeitenden haben. Alles, was das Leben lebenswert macht, wird in diesen nackten Finanzkennzahlen überhaupt nicht abgebildet. Clifton aber kann aufgrund der Datensätze bei Gallup erkennen, dass sich die Gefühlslage der Menschen in 150 Ländern über die letzten zehn Jahre verschlechtert hat.

Was wäre also, wenn wir zusätzlich zu den wirtschaftlichen Kennzahlen auch soziale Kennzahlen ermitteln würden? Würden wir dann nicht statt eines stetigen Wettbewerbsumfelds auch immer mal wieder ein Kooperationsumfeld schaffen, das sozial orientierte Motive aktiviert? Würden wir dadurch nicht eine Umgebung kreieren, die Narzist:innen nicht belohnt und fördert, sondern eher abschreckt? Was Menschen wirklich im Unternehmenskontext brauchen, das haben die psychologischen, neurowissenschaftlichen und biologischen Erkenntnisse längst gezeigt. Jetzt müssen sie auch endlich in der Wirtschaft Berücksichtigung finden und eingebracht werden. Das Ziel muss es sein, den gesamten Planeten global zur Kooperation zu bringen. Eine Unternehmenskultur ist nur stark, wenn wir miteinander und füreinander arbeiten. Und sie ist schwach, wenn wir gegeneinander und nur für uns selbst agieren.

## QUICK WINS

**Für Mitarbeitende**

a) Das Verhalten eines Narzissten nie persönlich nehmen. Er ist derjenige mit den Minderwertigkeitsproblemen.
b) Durch Lob und konstruktives Feedback kann die Beziehung zum Narzissten positiv gestaltet werden.
c) Klare Grenzen ziehen, welches Verhalten nicht tolerierbar ist, und sich Unterstützung im Team suchen.

**Für Führungskräfte**

a) Lernen, sich selbst besser zu reflektieren und einen besseren Umgang mit den eigenen Bedürfnissen zu pflegen.
b) Gutes Führungskräftevorbild sein, indem der Fokus auf Kooperation und nicht ausschließlich auf Macht und Status liegt.
c) Öfter kontraintuitiv gegen das eigene gegenwärtige Denksystem handeln und die Erfahrung machen, dass ein humanzentriertes Wirtschaften auch erfolgreich sein kann.

**Für Unternehmen**

a) Im Recruiting KI-gestützte Persönlichkeitstests oder andere soziale Situationstests anwenden, um Menschen mit stark ausgeprägten narzisstischen Verhaltensweisen zu erkennen.
b) Bei der Personalentwicklung Menschen mit narzisstischen Verhaltensweisen zu Expert:innen befördern anstatt zu Teamleiter:innen.
c) Eine Gemeinwohl-Bilanz erstellen oder andere Möglichkeiten ergreifen, um auch einen sozial orientierten Kontext zu schaffen – bis es in einigen Jahren wahrscheinlich ohnehin verpflichtend wird.

# 3 HUMAN SKILLS STATT SOFT SKILLS

Künstliche Intelligenz wird in Zukunft nicht mehr aus unserer Arbeitswelt wegzudenken sein. Sie wird unsere Produktivität signifikant steigern. Einigen Menschen macht dies Angst. Aber ist es wirklich sinnvoll, uns mit diesen Technologien zu vergleichen oder sogar zu messen? Maschinen werden immer schneller rechnen, effektiver Fehler finden und sie brennen niemals aus. Anstatt uns auf einen Verdrängungswettbewerb zwischen Mensch und Maschine zu fokussieren, sollten wir uns lieber auf die wechselseitige Ergänzung konzentrieren – und damit auf die Fähigkeiten, die uns als Menschen ausmachen. Oft werden diese zwischenmenschlichen Fähigkeiten als Soft Skills bezeichnet, als Gegensatz zu den Hard Skills, die wir spezifisch für unseren Job brauchen – beide Fähigkeiten stehen in der Wahrnehmung vieler in Konkurrenz zueinander. Daher folge ich dem Vorschlag des amerikanischen Philosophen und Autors Simon Sinek, diese Fähigkeiten lieber als Human Skills zu bezeichnen, die es uns erlauben, zu besseren Mitarbeitenden zu werden. Einen Teil dieser Human Skills schauen wir uns in diesem Kapitel gemeinsam etwas genauer an. Wir können und sollten sie im Alltag trainieren, um tiefere Beziehungen zu knüpfen, Innovationen voranzutreiben, bessere Entscheidungen zu treffen und die Zusammenarbeit bei der Arbeit zu fördern. Denn der Einsatz von Künstlicher Intelligenz braucht zukünftig humane Intelligenz, die sich aus der Qualität unserer Human Skills bildet.

## Mensch sein: Mehr Empathie und Mitgefühl

Bei diesem Thema muss ich immer wieder an eine Szene denken, die sich vor einigen Jahren in einer Firma abspielte, in der ich ein Praktikum absolvierte. Ein Kollege von mir wurde ins Büro der Chefin gerufen. Das war so ein komplett verglaster Kasten am Ende des Flures, wo auch mein Schreibtisch stand. Ein Arbeitsplatz, den andere offenbar nicht haben wollten. An diesem Tag sollte ich eine Ahnung davon bekommen, warum das so war.

Mein Kollege ging also in dieses Büro, schloss aber aus Versehen die Tür nicht richtig, wodurch sie einen Spalt weit offen stand und ich jedes Wort mithören konnte. Jedenfalls von unserer Chefin, denn mein Kollege gab keinen einzigen Ton von sich. »Deine Verkaufszahlen sind bereits seit drei Quartalen unter den Zielen«, begann unsere Chefin. »Du musst jetzt endlich anziehen, sonst kann ich nicht garantieren, ob du auch weiterhin eine Zukunft bei uns hast.«

Als ich später mit meinem Kollegen beim Mittagessen war, hing sein Kopf so tief, dass er fast in der Suppe ertrank, die vor ihm stand. Er erzählte mir, dass er vor einigen Monaten von seiner Jugendliebe verlassen worden war, nur zwei Monate, bevor sie hatten heiraten wollen. 15 Jahre waren die beiden ein Paar gewesen. Seitdem bekäme er nichts mehr auf die Reihe, und er sei froh, wenn er beim Rasieren nicht verblute. Ich versuchte ihn davon zu überzeugen, unserer Chefin von seiner privaten Situation zu erzählen, sie würde dafür bestimmt Verständnis haben. Aber mein Kollege schüttelte nur den Kopf und sagte, dass er das Gefühl habe, dass sich unsere Chefin dafür ganz sicher nicht interessiere und erst recht kein Verständnis zeigen würde. Womöglich hatte er damit recht.

In den folgenden Wochen war mein Kollege noch unmotivierter als vorher und darüber hinaus verängstigt. Er machte Fehler, einen nach dem anderen. Eben erst war seine große Liebe gegangen – und nun sah es so aus, als ob er auch noch seinen Job verlieren würde. Ich habe nie erfahren, wie es ausgegangen ist. Noch heute frage ich mich das. Und ich frage mich, was wohl passiert wäre, wenn unsere damalige Chefin anders an die Sache herangegangen wäre. Wenn sie meinem Kollegen zwar gesagt hätte, dass seine Verkaufszahlen schon länger hinter seinen Zielen lagen – dann aber auf ihn eingegangen wäre. »Geht es dir gut?«, hätte sie fragen können. »Ich mache mir gerade Sorgen um dich!« Um ihn, den Kollegen, nicht um die Zahlen! Sie hätte ihm anbieten können, über seine Situation zu sprechen, eine Lösung zu finden.

Was wäre wohl passiert, wenn das Gespräch zwischen den beiden einen solchen Verlauf genommen hätte? Diese Frage habe ich mir lange Zeit gestellt. Inzwischen bin ich zu der Antwort gekommen, dass ein solches Gespräch Mitarbeitende einlädt, sich zu öffnen, von sich zu erzählen, um gemeinsam nach einer Lösung zu suchen.

Ich bin davon überzeugt: Wann immer jemand angetrieben wird durch ein Motivationssystem, das entweder die Möglichkeit auf Belohnung oder, noch schlimmer, die Angst vor Bestrafung in Aussicht stellt, wird er nie sein komplettes Potenzial entfalten können. Weil der Antrieb nicht aus ihm selbst heraus kommt. Leider sind es aber genau diese zwei Prinzipien, nach denen in den allermeisten Unternehmen gehandelt wird. Das muss sich ändern!

## Empathie: Der Schlüssel zu fast allem

Jeder von uns möchte bei der Arbeit abliefern und Leistung bringen. Wir alle wollen das Beste geben und zufrieden nach Hause gehen. Aber manchmal gibt es leider Herausforderungen und Umstände, die uns daran hindern. Das Kind ist krank oder die Heizung im Haus hat den Geist aufgegeben. Vielleicht ist gerade ein privater Streit mit einem Herzensmenschen ausgebrochen oder die Auswirkungen der Periode sind in diesem Monat intensiver als sonst. Gründe gibt es mehr als Krankmeldungen eines Mitarbeitenden pro Jahr. Natürlich haben diese Gefühle, Konflikte, Sorgen und Ängste Auswirkung auf unsere Performance bei der Arbeit. Wir sind eben keine Roboter (zum Glück nicht), sondern Menschen.

In vielen Unternehmen, für viele Führungskräfte und auch für Mitarbeitende haben Emotionen und Bedürfnisse oft aber keinen Platz, weil eben immer noch stark nach den eingangs erwähnten Motivationssystemen mit Fokus auf Belohnung und Bestrafung gehandelt wird. Statt Mitarbeitende als Menschen mit all ihren Bedürfnissen und Emotionen zu betrachten, werden sie immer noch als Arbeitsressource behandelt, die gefälligst ihre Leistung zu erbringen haben. Aber die Grenzen zwischen Arbeit und Privatem verwischen immer mehr, wenn sich beispielsweise in Online-Meetings Babys und Hunde dazugesellen – und darüber hinaus immer mehr Emotionen im Arbeitsleben gefragt sind. Mal ganz davon abgesehen, dass auch die zunehmende Digitalisierung und Integration von Künstlicher Intelligenz soziale Kompetenzen immer mehr in den Fokus rücken werden.

Während die meisten Führungskräfte noch nicht die Notwendigkeit der Veränderung sehen, sehnen sich Mitarbeitende bereits sehr stark nach einem stärkeren empathischen Verhalten im Unternehmenskontext. So wünschen sich beispielsweise die knapp 4.000 befragten Mitarbeiter:innen aus vier europäischen Ländern einer Studie der amerikanischen Unternehmensberatung Boston Consulting Group, dass Führungskräfte vor allem mehr

»Herzqualität« zeigen, das heißt mehr Zuhörerskills, Einfühlungsvermögen und eben Empathie.[1]

Aber was bedeutet Empathie konkret? Es gibt keine einheitliche, konkrete Definition, auf die sich die Expertenwelt festgelegt hat. Die Neurowissenschaftlerin Prof. Dr. Tania Singer, die weltweit führende Forscherin zu diesem Thema, beschreibt Empathie in unserem Gespräch als die »Fähigkeit zur emotionalen Resonanz, also die Fähigkeit, mit den Gefühlen des anderen mitzuschwingen und sich dadurch in den anderen einzufühlen«. Zudem mag ich die Betrachtung des renommierten amerikanischen Philosophen und Autoren Simon Sinek. Er sagt: »Empathie bedeutet, sich um den Menschen zu kümmern und nicht nur um seine Leistung.«[2]

Es geht also auch darum, Interesse an anderen Menschen zu haben. Um das Verlangen, mit ihnen in Kontakt zu treten, ihre Emotionen und Gefühle zu erkennen und zu verstehen, und letztlich auch darum, ihre Bedürfnisse in den Mittelpunkt zu stellen, anstatt ausschließlich ihre Leistungen und Ergebnisse zu beurteilen. Kurz: Empathie ist die Basis für vertrauensvolle und gelingende Beziehungen mit anderen Personen. Durch Empathie wird ein Umfeld geschaffen, in dem wir uns mit anderen verbunden fühlen, zugehörig. Ein Umfeld, in dem sich Menschen nicht nur wohlfühlen, sondern auch (besser) performen.

Wenn du jetzt an ein Wolkenkuckucksland denkst, in dem sich alle nur lieb haben, mit Dauerumarmungen und geflügelten Einhörnern, die über einen Regenbogen reiten, dann liegst du falsch. Eine der richtungsweisenden Expertinnen für empathische Führung in Deutschland, Lunia Hara, Director Managerin des Dienstleistungsunternehmens Diconium, erklärt mir beim persönlichen Treffen in Berlin: »Empathie zu haben heißt übrigens nicht, immer weich zu sein, sondern durchaus auch, Nein zu sagen und nicht zuzustimmen, wenn ich anderer Meinung bin.« Vielmehr geht es darum, Probleme und Themen offen anzusprechen und dabei die Emotionen und Gefühle des anderen zu berücksichtigen. Also die Person genau dort abzuholen, wo sie sich gerade befindet.

Wenn dir das gelingt, bietet Empathie ein enormes Potenzial für Innovation, Wohlstand, Produktivität und Mitarbeitendenbindung. So zeigt zum Beispiel die Umfrage von Catalyst, einer globalen gemeinnützigen Organisation, die von vielen CEOs weltweit führender Unternehmen unterstützt wird, um Arbeitsplätze für Frauen zu schaffen, dass das empathische Verhalten von Führungskräften folgende Benefits bietet:

- Die Innovationsfähigkeit steigert sich um 48 Prozent.
- Das Engagement der Mitarbeitenden steigt um 44 Prozent.
- Es gibt eine 26 Prozent höhere Wahrscheinlichkeit dafür, dass sich Familie und Beruf vereinbaren lassen
- Die Mitarbeitendenbindung steigt um 30 Prozent.[3]

Kein Wunder also, dass Satya Nadella, der CEO von Microsoft, der Meinung ist, dass Empathie der Schlüssel zu fast allem ist, und er deshalb sein Unternehmen mit Empathie zum wertvollsten Unternehmen der Welt machen will.[4] Und auch Hirnforscher, wie z. B. Prof. Dr. Gerald Hüther, propagieren längst, dass die Gesellschaft von morgen nicht die Intellektuellen prägen werden, sondern diejenigen, die gelernt haben, in der großen Gemeinschaft den Einzelnen und seine Talente zu erkennen und wertzuschätzen. Empathie ist demnach die größte Chance, die wir nutzen sollten. Nicht nur für die persönliche Zielerreichung, nicht nur für eine sozial gesunde Gesellschaft, sondern auch für ein wirtschaftlich stabiles Land. Der Ruf nach empathischer Führung, auch »compessionate leadership« genannt, ist gerade recht laut. Aber nicht nur Führungskräfte, wie Satya Nadella, können dazu maßgeblich etwas beitragen, sondern auch die Mitarbeitenden. Das sieht auch Lunia Hara so. Sie sagt mir: »Ein gemeinsames Ziel zu erreichen ist nur dann möglich, wenn ausreichend gegenseitige Empathie vorhanden ist. Gegenseitige Unterstützung, Zuhören, Verständnis aufbringen – all das braucht Empathie. Als Unternehmen bedeutet es, wahrzunehmen, was Mitarbeitende wirklich brauchen, und deren Bedürfnisse ernst zu nehmen.«

## Zuhören! Nicht, um zu antworten, sondern um zu verstehen

Wie genau sieht denn nun empathisches Verhalten im Arbeitskontext für Führungskraft und Mitarbeitende aus? Wie so oft beginnt die Reise natürlich zuerst bei dir: »Je besser du dich selbst kennst, umso einfacher wird es, auch andere Menschen zu verstehen«, sagt mir Hara. Ich habe bei mir selbst zum Beispiel irgendwann festgestellt, dass ich bei Gesprächen immer wieder versucht habe, die Pause meines Gegenübers zu nutzen, um meine Ideen oder Gedanken mitzuteilen. Während die andere Person noch sprach, habe ich mir schon überlegt, wie ich am besten darauf antworten könnte. Das führte dazu, dass ich gar nicht richtig präsent war, sondern nur zuhörte, um adäquat zu antworten, nicht aber, um den anderen wirklich zu verstehen.

Dieses Problem hat der amerikanische Psychologe und Psychotherapeut Carl Ransom Rogers schon vor der Jahrtausendwende erkannt. Der Begründer der klinischen Gesprächstherapie und des Konzeptes »aktives Zuhören« sagte: »Es ist im Leben sehr selten, dass uns jemand zuhört und wirklich versteht, ohne gleich zu urteilen. Dies ist eine sehr eindringliche Erfahrung.«

Aber genau das zeichnet unser empathisches Verhalten aus: Den Gesprächspartner:innen zuhören, um zu verstehen. Der deutsche Rapper Sido hat es in meinen Augen in einem Interview auf den Punkt gebracht: »Weißt du, wie du jeden Menschen der Welt glücklich machen kannst? Mit einem Ohr. Du brauchst noch nicht mal zwei. Du brauchst nur ein Ohr. Du musst einem Menschen nur mal zuhören. Du musst nicht alles genauso sehen wie der andere. Nur einsehen, dass der vielleicht anders ist als du, das hinnehmen und ihm Verständnis zeigen. Das ist alles, womit du einen anderen Menschen glücklich machen kannst.«[5]

Was so einfach klingt – ist eigentlich auch einfach. Aber klar, das schaffen wir nicht, indem wir nebenbei in einem Meeting fragen, wie es der anderen Person geht, und direkt danach mit der Agenda weitermachen. Wir brauchen Zeit, die wir uns im Alltag nehmen sollten. Dann können wir erkennen, dass wir alle im Arbeitsalltag mehr gemeinsam haben, als uns eigentlich trennt. Es ist einfach, Menschen in Schubladen zu stecken. Es gibt uns. Und es gibt die anderen. Mitarbeitende, die neu sind. Und Mitarbeitende, die schon immer da waren. Mitarbeitende, die Führungskräfte sind und leiten. Menschen, die Visionen und Vorgaben umsetzen. Mitarbeitende, denen wir vertrauen. Und solche, denen wir eher aus dem Weg gehen. Mitarbeitende aus der Stadt. Mitarbeitende vom Land. Aber wenn wir zuhören, dann werden wir erkennen, dass wir mehr gemeinsam haben, als uns vielleicht trennt. Mitarbeitende, die früher Klassenclowns waren, Mitarbeitende, die in einer Patchwork-Familie leben, Mitarbeitende, die sich einsam fühlen, Mitarbeitende, die sich geliebt fühlen. Auf einmal ist es ein WIR. Wir, die es lieben, zu tanzen. Wir, die früher gemobbt worden sind. Wir, die traurig sind. Wir, die an eine bessere Arbeitswelt glauben. Wir, die den Sinn des Lebens gefunden haben. Lass uns aus dem ICH und DU ein WIR machen, indem wir endlich zuhören, um zu verstehen und nicht zu antworten. Hier sind es vor allem wieder die Führungskräfte, die lernen dürfen, anderen zuzuhören, anstatt selbst viel zu reden. Die Fragen stellen dürfen, um zu verstehen. Die Arbeitswelt ist viel zu komplex geworden, als dass eine Führungskraft allein die beste Entscheidung treffen kann. Warum nicht das Potenzial des Teams nutzen?

## Spiele die Sorgen der anderen nicht herunter

Empathisch zu sein und aktiv zuzuhören, heißt übrigens auch, dass wir damit aufhören, die Emotionen, Gefühle, Ängste und Sorgen anderer Menschen herunterzuspielen. Du weißt bestimmt, wie es sich anfühlt, wenn du dich einer Person anvertraust und Sätze zu hören bekommst wie: »Ach komm, so schlimm ist das doch nicht.« Oder: »Du hast schon ganz andere Sachen geschafft.«

Das ist bestimmt gut gemeint. Dein Gegenüber versucht, dich damit aufzumuntern, Lösungen anzubieten. Aber darum geht es in diesem Moment gar nicht. Und es hilft auch nicht. Oft brauchen wir in einer solchen Situation gar keine Lösung, jedenfalls nicht sofort, sondern vielleicht erst im zweiten Schritt. Was wir in diesem Moment brauchen, ist, dass wir mit unseren Themen gesehen und bestenfalls auch verstanden werden. Wenn unser Gegenüber nicht auf unsere Themen eingeht oder sie uns sogar auszureden versucht, denken wir, dass unsere Emotionen und Gefühle falsch sind. Aber das sind sie nicht, niemals.

Es geht also als Allererstes darum, zuzuhören und damit einen Raum zu schaffen, in dem sich unser Gegenüber wohlfühlt. Erst dann kannst du den anderen aufmuntern oder eine Lösung anbieten. Natürlich gibt es auch Situationen, schlimme Situationen, in denen wir nicht wissen, wie genau wir mit einer Person umgehen sollen. Hier ein herzzerreißendes Beispiel, von dem mir der renommierte Rhetorik- und Kommunikationsexperte René Borbonus erzählt hat: Einer seiner Seminarteilnehmer, Dieter, erfuhr, dass sich der Sohn seines Chefs das Leben genommen hatte. Die gesamte Belegschaft wusste davon. Nun kam der Tag, an dem der Chef zurück in die Firma kam. Niemand ließ diese Situation kalt, aber keiner wusste, wie er mit der Situation und dem Chef umgehen sollte. Auch Dieter ging es so, aber genau das machte er zum Thema. Er ging zu seinem Chef und sagte: »Wissen Sie, ich weiß nicht, wie ich mich richtig verhalten soll. Sollen wir es ausblenden? Sollen wir darüber reden? Ich weiß es nicht. Aber ich möchte Ihnen sagen, ich bin da, was auch immer gebraucht wird.« Die kurze Stille, nachdem Dieter diese Worte gesagt hatte, lag schwer im Raum. Aber sein Chef sah ihm in die Augen und antwortete: »Wissen Sie, manchmal ist es einfach nur gut, in den Arm genommen zu werden.« Und genau das tat Dieter dann, er nahm seinen Chef in den Arm.

## Die dunkle Seite der Empathie

So schön und positiv Empathie auch ist, so gefährlich kann sie werden. Denn bei manchen Menschen kann es passieren, dass empathischer Stress entsteht. Das hat zur Folge, dass Emotionen und Gefühle anderen Menschen gegenüber nicht mehr von den eigenen unterschieden werden können. Heißt: »Ich werde überwältigt von dem Leid des anderen, und die bei der gesunden Empathie noch vorhandene Unterscheidung zwischen selbst und anderem verschwimmt, sodass das Leid des anderen dann zu meinem eigenen wird«, erklärt mir Neurowissenschaftlerin Prof. Dr. Tania Singer.

So erging es einigen Teammitgliedern von Simon Sinek. Von einem auf den anderen Tag kündigten diese, weil sie das Gefühl hatten, ausgebrannt zu sein. Sinek war sehr verwundert und ratlos. »Burn-out? In meinem kleinen Team?«, fragte er sich selbst. Er wusste, wie viel seine Leute arbeiteten, und konnte sich einen Burn-out nur dadurch erklären, dass die betroffenen Teammitglieder einen zweiten Job neben der Vollzeitstelle haben mussten. Aber dem war nicht so. Sinek fand stattdessen heraus, dass diese Personen die Hauptansprechpartner:innen für Kolleg:innen waren, die unter Stress, Konflikten und Sorgen litten.[6] Diese Teammitglieder waren dem emphatischen Stress also so extrem ausgesetzt, dass ihre Resilienzfähigkeit abnahm und sie dadurch einen Burn-out bekamen.

Singer weiß durch neurowissenschaftliche Untersuchungen, dass, wenn wir leidende Menschen sehen, dieselben Gehirnareale aktiviert werden, die aktiv sind, wenn wir selbst Schmerz oder Leid empfinden. Die Intensität des Empfindens dieser Empathie hängt davon ab, wer wir sind, wie viel eigenes Leid wir schon erlebt haben oder ob wir ein Trauma in uns tragen.[7] Durch ein Experiment mit dem weltbekannten buddhistischen Mönch und Wissenschaftler Matthieu Ricard machte Singer allerdings eine überraschende und wichtige Entdeckung, die sie im Anschluss mit Studierenden wissenschaftlich fundiert belegen konnte: Bei Proband:innen, die leidende Menschen in Videos gesehen hatten, leuchteten im Zustand der Empathie jene Gehirnareale auf, die mit negativen Emotionen einhergehen. Im Zustand des Mitgefühls für diese leidenden Menschen hingegen waren Gehirnareale aktiv, die mit positiven Gefühlen verbunden sind, die zum Beispiel dann aktiv werden, wenn eine geliebte Person angeschaut wird. Hier empfanden die Proband:innen vor allem ein Gefühl der Wärme, Fürsorge und Liebe, sodass der Wunsch entstand, helfen zu wollen.[8]

Das heißt: Während empathischer Stress prosoziales Verhalten reduziert und im schlimmsten Fall zu Burn-out führen kann, hat unser Mitgefühl die Kraft, die eigene Resilienz, positive Gefühle sowie prosoziales Verhalten zu fördern. Anstatt uns überfordert zu fühlen und eventuell sogar soziale Beziehungen zu vermeiden, bleiben wir mit Mitgefühl handlungsfähig und können Stresssituationen besser bewältigen. Deshalb empfiehlt Singer, nicht in Empathie zu verharren, sondern stattdessen in den Zustand des Mitgefühls für andere zu gelangen, wodurch Schutz vor empathischem Stress entstehen kann. Ähnlich sieht es auch der ehemalige Unilever CEO Paul Polman, der sich in der Vergangenheit für soziale Verantwortung starkgemacht hat. Er sagt: »Wenn ich mit Empathie führen würde, wäre ich nie in der Lage, eine einzige Entscheidung zu treffen. Und warum? Weil ich mit Empathie die Emotionen anderer spiegele, was es unmöglich macht, das Allgemeinwohl zu berücksichtigen und die richtigen Entscheidungen zu treffen. Man muss Empathie auf menschlicher Ebene haben, aber ein Unternehmen mit Mitgefühl führen.«[9]

## Empathie allein reicht nicht

Wir brauchen also unbedingt auch Mitgefühl. Und das Verständnis dafür, dass dies nicht das Gleiche wie Empathie ist. Leider wird in vielen Gesprächen, Artikeln und Studien im Arbeitskontext bisher nicht zwischen diesen beiden Begriffen unterschieden. Aber genau das ist zwingend nach Singer notwendig.

- Während Empathie sich ausschließlich auf das Fühlen und die Resonanz zu den Emotionen des anderen bezieht,
- steckt hinter dem Mitgefühl die Motivation, anderen Menschen aktiv helfen zu wollen, damit es ihnen besser geht.

Die gute Nachricht lautet: Unabhängig vom Geschlecht und Alter sind Menschen in der Lage, die sozialen Kompetenzen, wie Empathie und Mitgefühl, durch verschiedenste Praktiken zu erlernen und trainieren,[10] sodass im Anschluss sogar die graue Substanz im Gehirn in den Bereichen zunimmt, die diese Fähigkeiten unterstützen.[11] Im Rahmen einer der weltweit größten Studien zu Empathie und Mitgefühl, dem »ReSource-Projekt«[12], konnte Singer darüber hinaus zeigen, dass sich insbesondere eine Kernübung des dreimonatigen sozialen mentalen Trainingsmoduls, auch Affektmodul genannt, zur Förderung des Mitgefühls eignete: die Affekt-Dyade. Hierbei handelt es sich um eine Übung, bei der sich zwei Personen zwölf Minuten lang miteinander austauschen.

Dabei spricht jede Person sechs Minuten und konzentriert sich dabei auf zwei Aspekte:

1. Was war meine schwierigste Herausforderung des gestrigen Tages und wie hat sich die daraus entstandene Emotion in meinem Körper angefühlt?
2. In welcher Situation des gestrigen Tages habe ich Dankbarkeit gespürt, und wie fühlten sich die daraus entstandenen Emotionen in meinem Körper an?

Die jeweils andere Person hört einfach nur empathisch und still zu, stellt also keine Fragen, gibt keine Antworten, unterbricht nicht. Durch diese Übung lernst du, anderen aktiv zuzuhören, und verlierst deine Angst, Menschen etwas von dir zu erzählen. Darüber hinaus fühlst du dich danach stärker sozial verbunden und kannst sozialen Stress erheblich reduzieren.[13] Positiver Nebeneffekt der verschiedenen mentalen Übungen des Affekt-Moduls, die über einen Zeitraum von drei Monaten andauern, ist die Zunahme eines kooperativen Verhaltens. Die Menschen verhalten sich sogar verstärkt altruistisch, das heißt, sie zeigen ein Verhalten, das sich unmittelbar auf das Wohlergehen der anderen konzentriert.[14]

Auch bei Führungskräften ist das Verständnis der Unterscheidung zwischen Empathie und Mitgefühl für das eigene Wohlbefinden und das Wohlbefinden der Mitarbeitenden von entscheidender Bedeutung. So zeigt eine interne Studie, die von dem amerikanischen Beratungsunternehmen »Potential Project« durchgeführt wurde, das bereits für über 450.000 Menschen neue Arbeits- und Führungsmethoden entwickelte, dass Führungskräfte, die sich auf Mitgefühl konzentrieren, ein zwölf Prozent niedrigeres Risiko haben, einen Burn-out zu bekommen. Gleichzeitig empfinden sie sogar ein um 30 Prozent größeres Wohlbefinden und haben ein stärkeres Vertrauen in ihre Führungsqualitäten. Mitarbeitende dieser Führungskräfte, die Mitgefühl gegenüber Empathie bevorzugen, sind sogar 25 Prozent engagierter bei der Arbeit, setzen sich 20 Prozent stärker für das Unternehmen ein und haben ein elf Prozent geringeres Burn-out-Risiko.[15]

## So machen es die Profis

Bereits an seinem ersten Tag im Februar 2014 stellte der neue Microsoft-Geschäftsführer Satya Nadella klar, dass Empathie ein wesentlicher Bestandteil seiner neuen Unternehmensstrategie sein würde, da das Thema für ihn die wichtigste Innovationsquelle im Unternehmen sei.[16] Damit prägte er die Unternehmenskultur von Tag eins maßgeblich und konnte die bisher ausschließlich leistungsorientierte und von Wettbewerb geprägte Ausrichtung um eine kooperative Komponente erweitern. Vor dem Hintergrund der zunehmenden Individualisierung unserer Gesellschaft war das für Reinhard Nissl, Personalleiter von Microsoft Deutschland, ein entscheidender Schritt: »Eine One-size-fits-all-Lösung für Mitarbeitende passt einfach nicht mehr. Es braucht einen diversen Führungsstil und Empathie, um individuelle Bedürfnisse zu erkennen«, sagt Nissl mir im Interview.

Es geht aber natürlich nicht nur darum, Mitarbeitende und Kolleg:innen einfach besser zu verstehen. Im Unternehmenskontext geht es immer auch um wirtschaftlichen Erfolg. Ein Beispiel dafür, wie Microsoft die Wachstums-Mentalität organisatorisch umsetzt, ist das seit 2019 in Kraft getretene Management-Framework »Model, Coach & Care« mit dem Ziel, Erfolg durch Empowerment und Verantwortlichkeit zu erzielen, indem man Vorbildfunktionen, Coaching und Fürsorge nutzt. Die Führungskräfte sind dazu angehalten, auf die Bedürfnisse, Befindlichkeiten und Ziele der Mitarbeitenden innerhalb und außerhalb der Arbeit einzugehen. Darüber hinaus sollen sie Flexibilität, Wohlbefinden und Selbstfürsorge vorleben. »Diese neue Erwartungshaltung an die Führungskräfte und die Messbarkeit empathischen Verhaltens durch Fragestellungen in regelmäßigen Umfragen kommt bei der Belegschaft positiv an«, resümiert Nissl. Dadurch, dass man bei Microsoft Führungskräfte nach ihrer Fürsorge bewertet, wurde erreicht, was Prof. Dr. Tania Singer dringend empfiehlt: nämlich dass das soziale Motivationssystem »Care« (Fürsorge) in den Arbeitskontext integriert wird. So ist es für Nissl längst zur Routine geworden, die ersten Minuten bei Terminen für einen persönlichen »Coffee Chat« zu nutzen, bei dem Nissl sich bei seinen Team-Mitgliedern erkundigt, wie es ihnen geht, oder seine eigenen Emotionen, Fehler oder Ängste teilt. Zum Beispiel die Angst, Aufgaben nicht so gut zu erledigen, wie es erwartet wird – von ihm selbst oder anderen. »Durch das Teilen meiner Ängste und Emotionen kann ich empathischer gegenüber anderen sein, und durch das aktive Zuhören gebe ich meinem

Gegenüber die Möglichkeit, mir sein Herz auch zu öffnen«, sagt er mir im Gespräch.

Die Ergebnisse von weltweiten Mitarbeitendenbefragungen bei Microsoft zeigen, dass das Unternehmen mit diesem empathischen Ansatz sehr erfolgreich ist:

- 90 Prozent der Mitarbeitenden fühlen sich eingebunden.
- 96 Prozent sind der Meinung, sie werden von der Führungskraft mit Respekt und Würde behandelt.
- 95 Prozent haben eine positive Arbeitsbeziehung zur Führungskraft.[17]

»Der häufigste Grund, warum Mitarbeitende sich entscheiden, bei Microsoft zu bleiben, ist unsere besondere von Empathie geprägte Kultur«, sagt Nissl. Seiner Meinung nach funktionieren Recruiting und Retention besser, je empathischer eine Organisation ist. Und hier ist Nadella als CEO ein besonderes Vorbild, weil er als Person glaubwürdig die Kultur prägt. Und wenn ich Nadella zuhöre, glaube ich zu verstehen, was Nissl meint: »Die Menschen reden davon, das Arbeitsleben vom Privatleben zu trennen, [aber] wie macht man das in Wirklichkeit? Man ist an beiden Orten ein vollständiges Ich. Daher denke ich, dass Empathie bedeutet, zuzuhören, was im Leben passiert, und sich dann vollständig auszudrücken, auch bei der Arbeit.«[18]

**Mein Fazit:** Es ist also an der Zeit, dass wir unserer Empathie und unserem Mitgefühl mehr Raum geben. Die Bedürfnisse und Wünsche der Mitarbeitenden zeigen, dass die Sehnsucht nach mehr Menschlichkeit groß ist. Wir wollen gesehen werden. Moderne Unternehmen und Führungskräfte zeigen zudem, dass Verletzlichkeit und Emotionen zur Arbeitswelt dazugehören. Diese Vorbilder werden inzwischen nicht mehr belächelt oder als unprofessionell wahrgenommen. Sie sind authentisch, sie sind echt. Empathie und Mitgefühl müssen eine Kompetenz sein, die jeder erlernen sollte. Ob nun als Führungskräfte oder Mitarbeitende. Damit wir alle gemeinsam für etwas brennen, anstatt auszubrennen.

## QUICK WINS

**Für Mitarbeitende**

a) Zuhören, um zu verstehen, anstatt zu antworten. Dabei auf die Techniken des aktiven Zuhörens zurückgreifen.
b) Bagatellisierungen reduzieren und sich auf das Gefühl des Gegenübers einlassen.
c) Sich immer wieder bewusst machen, dass empathisches Verhalten bzw. Mitgefühl nicht auf Knopfdruck an- oder ausgeschaltet werden kann. Deshalb zunehmend in den Arbeitsalltag einbringen. Wir alle profitieren davon.

**Für Führungskräfte**

a) Anstatt immer selbst zu reden, mehr aktives Zuhören durch Fragenstellen.
b) Interesse am Menschen haben und nicht nur am Ergebnis.
c) Zuerst sich selbst kennenlernen. Selbstwahrnehmung ist die Grundlage dafür, Empathie und Mitgefühl entwickeln zu können.
d) Aus der Empathie lernen, ins Mitgefühl zu kommen, um empathischen Stress zu vermeiden und Mitarbeitenden tatsächlich helfen zu können.

**Für Unternehmen**

a) Für Mitarbeitende und Führungskräfte Möglichkeiten schaffen, soziale Kompetenzen zu erlernen, trainieren und weiterzuentwickeln.
b) In der Personalauswahl und -entwicklung Fokus auf soziale Kompetenzen setzen.
c) Mitarbeitenden Anlaufstellen zur Verfügung stellen, damit sie nicht unbewusst zu Seelsorger:innen des Unternehmens werden.

# Feedback: Wir brauchen es öfter als einmal im Jahr

Gelb, die Ampel war gelb. Gerade erst umgesprungen, kein Wimpernschlag war das her, und der Typ hinter mir spielte sofort sein Lieblingsinstrument: Autohupe. Ich hatte noch nicht den ersten Gang eingelegt, da drückte der Kerl schon wieder drauf. Mööööóp. Ganz nach dem Motto: »Geduld ist etwas für Anfänger:innen – ich flippe lieber sofort aus.«

Es wunderte mich nicht. Ich kenne es ja auch von mir: im Stau, an der Kasse, in der Warteschleife am Telefon. Das dauert alles – Viel. Zu. Lange! Früher war das anders bei mir, da war ich irgendwie geduldiger. Das war aber vor einer Welt, in der ich auf dem Sofa sitzend ein Buch im Internet bestellen konnte und schon am nächsten Tag vor dem Mittagessen das erste Kapitel gelesen habe. Noch bevor man sogar Lebensmittel in weniger als einer Stunde geliefert bekommen hat. Das war vor der Zeit, als man mit zweifacher Geschwindigkeit eine Sprachnachricht abhören konnte – das war, bevor es überhaupt Sprachnachrichten gab. Bevor eben einfach so ziemlich alles sehr viel fixer ging und es nun wirklich Schlimmeres gab als einen eingefrorenen Ladebalken.

Das Problem ist: Inzwischen sind wir alle verwöhnt. Egal, wo wir hinschauen, unsere Bedürfnisse werden immer schneller befriedigt. Ist doch klar, dass unsere Gesellschaft immer ungeduldiger wird. Vor allem die junge Generation, die digital aufgewachsen ist und aufwächst, kennt es nicht anders, als unmittelbar Rückmeldungen zu bekommen. Da werden Videos, Bilder, Texte auf Social Media gepostet, die direkt Likes, Kommentare oder Weiterleitungen zur Folge haben. Bestenfalls, denn bleiben solche unmittelbaren Feedbacks aus, fühlen wir uns nämlich nicht gesehen, nicht wertgeschätzt. Und das hat Auswirkungen.

## Zeit für Feedback

Durch die Schnelllebigkeit in unserem Alltag ändern sich auch unsere Erwartungen an die Arbeitswelt. Denn natürlich wollen wir auch im Job eine schnelle Rückmeldung bekommen. Einerseits, um darüber mehr Wertschätzung zu erfahren, anderseits aber auch, um uns weiterzuentwickeln – dazu gleich noch mehr. Klassische Feedbackgespräche finden aber in den allermeisten Firmen nur einmal pro Jahr statt. Wenn überhaupt. Laut einer Studie von Gallup erhalten nur 23 Prozent der Arbeitnehmer:innen überhaupt ein regelmäßiges Feedback von ihren Vorgesetzten.[19]

Feedbackgespräche sind einer der wichtigsten Grundbausteine, wenn es darum geht, dass Mitarbeitende lernen und sich weiterentwickeln. Wissenschaftliche Untersuchungen zeigen, dass beispielsweise Schimpansen und Orang-Utans dieselben Fähigkeiten wie Kleinkinder haben, wenn es um die Bereiche räumliches Verständnis, Rechnen und kausale Zusammenhänge geht. Beim sozialen Lernen jedoch haben die Affen keine Chance mehr.[20] Wir müssen also keine geborenen Genies sein, sondern können unser Wissen und unsere Fähigkeit dadurch erweitern, dass wir von anderen Rückmeldungen bekommen.[21] »Wir sind darauf ausgerichtet, Verbindungen mit den Menschen unserer Umgebung herzustellen«, schreibt der Autor und Historiker Rutger Bregman in seinem Buch »Im Grunde gut«. »Und das ist kein Handicap, sondern unser größtes Kapital.«[22]

Wie genau sich das ausdrückt, hat ein Team von Wissenschaftler:innen im Forschungsprojekt LinkedIn Personnel Panel (LPP) herausgefunden. Sie sind zu dem Ergebnis gekommen, dass in Unternehmen, in denen regelmäßig Mitarbeitendengespräche geführt werden, die Zufriedenheit und das berufliche Engagement signifikant höher sind.[23] Das hat mir auch der erfolgreiche Unternehmer Marcus Diekmann in unserem Gespräch bestätigt. Diekmann war CEO von ROSE Bikes und ist Co-Gründer der Founders League, einer Plattform für Start-ups und junge Gründer:innen. Er ist davon überzeugt, dass Jahresgespräche keine Relevanz mehr haben und Mitarbeitende stattdessen regelmäßige Feedbacks und Dialoge brauchen.

Im Grunde verhält es sich mit dem Feedback im Job genauso wie in unseren Beziehungen. Eine funktionierende Partnerschaft braucht den regelmäßigen Austausch untereinander. Wenn wir nur einmal am Ende des Jahres darüber reden, was gut und schlecht gelaufen ist, dann wird das nicht funktionieren. Das ist, wenn ich mir die Scheidungsrate anschaue, wohl häufig der Fall. Es braucht also ein Umdenken. Im privaten Kontext womöglich, aber ganz sicher in der Wirtschaft. Große Player wie Adobe, Google, Microsoft und Accenture haben bereits vor Jahren die klassischen Jahresgespräche abgeschafft und durch Instant Feedback ersetzt, das im Rahmen eines regelmäßigen und fest strukturierten Termins oder eines flexiblen und spontanen Gesprächs stattfinden kann. Damit sind diese Firmen aber eine Ausnahme. Denn immer noch führen 49 Prozent der Unternehmen ihre Feedbackgespräche jährlich, 22 Prozent immerhin halbjährlich, zehn Prozent vierteljährlich und nur sechs Prozent monatlich.[24]

## Die Kunst, Feedback zu geben

Die zeitliche Komponente ist also ein wichtiger Faktor, wenn es um das Thema Feedback geht. Von ebenso großer Bedeutung ist die Art und Weise, wie dieses Feedback übermittelt wird. Laut einer Studie des Beratungsunternehmens Gallup finden nur 26 Prozent der Mitarbeiter:innen, dass das Feedback, das sie erhalten, ihnen dabei hilft, ihren Job besser machen zu können.[25] Auch da ist also noch Luft nach oben. Nun stellt sich natürlich die Frage, wie ein Feedback aussehen muss, damit sich die Leute im Unternehmen wohlfühlen, deshalb gerne dort bleiben und zusätzlich auch noch performen? Als Grundvoraussetzung ist es erst mal wichtig, zu verstehen, dass wir andere Menschen gar nicht objektiv bewerten können, weil es dabei nämlich zum sogenannten idiosynkratischen Bewertungseffekt kommt. Dabei sind unsere Einschätzungen so sehr gefärbt durch unser eigenes Verständnis und unser Gefühl, dass unsere Beurteilungen zu über 50 Prozent unsere eigenen Eigenschaften widerspiegelt anstatt die unseres Gegenübers.[26] Das muss man sich an dieser Stelle unbedingt deutlich machen: Wer ein Feedback gibt, ist nicht die Quelle der Wahrheit, sondern demnach vielmehr die Quelle des möglichen Irrtums.

Der einzige Bereich, in dem jeder Mensch eine unanfechtbare Quelle der Wahrheit ist, sind die eigenen Gefühle und Erfahrungen. Ärzt:innen lassen deshalb zum Beispiel ihre Patient:innen oft die eigenen Schmerzen anhand einer Skala bewerten, um darauf mit einer angemessenen Behandlung zu reagieren. Sie vertrauen also auf die Empfindungen ihres Gegenübers. Und genauso wenig, wie eine Ärztin die Schmerzen ihrer Patient:innen beurteilen kann, können Vorgesetzte in ihre Mitarbeiter:innen hineinschauen. Das macht eine objektive Bewertung unmöglich.

Alles, was wir daher machen können, ist, unsere eigenen Gefühle und Erfahrungen mitzuteilen. Vor diesem Hintergrund dürfte es niemanden mehr überraschen, dass Unternehmen immer häufiger ein 360-Grad-Feedback einsetzen. Das Ziel dabei ist es, dass nicht nur die eigenen Führungskräfte Feedback geben, sondern auch Kolleg:innen, Dienstleister:innen, Kund:innen und andere Stakeholder. So erhalten die Mitarbeitenden aus mehreren unterschiedlichen Perspektiven individuelle subjektive Feedbacks (Gefühle und

Erfahrungen), die dann zusammengenommen einer objektiven Betrachtung ein Stück näher kommen.

Um nun als Mitarbeiter:in auch von den Feedbacks zu lernen und dadurch die eigene Leistungsfähigkeit zu verbessern, kommt es auf die inhaltliche Ausrichtung an. Wissenschaftler:innen haben herausgefunden, dass ein Gehirn am meisten dort wächst, wo es bereits am stärksten ist. In einem Experiment wurden Student:innen in zwei Gruppen aufgeteilt – in der einen wurden die Teilnehmer:innen nach ihren Träumen gefragt, die sie verwirklichen wollen, und in der zweiten sollte erzählt werden, was die Student:innen ihrer Meinung nach bei ihren Hausaufgaben falsch machen und was sie daran ändern müssten. Ergebnis: Bei den Student:innen der zweiten Gruppe wurde das sympathische Nervensystem aktiviert, das als »Kampf-oder-Flucht-System« dafür sorgt, dass wir uns nur auf die Informationen konzentrieren, die zum Überleben notwendig sind. Das Gehirn schränkt also die Aktivitäten ein. Dies bedeutet, dass wir ein kritisches Feedback als Bedrohung wahrnehmen, und das beeinträchtigt wiederum unser Lernen. Bei der ersten Gruppe war hingegen das parasympathische Nervensystem aktiv, das als »Ruhe- und Verdauungssystem« bezeichnet wird. Hier werden neue Neuronen produziert, die das Lernen fördern. Deshalb sollten sich Vorgesetzte in einem Feedbackgespräch vor allem auf die Stärken ihrer Mitarbeiter:innen konzentrieren und dabei helfen, diese auszubauen, anstatt sich auf die Schwächen und Unzulänglichkeiten zu fokussieren. Aus diesem Experiment kann geschlussfolgert werden, dass Lernen nur dann stattfinden kann, wenn wir sehen, wie wir etwas besser machen können. Lernen beruht auf dem Verständnis dessen, was wir gut machen, nicht auf dem, was wir nicht oder nur schlecht hinbekommen.[27]

Hat eine Vorgesetzte ein vorgefertigtes Modell im Kopf, mit dem sie ihr Team vergleicht und ihr vor Augen führt, wo ihr Modell verfehlt wurde, sind bestenfalls durchschnittliche Leistungen möglich. Wer beispielsweise den Verfasser eines Textes nur auf die grammatikalischen Fehler hinweist, bekommt hinterher vermutlich einen korrekten Text, aber eben kein Werk, das die Leser:innen mitreißt.

Es geht bei einem erfolgreichen Feedback also nicht darum, Misserfolge zu erkennen, und auch nicht darum, zu erklären, wie diese Misserfolge vermieden werden können. Es ist vielmehr von großer Bedeutung, die Dinge zu erkennen und vor allem auch hervorzuheben, die gut funktioniert haben. Denn das motiviert und führt am Ende zu Spitzenleistungen.

## Der Ton macht die Musik

Wir wissen jetzt also, dass das Timing bei einem guten Feedback wichtig ist und ebenso der Inhalt. Es kommt aber auch noch darauf an, in welcher Zeitform der Inhalt rübergebracht wird. Anders ausgedrückt: Es ist wichtig, was wir sagen – aber auch, wie wir es sagen. René Borbonus, einer der renommiertesten Rhetorik- und Kommunikationsexperten in Deutschland, erklärte mir bei unserem Gespräch in der Nähe von Nürnberg die drei unterschiedlichen Varianten:

- Bei der forensischen Rhetorik bedienen sich die Gesprächspartner:innen der Vergangenheitsform, die größtenteils dann verwendet wird, wenn Schuldfragen geklärt werden. Hierbei ist es schwierig, konstruktiv zu sein.
- Bei der demonstrativen Rhetorik bleibt man bei der Gegenwart, in der es darum geht, wie Menschen zu einem Sachverhalt stehen und was dieser in ihnen auslöst. Hier sind Einstellungen, Werte, Gefühle, Gemeinsamkeiten und Unterschiede von Bedeutung.
- Bei der deliberativen Rhetorik geht es um die Zukunft – um Wahlmöglichkeiten, Entscheidungen und Lösungen. Um Verhaltensänderungen in Gesprächen anzustoßen, eignet sich diese Form daher am besten.

Aber wie sieht das konkret aus? Stellen wir uns nun einmal vor, ein Teammitglied ist im Meeting immer wieder abwesend, driftet weg. Das gefällt uns natürlich nicht, also suchen wir hinterher das Gespräch. Nun könnten wir die Vergangenheitsform wählen und so etwas sagen wie: »Du hast gar nicht zugehört!« Das ist ziemlich vorwurfsvoll. In der Gegenwartsform klingt das schon anders: »Wo bist du denn mit deinen Gedanken?« Und ganz anders hört es sich an, wenn wir die Zukunftsversion wählen: »Ich wünsche mir von dir, dass du beim nächsten Mal präsenter bist.«

Du merkst es selbst. Es klingt viel entspannter, wenn du bei Konfliktgesprächen mit deiner Kommunikation nach vorn gerichtet bist, anstatt darüber sprichst, was in der Vergangenheit alles falsch gelaufen ist.

Das hat auch der israelische Wissenschaftler Avi Kluger erkannt und den Begriff und die Methode »Feedforward« etabliert. Um diese im Alltag direkt anzuwenden, helfen dir diese drei Buchstaben: WWW. Diese Abkürzung steht in diesem Zusammenhang für die Begriffe Wahrnehmung, Wirkung und Wunsch.

1. Im Rahmen dieser WWW-Methode beschreibst du im ersten Schritt deine objektive konkrete **Wahrnehmung**, zum Beispiel: »Ich habe gemerkt, dass du während der Meetings oft an deinem Handy bist.«
2. Im zweiten Schritt schilderst du deinem Gegenüber mit einer Ich-Botschaft, welche **Wirkung** das wahrgenommene Verhalten auf dich hat: »Das lenkt mich ab und ich fühle mich nicht gehört.«
3. Im letzten Schritt äußerst du dann deinen klaren **Wunsch** für das zukünftige Verhalten: Ich würde mir wünschen, dass du dein Handy in Zukunft in Meetings ausschaltest.«

## Erfolgreiche Umsetzung in erfolgreichen Unternehmen

»Feedbackgespräche sind einmal im Jahr gut, aber lange nicht ausreichend. Feedbacks sind am wirksamsten, wenn sie mit direktem Situationsbezug, unmittelbar und möglichst konkret gegeben werden«, sagt mir Gunnar Kilian, Personalvorstand und Arbeitsdirektor beim Volkswagen Konzern, bei meinem Besuch vor Ort in Wolfsburg. Das Unternehmen macht im Rahmen der größten Transformation der Firmengeschichte, vom reinen Automobilhersteller zum softwareorientierten und nachhaltigen Mobilitätsdienstleister, auch einen Kulturwandel durch.

Im Hinblick auf die Anpassung der Feedback-Kultur wurde den Mitarbeitenden im größten HR-IT-Roll-out der Volkswagengeschichte nicht nur ein webbasiertes Dashboard zum Performance Management mit einem kurzzyklischen Zielsystem und regelmäßigen Rückmeldemöglichkeiten zur persönlichen Leistung ermöglicht, sondern auch ein neues digitales Echtzeitfeedback: »Ziel ist es, regelmäßig und direkt Feedback zu geben und zu erhalten«, erzählt mir Kilian. Denn ein wertschätzendes, empathisches und kontinuierliches Feedback trägt nicht nur zum persönlichen Wachstum bei, sondern gibt auch für die Transformation des Volkswagen Konzerns fortlaufend wertvolle Impulse. Dank des digitalen Tools »SAP Success Factors« ist Feedback direkt nach Meetings oder Projekttreffen auf Basis definierter oder individueller Fragestellungen jederzeit möglich. Da das hybride Arbeiten eine immer größere Rolle spielt, halte ich ein Tool wie dieses für sehr sinnvoll, da es nicht erfordert, dass sich alle beteiligten Personen persönlich treffen müssen.

Die Mitarbeitenden erhalten Orientierungshilfe durch Leitfäden und Tutorials, damit sie kritisches Feedback angemessen kommunizieren können. Eine offene Feedback-Kultur ist Kilian sehr wichtig, er selbst nennt sie »Speak-up-Kultur« und sagt: »Unsere Erfahrung zeigt, dass die niedrigschwelligen Angebote dazu führen, dass Beschäftigte und Führungskräfte deutlich stärker in zielführende Diskurse gehen und die Tendenz, kurzzyklisch Feedback über das Tool zu geben, wächst.«

Dabei sollen persönliche Feedbackgespräche nicht ersetzt, sondern im Rahmen eines kontinuierlichen und multiperspektivischen Prozesses ergänzt und unterstützt werden. Gerade das Feedback der Mitarbeitenden an die Führungskräfte beziehungsweise das Management ist für Volkswagen entscheidend geworden. So hat das Unternehmen im Rahmen von »Upward Feedback« Führungskräften die Möglichkeit geschaffen, sich von ihren Teams ein kompaktes, anonymisiertes Feedback zu ihrem Führungsverhalten einzuholen. Dazu sind die Beschäftigen eingeladen, sechs Fragen auf freiwilliger Basis zu beantworten. Auf diese Weise erhalten die Führungskräfte ein direktes Bild davon, wie sie in ihrer Funktion wahrgenommen werden. Durch die Maßnahme »Book your boss« können Mitarbeitende Führungskräfte aus dem Top-Management zum Meinungsaustausch treffen, ihnen auf Augenhöhe begegnen und persönliches Feedback geben. Dabei handelt es sich um eine Initiative des »Role-Model-Programms«, das seit 2018 Führungskräfte dabei unterstützt, neue Formen der Zusammenarbeit zwischen Hierarchieebenen zu etablieren sowie Silo-Denken und Machtdistanzen weiter zu reduzieren. Auch an den Produktionsstandorten wurde ein entsprechendes Gesprächsformat ins Leben gerufen: »Auf ein Frühstück mit …«

Ein zentrales Element im Volkswagen Konzern ist das Stimmungsbarometer, eine Mitarbeitenden-Befragung, die seit 2008 jährlich weltweit in über 160 Gesellschaften in 49 Ländern durchgeführt wird. Dabei können rund 600.000 teilnahmeberechtigte Mitarbeitende Feedback zu unternehmensrelevanten Themen, zur Zusammenarbeit und eine Bewertung der Führungsqualitäten ihrer direkten Vorgesetzten abgeben. Im Anschluss der Auswertung führen Führungskräfte mit ihren Teams einen offenen Dialog, sodass gemeinsam Handlungsfelder und Maßnahmen zur Verbesserung des Arbeitsklimas erarbeitet und implementiert werden.

Kilian zieht eine positive Bilanz: »Die regelmäßigen Feedbackmöglichkeiten geben unseren Kolleg:innen das Material an die Hand, das sie brauchen, um ihre Leistung zu verbessern und den Kurs mitzubestimmen. Es verändert die Einstellung der Mitarbeitenden zu ihrer Arbeit und ihren Möglichkeiten völlig. Feedback wird als ein Geschenk angesehen.«

Auch für das Unternehmen OTTO hat das klassische System des Jahresgesprächs ausgedient, »da sich im Laufe eines Jahres so viel verändert, dass ein regelmäßiger Austausch benötigt wird«, erklärt mir Personalvorständin Katy Roewer. Nach der Maxime »Weg von der Beurteilung – hin zum Dialog« hat das Unternehmen ein neues digitales Feedback- und Beurteilungssystem etabliert: »Feedback im Dialog« (FiD). Es ermöglicht Mitarbeitenden und Führungskräften, zunächst digital eine Selbst- und Fremdeinschätzung anzugeben, deren Übereinstimmungen und Unterschiede anschließend im persönlichen Dialog besprochen werden können. Durch dieses digitale System soll das Feedback offener, unkomplizierter und jederzeit durchführbar gestaltet werden. Es beinhaltet einen Modul-Baukasten für verschiedene Situationen. Im Modul »Basis« kann grundsätzliches Feedback zu den aktuellen Aufgaben, Ergebnissen und der Zusammenarbeit gegeben werden. Das Modul »Führungsfeedback« beinhaltet Feedback für Führungskräfte, während beim Modul »Individuell 360 Grad« Mitarbeitende aus unterschiedlichen Blickwinkeln Rückmeldungen von Kolleg:innen erhalten.

**Mein Fazit:** Mit Plastik, Papier oder Strom sollten wir sparsam umgehen – aber nicht mit Feedback in Unternehmen. Denn um mal ehrlich zu sein: Wer kein regelmäßiges Feedback gibt, der wird wahrscheinlich auch nicht besonders an der Weiterentwicklung anderer Personen interessiert sein, oder? Feedbackgeben sollte also gelernt sein, da wir Menschen mit der Art und Weise nicht nur demotivieren, sondern auch stark verletzen können. Feedback anzunehmen ist eine Fähigkeit, die wir lernen können, um uns persönlich nicht angegriffen zu fühlen. Wir sollten das Feedback als Geschenk sehen. Wenn wir beide Fähigkeiten zukünftig trainieren, dann, da bin ich mir sicher, werden Feedbacks in Unternehmen nicht nur gegeben, sondern auch endlich gehört und angenommen – ein wichtiger Schritt!

## QUICK WINS

**Für Mitarbeitende**

a) Gibt es keine gelebte und etablierte Feedback-Kultur, aktiv ein Gespräch einfordern und dafür proaktiv auf die Führungskraft zugehen.
b) Eine Erkenntnis aus dem Gespräch mitnehmen, was man im Alltag anders machen möchte. Unbedingt einen Follow-up-Termin vereinbaren.
c) Feedback ist keine Einbahnstraße. Man darf und sollte sich trauen, der Führungskraft eine konstruktive Rückmeldung zu geben. Wie sonst sollen die Leader:innen ihre Führung verbessern?

**Für Führungskräfte**

a) Nicht nur einmal im Jahr Feedback geben, sondern in einem regelmäßigen kürzeren Abstand.
b) Proaktiv Feedback von Mitarbeitenden einholen, um die eigene Führung zu verbessern.
c) Termine mit Mitarbeitenden sollten die höchste Priorität haben. Wenn sie verschoben werden müssen, sollten möglichst innerhalb von 48 Stunden Alternativtermine angeboten werden.
d) Die Sprache der Zukunft wählen, also eine deliberative Rhetorik, um das Verhalten der Mitarbeiter:innen positiv zu beeinflussen.
e) Mehr auf die Stärken der Mitarbeiter:innen konzentrieren, anstatt zu versuchen, die Schwächen zu verbessern.

**Für Unternehmen**

a) Den Führungskräften sollten geeignete Tools und Software-Lösungen zur Verfügung gestellt werden, damit sie in der Lage sind, ein optimales Instant Feedback geben zu können.
b) 360-Grad-Feedback in Betracht ziehen.
c) Führungskräften Zeit einräumen, nicht nur operativ tätig zu sein, sondern auch ihre Mitarbeiter:innen durch ausführliches Feedback zu führen.

## Radical Honesty: Nicht die Lüge tut weh, sondern die Wahrheit davor

Vor mir stand mein aufgeklapptes Notebook und ich blickte auf dieses weiße Dokument. Es war leer. Der blinkende Cursor oben links erinnerte mich im Sekundentakt daran, dass ich an diesem Tag bisher noch nichts geschrieben hatte – schon wieder.

Blink.
Blink.
Blink.

Das. Tat. Weh. Als würde mir jemand immer wieder ein Vierkantholz über den Hinterkopf ziehen. Ich spürte es beinahe sogar körperlich, auf jeden Fall aber mental. Ich hatte schließlich noch nie ein Buch geschrieben und fing an zu grübeln. »Dir fehlt die Erfahrung«, sagte eine Stimme in mir. Was dagegen nicht fehlte, waren Zweifel und Fragen, die aufpoppten wie Popcorn in der Mikrowelle: Kann ich den Leser:innen wirklich einen Mehrwert bieten? Wer bin ich, zu glauben, dass sich irgendwer da draußen dafür interessiert, was ich zu sagen habe?

Und dann tat ich etwas, das ich die meiste Zeit in meinem Leben nicht getan hatte. Ich sprach über meine Gefühle, über meine Zweifel und die Angst, versagen zu können. Früher hätte ich solche Momente überspielt. Ich hätte so getan, als wäre ich selbstsicher, als hätte ich die Sache voll im Griff, als würde es in meinem Leben keine Zweifel geben – aber die Wahrheit war, dass es mich stresste, diese Rolle zu spielen. Es machte mich müde und antriebslos. Denn ich war einfach nicht ich.

Die Gespräche mit meinen Freund:innen, mit meiner Familie und meinem Verlag pusteten mir Wind unter die Segel. Sie erinnerten mich daran, dass ich in der Vergangenheit oft genug bewiesen hatte, dass mir Menschen zuhörten. Ich wurde daran erinnert, wie ich beim Fußballbundesligisten Bayer 04 Leverkusen als Marketing-Projektleiter die Bälle hochgehalten hatte. Daran, dass ich danach alles auf eine Karte setzte und mein Start-up »detoxRebels« bei der TV-Show »Die Höhle der Löwen« einem Millionenpublikum präsentierte. Ich dachte plötzlich an meinen erfolgreichen Podcast »Rebellisch gesund«, den Tausende Menschen regelmäßig hören, an meine zahlreichen Auftritte als Speaker und an die vielen namhaften Unternehmen und Konzerne, die ich mit meinem Team bis dahin beim Thema Mitarbeitenden-Retention unterstützen konnte. Die Menschen um mich herum machten mir Mut – ich machte mir Mut. Das half. Und so bekämpfte ich diesen blinkenden Cursor Tag für Tag mit jedem Buchstaben, jedem Wort, jedem Absatz und jeder Seite, bis ich am Ende ein fertiges Manuskript an den Verlag schicken konnte.

Es heißt: Betrunkene, kleine Kinder und zu enge Hosen verraten immer die Wahrheit. Aber es sollte mehr sein. Wir alle sollten ehrlicher sein: privat, aber auch im Job. Wenn du dich also fragst, wieso ich den Mut gefunden habe, an dieser Stelle meine Hose runterzulassen und dir meine Zweifel anzuvertrauen, dann lautet meine Antwort darauf, dass es in diesem Kapitel genau darum geht: Radical Honesty.

## Lügen machen kurze Beine – und lange Ärger

Wir alle verhalten uns im Alltag oftmals anders, als wir das eigentlich denken, fühlen und wollen. Insbesondere bei der Arbeit sprechen wir unsere Gedanken nicht aus, verschweigen Fehler, unterdrücken Gefühle. Wir geben also im Grunde vor, jemand zu sein, der wir nicht sind. Warum tun wir das? Um irgendwie dazuzugehören, um Konflikte zu vermeiden, um Karriere zu machen und schlussendlich, um vielleicht so unseren Platz in der Gesellschaft zu finden. Das sieht auch der Psychotherapeut Dr. Brad Blanton aus Amerika so. Er ist Autor des Buches »Radical Honesty« und gilt als Urvater der Radical-Honesty-Bewegung, die in den 1990er-Jahren startete. Blanton stellte bei seiner Arbeit immer wieder fest, dass die emotionale und kognitive Dissonanz – also wenn deine Vorstellungen, Gedanken, Gefühle überhaupt nicht mit der Realität übereinstimmen – der zentrale Treiber für den Dauerstress ist, den wir in unserer Gesellschaft spüren.[28]

Auch du wirst vermutlich die eine oder andere Situation kennen, in der das bei dir genauso gewesen ist, oder? Wie oft hast du schon gedacht, dass ein Meeting Zeitverschwendung, die Idee der Kolleg:innen nicht das Papier wert ist, auf dem sie steht, dass dein Chef eine falsche Entscheidung getroffen hat? Du hättest das sogar belegen können. Aber gesagt hast du: nichts. Vermutlich aus Angst. Angst, die Gefühle anderer zu verletzen. Angst, dich selbst ins Abseits zu stellen. Angst, die Karriere zu beschädigen. So geht das dann jeden Tag. Business as usual.

Dabei gibt es ein Problem, mehrere, um genau zu sein. Denn durch ein solches Verhalten entsteht eine Kettenreaktion: Je öfter wir Wünsche und Emotionen herunterschlucken, desto mehr steigt unsere Unzufriedenheit, und je mehr sie steigt, desto öfter sind wir gefrustet – und je mehr Frust wir haben, desto häufiger fühlen wir uns gestresst. Wünsche, Emotionen, Frustration dauerhaft und konstant herunterzuschlucken oder freundlich zu tun, wenn man wütend ist, kostet enorm viel Kraft, die uns an anderer Stelle fehlt. Auf Dauer kann das nicht gesund sein: »Jeden Tag ein Bild von sich selbst zu verkaufen, erzeugt Stress. Wir müssen zwei Menschen gleichzeitig sein und die äußere Show dann noch mit Lächeln und lockeren Sprüchen untermauern. Innerlich herrschen Versagensängste, unterdrückte Wut, Einsamkeit«, sagt Radical-Honesty-Coach und Seminarleiter Jakob Eichhorn.[29]

Der renommierte deutsche Hirnforscher Prof. Dr. Gerald Hüther redet in so einem Fall von Inkohärenz im Gehirn. Was kompliziert klingt, ist eigentlich ganz einfach: Glück ist der Zustand von Kohärenz im Hirn. Und das passiert, wenn alles richtig gut zusammenpasst: Wenn die Erwartungen mit der Realität übereinstimmen. Wenn Denken, Fühlen und Handeln eine Einheit bilden. Ist das der Fall, wird im Gehirn nur ganz wenig Energie verbraucht (und das liebt unser Hirn mehr als Trash-TV). Passt das allerdings nicht, spricht man von Inkohärenz. Dann feuern die Nervenzellen alles durcheinander, und bei diesen Entladungen wird eine Menge Energie verschwendet. Die Folgen sind eben Stress, Erschöpfung und schlimmstenfalls irgendwelche Süchte, die uns ablenken sollen – allerdings mit jedem Mal stärker werden. Wir hauen uns dann abends auf das Sofa und lassen uns vom Fernsehprogramm berieseln oder tauchen in die digitale Welt ab, anstatt uns damit auseinanderzusetzen, wie wir zum Beispiel den Konflikt mit einem Teammitglied lösen können. Je häufiger wir das machen, desto stärker wird unsere Gewohnheit und desto stärker unsere Sucht, bei jeder Inkohärenz diese Routine abzuspielen.

Die Folgen der eigenen Unehrlichkeit schaden nicht nur den Betroffenen selbst, sondern auch den Menschen in ihrem sozialen Umfeld, weiß Psychotherapeut Blanton. Sie schafft unweigerlich Distanz zu Kolleg:innen, Freund:innen und Partner:innen, die irgendwann merken, dass etwas nicht stimmt. Wenn dann keine der beiden Seiten das ehrliche Gespräch sucht, bleibt das Ungesagte und Unverarbeitete im Raum und sorgt dafür, dass Beziehungen noch distanzierter und unpersönlicher werden. Für Blanton ist der Mangel an Ehrlichkeit die Hauptursache der meisten persönlichen Konflikte. Deswegen ist seine Lösung ebenso naheliegend wie einfach. Sie lautet: Radical Honesty.

## Du darfst alles denken, aber nicht alles sagen

Als ich zum ersten Mal von Radical Honesty gehört habe, musste ich an eine Abrissbirne denken. An eine riesige Kugel, die mit viel Schwung in die Büros der Kolleg:innen einschlägt, mit dem Ziel, denen mal so richtig die Meinung zu sagen. Soll ich das wirklich machen? Soll ich nicht! Denn das Konzept von Radical Honesty bedeutet natürlich nicht, wie ich anfangs dachte, brutal ehrlich zu sein und andere Menschen durch meine Wahrheit zu verletzen. Es geht nicht darum, meinem Gegenüber rücksichtslos alles an den Kopf zu werfen, was ich gerade über ihn denke. Denn dann bin ich nicht ehrlich, sondern nur ehrlich ein Arsch. Das Ziel ist nicht, meinen Frust abzulassen, sondern wirklich Nähe mit anderen aufzubauen. Es ist möglich, die Wahrheit zu sagen, ohne andere zu verletzen.

Das Konzept der radikalen Ehrlichkeit ist also nicht mit einer moralischen Verpflichtung zu verwechseln, sklavisch die Wahrheit zu sagen. »Vielmehr geht es darum, sich selbst immer bewusster wahrzunehmen und dann, wenn möglich, die eigenen Gefühle, Gedanken, Wünsche, Bedürfnisse und körperlichen Empfindungen ausführlich, echt und transparent in der Kommunikation mit anderen zu teilen«, führt Radical-Honesty-Trainer Marvin Schulz bei unserem persönlichen Gespräch in Köln aus.

Was heißt das jetzt genau? Schauen wir uns ein Beispiel aus dem Alltag an, das du ganz bestimmt kennst. Nehmen wir an, du sitzt in einem Meeting, in dem für ein Problem bei einem Projekt verschiedene Ideen und Vorschläge diskutiert werden. Nachdem du dir alles angehört hast, bist du davon überzeugt, dass dein Vorschlag von allen der beste ist. Genommen wird aber die Idee deines Nachbarn. Jetzt kannst du schweigen und auf die Chefin sauer sein, die diese Entscheidung gefällt hat, oder auf die Person, die diese Idee hatte. Vielleicht machst du dies sogar zum Thema, damit du deinen Ärger nicht die ganze Zeit mit dir herumschleppen musst. Vielleicht wirst du es vorsichtig formulieren wollen und so etwas sagen wie: »Nimm es mir bitte nicht übel, aber ich finde meinen Vorschlag einfach besser als deinen.«

Das Ergebnis ist vermutlich, dass deine Aussagen als herablassend empfunden werden, auch wenn du es gar nicht so gemeint hast. Aber wie sollst du es sonst formulieren, ohne dass du für Konflikte und Spannungen sorgst? Ein Vorschlag nach dem Radical-Honesty-Konzept sieht tatsächlich etwas anders aus, nämlich so: »Ich habe Angst, dass du mich für arrogant hältst. Weil ich meinen Vorschlag besser als deinen finde und mich ärgere, dass die

Chefin deinen genommen hat.« Klar, dein Gegenüber kann dich jetzt immer noch für anmaßend halten. Aber indem du deine Angst geäußert und dich damit verletzlich gezeigt hast, besteht überhaupt erst die Chance auf ein tiefgreifendes, verbindendes Gespräch, weil dein Gegenüber nun womöglich auch bereit ist, sich dir gegenüber zu öffnen. Vielleicht wird die Person sagen, dass sie dich verstehen kann, weil sie es auch schon ein paar Mal erlebt hat. Natürlich funktioniert das auch im privaten Bereich, zum Beispiel bei einem Date. Was spricht dagegen, zuzugeben, nervös zu sein, weil man sich so sehr auf das Treffen gefreut hat? Ich finde, dass es einen Versuch wert ist. Oder auch zwei, drei, vier Versuche. Probiere es aus!

Das Ziel von Radical Honesty ist also einerseits, Energie zu sparen, und andererseits, Nähe und Verbundenheit zu Mitmenschen aufzubauen. Die Voraussetzung dafür ist die psychologische Sicherheit, die ich bereits in diesem Buch ausführlich beschrieben habe. Wir sollten einen Raum schaffen, in dem wir das Gefühl haben, keine negativen Konsequenzen zu erfahren, und vollstes Vertrauen spüren. Ein Umfeld, in dem Menschen ehrlich und authentisch sein können, ohne Angst vor Verurteilungen haben zu müssen.

Klar, Gespräche, bei denen wir uns verletzlich zeigen, bringen uns aus der Komfortzone. Du kennst das sicher auch von Auseinandersetzungen mit deinem Partner, deinen Eltern und Freund:innen. Aber was du dann ganz bestimmt auch kennst, ist das befreiende Gefühl danach: die Zufriedenheit, das Wohlbefinden. Vielleicht sogar ein Gefühl der Verbundenheit.

Einer, der ebenfalls eine solche Erfahrung gemacht hat, ist Philip Siefer, der Gründer von Einhorn, ein Unternehmen, das vegane Kondome in bunten Chipstüten und Periodenartikel verkauft. In dem Podcast »Hotel Matze« sprach Siefer 2017 zum ersten Mal öffentlich über seine Panikattacken. In einem Gespräch erzählte er mir, dass er sich das zuvor nicht getraut hätte, aus Angst, was andere über ihn denken könnten. Ein erfolgreicher Gründer dürfte schließlich keine Panikattacken haben. Also schwieg er jahrelang. Doch das Reden war ein Befreiungsschlag und viele Menschen erzählten ihm hinterher, dass es ihnen genauso ginge. Genau so entstehen Verbindungen, echte Verbindungen. Seitdem ist Philip Siefer sicher, dass vieles einfacher wird, wenn wir uns trauen, unsere wahren Gefühle und damit mehr Verletzlichkeit zu zeigen. Wenn wir bewusster wahrnehmen und direkter benennen, was uns innerlich bewegt, können wir auch unseren Emotionen auf die Spur kommen und sie anderen mitteilen. So werden Gefühle sichtbar – und damit auch veränderbar. Eine zentrale Voraussetzung, um Konflikte besser zu lösen.

Radical Honesty hilft uns dabei, davon bin ich mittlerweile überzeugt. Privat wie beruflich.

Natürlich ist mir klar, dass dieser Weg nicht ganz so leicht ist. Denn wir haben uns über Jahrzehnte ein berufliches Umfeld geschaffen, in dem es schwer ist, die Wahrheit zu sagen. Hierarchien, Kontrollstrukturen, wirtschaftliche Abhängigkeit und Machtdynamiken führen dazu, dass wir nicht ganz wir selbst sein können. Dazu kommt, dass wir bereits in der Kindheit erfahren haben, dass die Wahrheit sehr oft auch Konsequenzen mit sich bringt: Ablehnung, Disharmonie, Ausgrenzung, Scham oder Schmerz. Kein Wunder, dass wir täglich immer wieder lügen. Wie oft, das ist nicht wissenschaftlich belegt. Im Internet wird gern mal behauptet, dass wir 200 Mal pro Tag die Unwahrheit sagen. Wer das glauben mag … Vielleicht beobachtest du dich einfach mal ehrlich selbst dabei, wie oft du die Dinge schönfärbst oder verfälschst. Zum Beispiel bei der Frage, wie es dir geht. Fragen, wie diese sind zu einer Floskel geworden, auf die wir automatisch positiv antworten. Das Verschweigen von Gefühlen und aufrichtigen Gedanken ist zur Norm geworden.

### Was du mit Radical Honesty bewirken kannst

Kaum vorzustellen, was passieren würde, wenn wir unsere Energie nicht mehr dazu benutzen würden, um Masken zu tragen und Lügen zu leben. Wenn wir diese Kraft nehmen könnten, um sie in die eigentlichen Arbeitsprozesse zu stecken. Was würde passieren, wenn wir radikal ehrlich wären?

Im Vergleich zu anderen Gebieten ist die wissenschaftliche Forschung über Radical Honesty leider noch recht überschaubar. Aber es gibt zahlreiche Erfahrungsberichte, wie die von Philip Siefer von Einhorn oder die des Radical-Honesty-Trainers Marvin Schulz, der seit mehr als zehn Jahren das Konzept praktiziert und weltweit Workshops gibt. »Das war nicht immer so. Früher war ich u. a. bei der Unternehmensberatung KPMG in New York tätig. Und dort habe ich konstant so getan, als wäre ich immer effizient, und habe sogar bei meinen Freunden die ganze Zeit eine Rolle gespielt. Das hat mich sehr viel Energie und Lebensfreude gekostet. Nach meinen ersten Radical-Honesty-Workshops habe ich auf einmal gemerkt, je ehrlicher ich mit Menschen umgehe, desto ehrlicher werden auch sie. Auf einmal habe ich mehr Präsenz gewonnen und mich freier und lebendiger gefühlt. Natürlich ist das nicht immer angenehm oder leicht, die eigene verletzliche Wahrheit zu teilen. Das tat oftmals zuerst weh, doch nach kurzer Zeit stelle sich fast immer ein Gefühl der Ruhe und Integrität ein. Denn wenn man nicht mehr seine Geschichten und sein Ideal-Selbstbild verteidigen und Sachen verstecken muss, öffnet sich vielmehr der Raum für wahrhaftige Beziehungen und kreative Projekte«, erzählt mir Schulz.

Auf der Basis meiner Gespräche mit dem Experten Schulz ergeben sich meines Erachtens durch das Radical-Honesty-Prinzip folgende Vorteile für Unternehmen:

1. **Innovationskraft:** Wie oft werden in Meetings tolle Ideen und Entwicklungen be- oder verhindert, weil Mitarbeitende nicht offen ihre Meinung äußern können, dürfen oder möchten? Wie oft ließen sich Misserfolge und große Unkosten verhindern, wenn Probleme offen angesprochen werden könnten, anstatt am Ende des Projektes zu sagen: »Siehst du, ich wusste, dass es nicht klappt.« Durch Radical Honesty kommt es zu einer qualitativ hochwertigen Entscheidungsfindung. Durch die Offenheit für verschiedene Meinungen und Ideen können innovative Lösungsansätze entstehen. Mitarbeitende werden ermutigt, ihre Gedanken und Vorschläge einzubringen, was die Kreativität und Innovationskraft eines Teams oder Unternehmens stärken kann. Und sollte es doch mal zu Misserfolgen kommen, verringert sich die Wahrscheinlichkeit, dass nur eine einzelne Person die Schuld auf sich nimmt – für einen Fehler, der im Kollektiv entstanden ist.
2. **Störfaktorvermeidung:** Da ist diese eine Kollegin, die sonst immer etwas zu sagen hat. Aber im heutigen Meeting sitzt sie nur da, mit gesenktem Kopf und schweigt. Das Meeting ist vorbei und das Getuschel geht los. Es wird spekuliert, gegrübelt und Zeit und Energie darauf verschwendet, herauszufinden, was wohl los war mit der stillen Kollegin. Anders sieht es aus, wenn in diesem Meeting erkannt wird, dass die Kollegin offenbar etwas auf dem Herzen hat, und dies auch wohlwollend angesprochen wird. Am besten noch während des Meetings oder unmittelbar im Anschluss. Wenn diese Kollegin daraufhin über ihre Emotionen spricht, sorgt sie automatisch dafür, kein Störfaktor zu sein. Ganz im Gegenteil: Sie trägt maßgeblich zu mehr Verbundenheit im Team bei.

3. **Konfliktlösung:** Durch die direkte und ehrliche Kommunikation können Streitigkeiten und Spannungen frühzeitig erkannt und besprochen werden – ohne zu eskalieren, weil Gefühle, Gedanken und Absichten nicht mehr falsch interpretiert werden.

Wenn dich das Thema bis hierhin genauso erwischt hat wie mich, möchtest du an dieser Stelle bestimmt wissen, wie du Radical Honesty auch in deinen Alltag integrieren kannst. Nun, das hier könnten deine nächsten Schritte sein:

**1. Schritt: Trenne Beobachtungen von Gedanken**

Glaube nicht alles, was du denkst. Denn damit liegst du leider oft falsch. Glaubst du nicht? Ein Beispiel: Du läufst bei der Arbeit gut gelaunt und federnden Ganges durch den Flur und begegnest jemandem, der dich nicht grüßt. Nüchtern betrachtet ist das erst einmal nur eine Beobachtung. Was jetzt aber passiert, wenn du dich darüber ärgerst, ist, dass diese Beobachtung rasend schnell zu zahlreichen Interpretationen mutiert. Deine Gedanken wollen dir jetzt vielleicht erzählen, dass diese Person zum Beispiel unsympathisch ist, arrogant oder selbstverliebt. Oder schlimmer noch, dass du etwas falsch gemacht hast. Dass du nicht liebenswert bist und keine Wertschätzung verdient hast. Aus diesen Gedanken entstehen vielerlei negative Gefühle. Was glaubst du, wie du dieser Person ab jetzt gegenübertreten wirst?

Mache dir also in einer solchen Situation lieber erst einmal klar, was tatsächlich passiert ist: Du wurdest nicht gegrüßt. Punkt. Dann fragst du dich, was deine Sorge ist, welche Gefühle in dir hochkommen. Und damit gehst du dann zu der betreffenden Person und öffnest dich ihr. Zum Beispiel so: »Hey! Mir ist eben aufgefallen, dass du mich nicht gegrüßt hast. Ich habe jetzt die Sorge, dass du vielleicht sauer auf mich bist oder ich etwas falsch gemacht habe. Ist da was dran?« Auf diese Weise kann dein Gegenüber die Chance nutzen, seine Sichtweise zu schildern. Wenn beide an dieser Stelle ehrlich sind, kann das Thema geklärt werden, bevor überhaupt erst ein Konflikt daraus entsteht.

**2. Schritt: Erkenne deine eigenen Lügen oder Wahrheiten**

Um mit deinen Mitmenschen ehrlich sein zu können, musst du natürlich erst einmal ehrlich zu dir selbst sein. Bevor du an dieser Stelle direkt zum nächsten Punkt springst, weil du davon überzeugt bist, dich selbst niemals anzulügen, gib bitte der folgenden Übung eine Chance, indem du folgenden Satzanfang laut liest und ihn dann vollendest: »Manchmal tue ich so, als ob …«

Falls dir gerade nichts einfällt, gebe ich dir hier mal ein paar Beispiele aus meinem Leben:

- Manchmal tue ich so, als ob ich zuhöre, bin mit meinen Gedanken aber ganz woanders.
- Manchmal tue ich so, als ob ich selbstsicher Entscheidungen treffe, habe aber vorher mehrere Menschen in meinem Umfeld nach Rat gefragt.
- Manchmal tue ich so, als ob ich gut gelaunt und begeistert bin, obwohl ich mich traurig und leer fühle.

Wir alle benutzen Lügen, um alle möglichen Geschichten über uns selbst zu konstruieren – und unabhängig davon, ob wir uns dadurch besser oder schlechter fühlen, bringen sie uns dazu, die Wahrheit über uns selbst zu leugnen. Mit dieser Übung wird dir bestimmt auch ganz schnell klar, in welchen Bereichen deines Lebens du vielleicht nicht immer ganz ehrlich bist. Wenn du eine Lüge entdeckst, stelle dich ihr und lerne daraus. Heißt: Entweder du änderst etwas an deinem Handeln, sodass aus der Lüge eine Wahrheit wird. Oder du begräbst die Lüge. Diese Übung kannst du übrigens auch wunderbar in deinem Team oder Freundeskreis machen. Wer sich ebenfalls in der Lüge des Sprechenden wiederfindet, hebt die Hand. Dadurch lernt ihr euch besser kennen und sorgt für mehr Verbundenheit.

**3. Schritt: Sei ehrlich mit Kolleg:innen und Freund:innen**

Wenn du deine Wahrheit und Lügen erkannt hast, versuche dich in deinem sozialen Umfeld immer mehr auf die Wahrheiten zu konzentrieren und diese auch zuzulassen. Zu Beginn solltest du vielleicht risikoarme Gelegenheiten wählen, bei denen die Themen noch nicht allzu groß und existenziell sind. Wenn es zum Beispiel mit Freund:innen um die Wahl eines Kinofilms geht, eines Restaurants oder eines anderen Ausflugsziels. Taste dich langsam vor und sprich deine Wahrheiten aus.

Ich will dir nichts vormachen, natürlich wird es auch Momente geben, die nicht so gut laufen. Nicht immer spielen alle Beteiligten das Spiel mit. Aber du kannst vorangehen und ein Vorbild sein.

Grundsätzlich befürworte ich Radical Honesty, betrachte diese Methode aber auch als ein zweischneidiges Schwert. Einerseits bin ich davon überzeugt, dass dieses Konzept für die persönliche Entwicklung von großem Nutzen sein kann und eine starke Grundlage dafür bildet, qualitativ wertvolle Beziehungen im Alltag und Berufsleben aufzubauen und zu pflegen. Andererseits kann Radical Honesty eine Zusammenarbeit auch negativ beeinflussen. Demnach ist es wichtig, sorgfältig abzuwägen, wann radikale Ehrlichkeit angebracht ist und wann nicht. Dabei spielt vor allem die Frage eine große Rolle, ob in einem Unternehmen überhaupt ein Kommunikationssystem existiert, das Ehrlichkeit unterstützt.

Und noch mal: Radical Honesty bedeutet nicht, dass wir in jeder Situation unsere Gedanken und Meinung teilen müssen. Es bleibt dir überlassen, in welcher Situation, du dich öffnen möchtest.

### Netflix: Das schaue ich mir genauer an

Ausnahmsweise öffne ich jetzt mal keine Tüte mit Knabbereien, wenn ich mich mit Netflix beschäftige. Der amerikanische Streaming-Anbieter zeigte bereits 2009 mit der Veröffentlichung seines »Culture Decks«, wie stark radikale Transparenz und Ehrlichkeit in der Unternehmenskultur verankert sind und wie sehr dieses Konzept dazu beigetragen hat, dass sich aus einem kleinen Start-up für internetbasierten DVD-Verleih ein global führendes Unternehmen der Unterhaltungsindustrie entwickeln konnte. Die Meinung des ehemaligen CEO Reed Hastings war dabei glasklar: Wer seine Bedenken, Zweifel, Meinung nicht ehrlich und transparent äußert, der ist seinem Unternehmen gegenüber nicht loyal. Rumms! Das ist mal ein Statement.

Hastings verlangte von Mitarbeitenden auf allen Ebenen, ehrlich zu sein, verdammt ehrlich sogar. Gegenüber sich selbst und allen anderen. Führungskräfte mit eingeschlossen. Eine beliebte Übung in den Meetings der Führungskräfte hieß »Start, Stop, Continue«. Dabei trat eine Führungskraft einer anderen gegenüber und sagte ihr, was sie ihrer Meinung nach a) endlich beginnen, b) besser lassen und c) unbedingt weiter machen sollte.[30]

Eine weitere Maßnahme war, dass Mitarbeitende nicht hinter dem Rücken über andere sprechen durften. So etwas haben Führungskräfte direkt unterbunden und ein Gespräch von Angesicht zu Angesicht einberufen – aber auch nur dann, wenn die betreffende Person dazu bereit war, das, was sie auf dem Herzen hatte, »face to face« anzubringen. Damit hat man bei

Netflix eine Umgebung geschaffen, in der Probleme und Konflikte offen und ehrlich angesprochen werden können – ausgenommen ethische Verstöße wie Diskriminierung oder sexuelle Belästigung, die einen gewissen Raum des Vertrauens zur vorgesetzten Person brauchen. Zudem wurde festgestellt, dass regelmäßige, einfache und ehrliche Gespräche über die Leistung zu besseren Ergebnissen führten.[31]

Darüber hinaus hat das Führungsteam an Radical Honesty festgehalten, wenn es darum ging, Veränderungen und Strategien umzusetzen, die das Unternehmen und deren Mitarbeiter:innen beeinflussen. Ein Vorgang, der in vielen Firmen aus Angst vor den Reaktionen der Belegschaft vermieden wird. Patty McCord, eine der früheren Chief Culture Officer, schreibt in ihrem Buch: »Bei Netflix haben wir gelernt, dass die Vorbereitung der Mitarbeiter auf bevorstehende Veränderungen zu einem Gefühl des Vertrauens in das Unternehmen führt: Vertrauen, dass wir das Unternehmen proaktiv dorthin bringen, wo es hingehen muss, und dass wir niemanden über die erforderlichen Veränderungen täuschen werden. […] Die Transparenz in Bezug auf die Schwierigkeit dieser Entscheidungen machte sie nicht leichter, aber der ehrliche Dialog bedeutete, dass alle Mitarbeiter im Unternehmen darauf vorbereitet waren.«[32]

Netflix ist damit ein gutes Beispiel dafür, dass die Befürchtungen von Unternehmen sich nicht bewahrheiten müssen. Es ist weniger so, dass die Änderungen Ängste bei den Mitarbeitenden hervorrufen, sondern vielmehr fehlende Informationen darüber. René Borbonus, einer der führenden Rhetorik- und Kommunikationsexperten Deutschlands und Berater von zahlreichen Spitzenpolitiker:innen und anderen Persönlichkeiten, sagt mir: »Klarheit, auch wenn sie schmerzt, bringt uns oftmals weiter als Unklarheit, die uns extrem belasten kann.«

Aber mal eben so nebenbei wurde diese Kultur auch bei Netflix nicht etabliert. Dieser offene und transparente Umgang miteinander war laut McCord einer der schwierigsten Aspekte, an den sich alle gewöhnen mussten. Aber es hat sich gelohnt. Der frühere VP of Data Science and Engineering, Eric Colson, sagte zu Patty McCord, dass »[…] das Geben und Annehmen von ehrlichem Feedback von zentraler Bedeutung dafür war, wie gut sein Team arbeitete – und sein Team arbeitete hervorragend«.[33]

Es stellt sich also die berechtigte Frage, ob das Konzept von Radical Honesty zukünftig nicht zwingend die grundlegende Haltung in modernen Unternehmen sein sollte. Auf jeden Fall, findet Erin Meyer, Professorin an der internationalen Business Schools INSEAD. Sie ist eine der 50 einflussreichsten Wirtschaftsautor:innen der Welt, unter anderem mit ihrem Buch »The Cultur Map« über kulturelle Unterschiede in der Zusammenarbeit und als Co-Autorin des Buches »No Rules Rules« über die Unternehmenskultur bei Netflix. Sie sagt: »Im Silicon Valley und in vielen anderen Unternehmen herrscht ein regelrechter Hype um radikale Ehrlichkeit.«[34]

**Mein Fazit:** Ich denke, wir brauchen so etwas wie radikale Ehrlichkeit in Unternehmen. Denn ich merke selbst, wie sehr es mich anstrengt, in Meetings vielleicht nicht immer die ganze Wahrheit zu sagen. Diese emotionale und kognitive Dissonanz stresst mich – nach außen auf professionell zu machen, aber innerlich diese Unsicherheit zu spüren. Das sollte anders möglich sein. Das finden auch knapp 60 Prozent der Mitarbeitenden, die sich im Rahmen einer Umfrage von Compensation Partner, einer Marke von Stepstone, eine aktive, ehrliche und offene Kommunikation wünschen.[35]

Auf der anderen Seite weisen sehr viele Führungskräfte noch narzisstische Charakterzüge auf, die radikale Ehrlichkeit nicht unbedingt erleichtern. Solange also in den Unternehmen nicht die nötigen Rahmenbedingungen geschaffen werden, die es ermöglichen, das Radical-Honesty-Konzept umzusetzen, solange habe ich die Befürchtung, dass bedingungslose Ehrlichkeit einer Karriere eher schaden könnte. Ich bin fest davon überzeugt, dass wir mitten in einem Wandel stecken, der in die richtige Richtung geht. Das bestätigt mir persönlich auch Sebastian Harrer, ehemaliger Personalleiter ING Deutschland, der im Rahmen eines Artikels des Magazins »Human Resources Manager« im Oktober 2023 öffentlich fordert, dass emotionale Kompetenz auf die Agenda der Personalentwicklung gehört, weil darin der Schlüssel für erfolgreiche Zusammenarbeit und individuelle Performance liegt. Er sagt: »Emotionen haben überall da ihren Platz, wo Menschen miteinander in Interaktion treten – besonders wenn mit Engagement und Einsatz gearbeitet wird. Wer Emotionen bewusst erlebt, ist in der Lage, über Lernprozesse immer wieder Kongruenz zwischen Fühlen und Fakten herzustellen.« Und jeder von uns kann dazu seinen eigenen Beitrag leisten, indem er vorsichtig vorangeht und sich die richtigen Verbündeten sucht.

## QUICK WINS

**Für Mitarbeitende**

a) Risikoarme Gelegenheiten ergreifen, um mit der Wahrheit zu experimentieren. Wenn die Wahrheit gut ankommt, wächst die Risikotoleranz.
b) Den Mut aufbringen, als Erste:r über Gefühle, Bedürfnisse und Ängste zu reden. Dann werden andere sicherlich nachziehen.
c) Immer wieder die folgenden Übungen ausprobieren: 1. Trenne Beobachtungen von Gedanken. 2. Erkenne deine eigenen Lügen (»Manchmal tue ich so, als ob…«). 3. Sei ehrlich mit Kolleg:innen & Freund:innen.

**Für Führungskräfte**

a) Mit gutem Beispiel vorangehen, um Verhalten der Mitarbeitenden zu fördern, die Wahrheit auszusprechen – einen Raum schaffen, in dem Menschen dafür keine negativen Konsequenzen spüren müssen.
b) Ehrliches Feedback von Mitarbeitenden zu Ideen einfordern, ohne dabei darauf zu pochen, am Ende recht haben zu müssen.
c) Probleme und Veränderungen ehrlich und transparent kommunizieren, anstatt sie zu verschweigen.
d) Vor allem: ehrlich zugeben, wenn man sich geirrt hat.

**Für Unternehmen**

a) Aktiv dazu beitragen, jene soziale Norm zu verändern, durch die wir immer noch auf Lügen konditioniert sind: indem Ehrlichkeit zum Beispiel offiziell von Unternehmensseite eingefordert und auch vorgelebt wird.
b) Eine Kultur entwickeln, in der es richtig ist, seine Meinung und Ideen einzubringen.
c) Neben Respekt auch an Ehrlichkeit bzw. Radical Honesty als obersten Unternehmenswert denken. Damit sich alle daran halten – und wissen, dass es Konsequenzen hat, wenn man sich nicht daran hält.

## Love Languages: Mehr Wertschätzung am Arbeitsplatz

Ich lag allein im Bett und starrte an die Decke. »Es ist vorbei«, hatte Julia gesagt. Vorbei. Sie war weg, gegangen. Für immer. Ich hatte Hüllenbruch erlitten. Die Luft strömte aus mir hinaus. Das Nichts herein. Liebeskummer eben, du kennst das. Es folgten Tage, in denen ich nicht duschte und nichts aß. Tage, in denen mir meine Eltern immer wieder sagten, dass andere Mütter auch schöne Töchter hätten, und Kumpels mich zur Ablenkung von einer Bar in die nächste zogen. Mich aber beschäftigte nur eine einzige Frage. Als meine Beziehung scheiterte, vibrierte vor allem dieses eine Wort im Raum: Warum? Warum hat es mit Julia und mir nicht geklappt? Obwohl kein Zweifel daran bestand, dass wir uns liebten und zusammengehörten, kam es ständig zu Missverständnissen, Streit und Verletzungen.

Man sagt, das Leben muss vorwärts gelebt werden, aber es wird rückwärts verstanden. Und verstanden habe ich erst viele Jahre später – als ich ein Buch des amerikanischen Pastors, Anthropologen und Beziehungsexperten Gary Chapman gelesen hatte. Darin beschreibt Chapman unterschiedliche Sprachen der Liebe. Eine Liebessprache, erfuhr ich, ist die Art, wie ein Mensch anderen seine Liebe und Sympathie zeigt. Und plötzlich kapierte ich, dass Julia und ich darin grundverschieden waren, dass es zwischen Sender:in und Empfänger:in so etwas wie Frequenzstörungen gab. Während ich ihr beispielsweise ständig sagte, dass ich sie liebte, und ihr zu verstehen gab, wie toll ich sie fand, hörte ich solche Sätze von ihr dagegen so gut wie nie. Stattdessen schenkte sie mir immer wieder Dinge: ein Freundschaftsarmband, einen selbst gestrickten Schal, verschiedene Bücher (leider nicht das von Chapman).

Worauf ich mit meiner Erzählung hinaus möchte: Wir alle drücken Liebe und Wertschätzung unterschiedlich aus – je nach Persönlichkeit, Prägung durch Erfahrungen und Beurteilung unserer Wahrnehmung. Und das nicht nur in Partnerschaften, sondern generell. Also auch im Job. Aber eins nach dem anderen.

## Was ist deine Sprache der Liebe?

Noch mal zurück zu Chapman: In seiner Praxis erzählten ihm immer wieder Paare, wie unglücklich sie waren, weil sie sich von ihrem Partner nicht geliebt fühlten. Mit der Zeit festigte sich bei Chapman eine Erkenntnis: »Ich entdeckte, dass sich viele Ehepaare wirklich bemühten, einander ihre Liebe zu zeigen, aber emotional nicht zueinanderfanden, weil es ihnen nicht gelang, genau die Sprache der Liebe zu sprechen, die dem anderen am wichtigsten war.«[36] Chapman ist davon überzeugt, dass jeder Mensch die Liebe für seinen Partner auf eine ganz bestimmte Art und Weise zeigt, nämlich auf jene, die er sich für sich selbst wünscht. Deshalb sagte ich Julia so oft, dass ich sie liebte – nichts lieber hätte ich auch gern von ihr gehört. Das Problem ist aber, dass wir uns nicht geliebt, gesehen, wertgeschätzt fühlen, wenn die andere Person ihre Liebe in einer Sprache ausdrückt, die nicht unsere ist. Julias Sprache waren ihre Geschenke an mich.

Bereits 1992 entwickelte der Beziehungsexperte Chapman ein Konzept, das auf dieser Erkenntnis beruht, und schrieb eben jenes, das mir später in die Hände fiel: »The 5 Love Languages«. Sein Ziel war es, damit Paaren zu helfen, die Bedürfnisse und Wünsche des anderen besser zu verstehen und zu lernen, die bevorzugte Sprache des Gegenübers zu sprechen. Und so sehen sie aus:

1. **Anerkennung:** Du zeigst deine Liebe in Form von Worten, zum Beispiel, indem du Komplimente machst.
2. **Zeit:** Vielleicht drückst du deine Zuneigung dadurch aus, dass du gern viel Zeit mit deiner geliebten Person verbringst.
3. **Hilfsbereitschaft:** Für dich sagen Taten mehr als tausend Worte, deshalb zeigst du deine Wertschätzung durch unaufgeforderte Unterstützung im Alltag.
4. **Geschenke:** Du zeigst deine Liebe regelmäßig durch unterschiedliche Präsente.
5. **Körperkontakt:** Für dich zeigt sich deine Zuneigung und Wertschätzung durch Küsse, Umarmungen, Streicheleinheiten – also körperliche Nähe.

## Wertschätzung ist nicht gleich Wertschätzung

Warum ich das alles erzähle? Schließlich soll das hier kein Ratgeber für schwierige Beziehungen sein – jedenfalls nicht für eine Liebesbeziehung. Aber für Geschäftsbeziehungen schon. Und was die Liebe in Partnerschaften ist, das ist die Wertschätzung bei der Arbeit. Fehlende Wertschätzung führt im Job ebenfalls zu Trennungen, und zwar zwischen Mitarbeitenden und dem Unternehmen, in dem sie arbeiten. In Deutschland war das 2019, also vor Corona, der häufigste Kündigungsgrund[37] und 2021 sogar in internationalen Umfragen, u. a. in den USA und in Großbritannien.[38]

Wie die Mehrheit der Arbeitnehmer:innen fühlte sich auch Dennis, ein Mitarbeiter eines Kunden von mir, der die Karriereleiter geradezu hochgeflogen war. Er war schon mit 30 Jahren Assistent des Chief Finance Officers eines Beratungsunternehmens. Zu Beginn war er erfreut über die Möglichkeit, sich persönlich und fachlich weiterentwickeln zu können. Doch mit der Zeit sanken seine Begeisterung und damit seine Zufriedenheit und schließlich auch seine Leistungsfähigkeit. Wir sprachen nach einem sehr intensiven Workshop ausführlich miteinander und er erzählte mir von seinem Problem: »Weißt du, mir geht es überhaupt nicht ums Geld«, sagte er. »Es ist nur so: Ganz egal, was ich mache, wie lange ich arbeite, wie sehr ich mich anstrenge, was ich erreiche – ich höre nie etwas Positives. Aber sobald ich einen Fehler mache, bekomme ich sofort eine Rückmeldung.« Nach nur 15 Monaten kündigte Dennis schließlich seinen Job.

Dennis ist kein Einzelfall. Es gibt viele Führungskräfte, die Mitarbeitende und deren Leistung für etwas Selbstverständliches halten und keine Wertschätzung zeigen. In einer Umfrage der Society for Human Resource Management gab immerhin jede:r Zweite der Manager:innen an, dass sie ihre Mitarbeitenden für gute Arbeit wertschätzen – dem gegenüber standen allerdings nur 17 Prozent der genau für diese Manager:innen arbeitenden Mitarbeitenden, die sich tatsächlich wertgeschätzt fühlten – also knapp jede:r fünfte Angestellte.[39] Aussagen, die weiter auseinanderliegen als die Titanic vom Meeresspiegel.

Ist es daher nicht nur die fehlende Bestätigung, die zum Problem wird, sondern eher die falsche Bestätigung? Denn es gibt eben auch Führungskräfte, die ihre Wertschätzung so zum Ausdruck bringen, dass sie nicht als solche erkannt wird. Diese Erfahrung hat auch Nadja gemacht, eine Kundin von mir. Sie arbeitet in einem großen Konzern und kann in ihrer Abteilung die besten Verkaufszahlen und Bewertungen im Kundendienst vorweisen. Ihr Chef, den ich als modern und sehr mitarbeitendenorientiert kennengelernt habe, hat Nadja regelmäßig wertgeschätzt, indem er sie zum Beispiel bei Personalversammlungen nach vorne auf die Bühne geholt hat, um sie vor allen lobend hervorzuheben und ihr sogar eine Prämie auszuhändigen. Toll, oder? Nur leider nicht für Nadja. Denn sie hätte sich lieber mit einer Drahtbürste über einen Sonnenbrand gekratzt, als vor allen im Rampenlicht zu stehen. Das ist nämlich eine Qual für sie. Besser hätte sie es gefunden, wenn sich ihr Chef mehr Zeit für sie genommen hätte. Wenn er gemeinsam mal mit ihr zum Mittagessen gegangen wäre oder Vier-Augen-Gespräche in seinem Büro mit ihr geführt hätte, in denen sie ihre Vorschläge zur Verbesserung der Prozesse hätte aufzeigen können. Das hätte sie als Wertschätzung empfunden. Anders ausgedrückt: Während ihr Chef die Sprache der Anerkennung spricht, spricht Nadja die Sprache der gemeinsamen Zeit.

Die Folge: Frust auf beiden Seiten. Nadja ist enttäuscht, weil sie gute Arbeit leistet, aber in ihren Augen keine Wertschätzung dafür bekommt. Ihr Chef ist ratlos, weil er sich große Mühe gibt, seiner besten Mitarbeiterin den roten Teppich auszurollen, die sich aber sogar noch bei Kolleg:innen darüber beschwert, nicht gesehen zu werden. Es ist ein wenig so, als würdest du in der Kantine eine Suppe essen wollen, aber der Küchenchef gibt dir eine Gabel.

An dieser Stelle fällt dir vielleicht auf, dass Konflikte aufgrund unterschiedlicher Sprachen nicht nur ein Problem in Liebesbeziehungen sind, sondern eben auch in Beziehungen, die wir im Job führen. Das hat auch Chapman erkannt und deshalb sein Konzept der »The 5 Love Languages« gemeinsam mit dem Psychologen und Leadership-Trainer Dr. Paul White auf den Arbeitskontext übertragen. Das Ergebnis: »The 5 Languages of Appreciation in the Workplace«. Es lädt nicht nur dazu ein, Menschen grundsätzlich mehr Wertschätzung zu geben, sondern sich vielmehr intensiver mit den einzelnen Personen zu beschäftigen, um die bevorzugte Sprache der Wertschätzung zu erkennen.

## Die Belohnung für richtige Wertschätzung ist groß

Selten habe ich so viele Studien und Umfragen gefunden, wie zu dem Thema Wertschätzung im Job und die positiven Auswirkungen, die damit zusammenhängen. Grundlegend ist es erst einmal so, dass sich die Mehrheit der Mitarbeitenden eine hohe Wertschätzung bei der Arbeit wünscht.[40] Das allein ist aus meiner Sicht schon ein wichtiger Grund, warum sich die Verantwortlichen in Unternehmen näher mit diesem Thema beschäftigen sollten. Davon abgesehen bekommen die Arbeitgeber dafür aber auch noch eine Menge zurück. So schreibt Chapman in seinem Buch: »Zwar nehmen wir es immer zur Kenntnis, wenn uns jemand in irgendeiner der fünf Sprachen Anerkennung zollt, aber wirklich ermutigt und motiviert fühlen wir uns nur, wenn es in der Sprache geschieht, die uns am meisten bedeutet.«[41]

Daraus resultieren einige Vorteile. Drei Beispiele:

1. 82 Prozent der Mitarbeitenden sind glücklicher bei der Arbeit, wenn sie sich wertgeschätzt fühlen.[42] Die Folge: Die Wahrscheinlichkeit, dass Mitarbeitende Innovationen vorantreiben und neue Ideen einbringen, ist 2,2 Mal höher als bei Mitarbeitenden, die sich nicht wertgeschätzt fühlen.[43]
2. 65 Prozent der Mitarbeitenden geben an, dass sie härter arbeiten würden, wenn sie sich vom Management mehr geschätzt fühlten.[44]
3. Mitarbeitende, die Wertschätzung erhalten, fühlen sich fünfmal häufiger mit dem Unternehmen verbunden als die Kolleg:innen, die auf dieser Ebene leer ausgehen. Dadurch bleiben diese Arbeitskräfte den Unternehmen länger erhalten.[45]

Zusammengefasst heißt das: Wertschätzung steigert die Zufriedenheit der Menschen und Teams. Darüber hinaus performen sie besser und steigern damit die Rentabilität von Unternehmen.

Leider bekomme ich immer wieder bei meinen Kund:innen mit, dass das Thema Wertschätzung für Führungskräfte keine große Rolle spielt. Ihnen ist es oft egal, wie sich Mitarbeitende bei der Arbeit fühlen, weil es für die Führungskräfte im Job eben darum geht, Aufgaben zu erfüllen. Dass aber genau das durch Wertschätzung optimiert wird, haben die wenigsten auf dem Zettel. Um es an dieser Stelle einmal klar zu formulieren: Das Ziel beim Umgang mit Wertschätzung ist, dass eine gesunde und vor allem funktionierende Organisation geschaffen wird, in der Mitarbeitende besser performen und gleichzeitig auch noch gerne bleiben. Dass die Menschen sich dabei auch noch besser fühlen, ist quasi die Kirsche auf der Sahnetorte.

Die Verantwortung liegt meiner Meinung nach aber nicht allein bei den Führungskräften, es geht dabei nicht ausschließlich um einen Top-down-Prozess. Denn wie eine Umfrage zeigt, würden 65 Prozent der Mitarbeitenden im Unternehmen bleiben, obwohl die Vorgesetzten keine Wertschätzung zeigen – wenn sie dafür Anerkennung von Kolleg:innen bekämen.[46] Und ich gehe sogar noch einen Schritt weiter und behaupte, dass überhaupt nichts dagegen spricht, wenn auch Führungskräfte von ihren Mitarbeitenden Wertschätzung erfahren würden. Am Ende sind wir alle Menschen. Deswegen schauen wir uns jetzt die 5 Sprachen der Wertschätzung im Job mal etwas genauer an.

## Die 5 Sprachen der Wertschätzung

### 1. Sprache: Lob und Anerkennung

Diese Form der Anerkennung wird laut Chapman und White von 46 Prozent der Mitarbeitenden favorisiert und ist damit die Sprache der Wertschätzung, die im Unternehmenskontext am meisten benutzt wird. Diese Menschen fühlen sich wertgeschätzt, wenn sie verbal oder schriftlich Komplimente, Lob oder Anerkennung für Leistungen, Charaktereigenschaften, Persönlichkeit, Gefälligkeiten, Gesten, Unterstützung oder Ähnliches erhalten. Dafür braucht es keinen bestimmten Anlass. Ihnen ist wichtig, wie andere Menschen über sie denken.

**Inspirationen für die passende Wertschätzung im Job-Alltag:**

- Wenn dir Dinge positiv auffallen, dann bringe das auch zum Ausdruck: »Vielen Dank, dass du mir gestern so schnell geantwortet hast, dadurch konnte ich den Auftrag schneller erledigen und pünktlich Feierabend machen.« – »Ich habe beobachtet, wie du mit traurigen und frustrierten Kolleg:innen umgehst. Du bist immer mitfühlend, ich bewundere das sehr.« – »Deine Fröhlichkeit macht mir ganz oft gute Laune, danke dafür!«
- Bei einem Projekt, das erfolgreich abgeschlossen wurde, kannst du die einzelnen Personen loben und dich für deren Arbeit bedanken. Das kann in großer Runde sein, in einem persönlichen Gespräch unter vier Augen oder auch durch eine Mail, einen Brief oder eine Karte. Manche

Menschen bevorzugen die schriftliche Variante, weil sie dann immer wieder darauf schauen können, um sich Mut zu machen oder Kraft zu tanken.

- Unabhängig von Ereignissen kannst du auch Post-its mit Komplimenten im Unternehmen verteilen, zum Beispiel am Monitor der Kolleg:innen. Wichtig dabei ist, dass es um individuelle konkrete Komplimente und Bestätigungen geht, die der betreffenden Person zeigen, dass sie etwas Wertvolles geleistet hat. Allgemeine Ansprachen verpuffen schnell und verfehlen die Wirkung.

**2. Sprache: Zeit**

Bei jedem vierten Mitarbeitenden kommt Anerkennung am besten an, wenn diese über die Zeit zum Ausdruck gebracht wird, die man für diese Person investiert. Interessant hierbei: Im Gegensatz zu Frauen freuen sich Männer mehr über gemeinsame Erlebnisse als über ein intensives Gespräch in einem geschützten Raum.[47] Grundsätzlich geht es bei Menschen, die diese Sprache der Wertschätzung sprechen, um aufrichtiges Zuhören, gegenseitige Rücksichtnahme und um das Gefühl, dass die eigene Arbeit von Bedeutung ist und die andere Person Interesse für einen zeigt. Es geht dabei nicht explizit um eine räumliche Nähe, sondern vielmehr um die ungeteilte Aufmerksamkeit.

**Inspirationen für die passende Wertschätzung im Job-Alltag:**

- Triff dich zum Kaffeetrinken oder besuche deine Kolleg:innen spontan in ihren Büros. Wichtig ist, dass du wirklich präsent bist. Achte also darauf, dass du nicht abgelenkt wirst, beispielsweise durch dein Handy. Hier gilt: Selbst wenn dein Mobiltelefon nur auf dem Tisch liegt, gibst du dem anderen damit das Gefühl, nicht das Wichtigste im Raum zu sein. Studien zeigen, dass die emotionale Verbundenheit, Nähe und Gesprächsqualität darunter leiden.[48]
- Vermeide unbedingt, dass du Termine immer wieder verlegst oder absagst. Personen, die ihre Wertschätzung über den Zeitfaktor empfangen, würden diese Zurückweisung intensiver empfinden als andere Menschen.
- Darüber hinaus können gemeinsame Teambuilding-Erlebnisse zum gewünschten Ziel führen. Bei meinem ehemaligen Arbeitgeber, der Bayer 04 Leverkusen Fußball GmbH, gibt es z. B. seit 2015 eine

Initiative, die jedes Jahr durchgeführt wird: der »BAYER 04 HILFT-Tag«. Gemeinsam mit der Stadt Leverkusen werden verschiedene öffentliche Einrichtungen, z. B. eine Kindertagesstätte oder ein Verkehrsübungsplatz, ausgewählt, die einen neuen Anstrich bzw. eine Renovierung brauchen. Viele Mitarbeitende gehen aus diesem gemeinsamen Erlebnis motivierter raus, als das bei einem intensiven Zweiergespräch der Fall gewesen wäre.

**3. Sprache: Hilfsbereitschaft**

Taten sagen mehr als Worte, das gilt zumindest für 22 Prozent der Mitarbeitenden. Diese Menschen fühlen sich erst dann wertgeschätzt, wenn sie im Alltag von anderen unterstützt werden – am besten unaufgefordert und wenn gerade viel los ist. Wichtig ist außerdem, dass es um echte Hilfsbereitschaft geht und nicht im Nachhinein eine Gegenleistung erwartet wird. Allerdings kannst du dann überrascht werden, dass dir von diesen Kolleg:innen gern geholfen wird: Sie stehen bei deinem Umzug pünktlich um acht Uhr vor deiner Tür – mit einem Sprinter, zwei Schüsseln Kartoffelsalat und drei Freunden, die ein Kreuz wie eine Schubkarre haben.

**Inspirationen für die passende Wertschätzung im Job-Alltag:**

- Bevor du voller Tatendrang damit loslegst, das Büro deiner Kollegin umzudekorieren oder einen Kontakt zu einem Headhunter herzustellen, solltest du unbedingt nachfragen, ob deine Hilfe überhaupt erwünscht ist. Wenn nicht, können deine Aktionen nämlich ganz schnell zu dicker Luft führen.
- Wenn du weißt, dass ein Teammitglied bereits völlig überlastet ist, kannst du in Meetings proaktiv deine Hand heben, wenn neue Aufgaben und Projekte verteilt werden. Biete an, dass du zusätzliche Aufgaben übernimmst.
- Müssen Kolleg:innen Überstunden machen, kannst du ihnen mit deiner Expertise aktiv unter die Arme greifen oder ihnen wenigstens eine Pizza bestellen. Besonders erfreut sind diese Menschen übrigens, wenn du im Nachgang noch die Frage stellst, ob es sonst noch etwas gäbe, was du tun könntest.

**4. Sprache: Geschenke**

Immerhin noch sechs Prozent der Mitarbeiter:innen sprechen sozusagen die Sprache der bunten Schleifchen. Heißt: Diese Menschen freuen sich im Alltag über Überraschungen und Aufmerksamkeiten in Form von Geschenken – nicht nur am Geburtstag. Dabei geht es laut Chapman oftmals nicht um den materiellen Wert, sondern eher um die Idee hinter dem Präsent und die Zeit, die sich genommen wurde, um es zu besorgen.

**Inspirationen für die passende Wertschätzung im Job-Alltag:**

- Du hast beiläufig mitbekommen, welche kubanische Kaffeesorte deine Büronachbarin am liebsten mag? Dann ist das sicher ein ganz heißes Geschenk, das deine Kollegin mehr als nur die Bohne interessiert. Dasselbe gilt auch für Tickets für Konzerte, Fußballtickets, Wellness-Oasen.
- Bei Gutscheinen solltest du unbedingt darauf achten, dass sie einen direkten Bezug zu der Person haben. Heißt: Das Lieblingsrestaurant ist natürlich besser als irgendeine Pizzeria.
- Gehaltserhöhungen oder Boni gehen nicht als Geschenke durch. Zum einen, weil die Mitarbeiter:innen dies ohnehin verdient haben, zum anderen, weil es bei der Sprache der Geschenke auch darauf ankommt, dass diese in einer gewissen Regelmäßigkeit zum Tragen kommen.

**5. Sprache: Körperkontakt**

Bestimmt fragst du dich an dieser Stelle, wie die Wertschätzung in Form von Körperkontakt zum Tragen kommen kann. Okay, vielleicht fällt dir jemand ein, dem du gern mal eine Backpfeife geben würdest. Das ist damit natürlich nicht gemeint. Genau genommen habe ich diesen Punkt vollständigkeitshalber aufgenommen. Diese Sprache ist jedoch schwierig, in eine arbeitsgerechte Variante umzuwandeln: Denn was für die eine Person noch okay ist, mag bei der anderen zu Schnappatmung und nervösem Augenzucken führen. Vor diesem Hintergrund ist es wichtig, im Unternehmen und in den entsprechenden Teams gemeinsam angemessene Formen des Körperkontakts am Arbeitsplatz festzulegen. Laut Chapman und White kann diese Sprache der Wertschätzung ohnehin nur für wenigstens ein Prozent der Mitarbeitenden im Job-Alltag Ermutigung geben.

**Inspirationen für die passende Wertschätzung im Job-Alltag:**

- Erfolge lassen sich gern mal mit einem High Five feiern. Auch ein beidhändiger Händedruck geht in Ordnung oder ein Schulterklopfen, wenn jemand gute Leistung erbracht hat.
- Manche Mitarbeitende freuen sich über eine Umarmung, wenn sie zum Beispiel einen gravierenden Fehler gemacht haben oder sie private Sorgen belasten. In solchen Fällen kannst du offen und ehrlich fragen, ob die Person gerade eine Umarmung von dir möchte.

## Lässt sich dieses Konzept in jedem Unternehmen umsetzen?

Als ich zum ersten Mal von »The 5 Languages of Love« gelesen habe, war mir sofort klar, dass sich damit viele Konflikte im Arbeitskontext vermeiden lassen. Und das ist sogar belegt. Gary Chapman und Dr. Paul White ließen wissenschaftliche Studien durchführen, um die Wirkung ihres Konzeptes zu untermauern. Dabei hat sich beispielsweise gezeigt, dass die Entdeckung der spezifischen Sprache der Wertschätzung das Gefühl der Mitarbeitenden, geschätzt zu werden, verbessert.[49] Darüber hinaus konnten die Studien darlegen, dass die Vermittlung von Wertschätzung an Kolleg:innen auf die Art und Weise, die für sie am bedeutsamsten ist, dazu beiträgt, einen unterstützenden und ermutigenden Arbeitsplatz zu schaffen, der das Engagement der Mitarbeitenden fördert.[50]

Aber bitte nicht falsch verstehen, liebe Führungskräfte. Eure authentische und ehrliche Wertschätzung führt bestimmt auch dazu, dass eurer Team Überstunden oder Spätschichten eher toleriert – aber das allein ist nicht Zweck der Sache. Denn allein von eurer Wertschätzung kann sich niemand etwas kaufen, wortwörtlich nicht. Heißt: Eine angemessene Vergütung darf durch Wertschätzung natürlich nicht ersetzt werden.

Ich glaube, dass sich Chapmans Konzept in jeder Firma umsetzen lässt. Chapman und White sagen sogar, dass es völlig unabhängig von der Branche und Größe eines Unternehmens erfolgreiche Umsetzungen in der Praxis gibt. Ein Unternehmen, das mir dabei direkt auffiel, war ein Bergbauunternehmen aus South Dakota. Die Bergleute von Pete Lien & Sons in Rapid City verbringen ihre Arbeitstage vornehmlich mit Bohren, Sprengen und Verladen von Gesteinsbrocken. Auf den ersten Blick eine Umgebung, in der Soft Skills so gut reinzupassen scheinen wie ein rundes Klötzchen in ein eckiges Loch. Dennoch entschied sich die Unternehmensleitung, genau in diesem Setting das Konzept der Sprachen der Wertschätzung einzuführen.

»Wir sind ein Bergbaubetrieb, und die Sache mit Emotionen und Gefühlen ist nichts, womit sich Männer im Allgemeinen wohlfühlen«, führt Tucker Green gegenüber der »New York Times« aus, ein Angestellter, dessen Sprache der Wertschätzung Anerkennung ist.[51] Aber nun war die Vorstellung der Unternehmensleitung nicht, dass sich die kantigen Kerle gegenseitig den breiten Nacken streicheln sollten, sondern eben eine ganz andere. Eine wirklich kreative. Jeder Helm, der bei den Bergbaumännern zur Standard-Schutzkleidung gehört und zwingend getragen werden muss, sollte mit einem Aufkleber versehen werden, der die favorisierte Sprache des Trägers zum Ausdruck bringt. Somit kann jeder sofort erkennen, welche Form der Wertschätzung bei diesem Kollegen gewählt werden sollte. »Als das anfing, konnte man überall die Augen rollen sehen«, sagt Green.[52] Doch mit der Zeit erkannten die Mitarbeitenden schnell die Vorteile. Obwohl die Teilnahme von Anfang an freiwillig gewesen ist, machen mittlerweile 91 Prozent der Mitarbeitenden mit. »Das ist so sehr ein Teil unserer Arbeit geworden und ich bin davon überzeugt«, sagt Green.[53]

**Mein Fazit:** Wenn man es schafft, in einem Bergbauunternehmen ein solches Konzept erfolgreich zu integrieren, dann ist das nahezu überall möglich.

## QUICK WINS

**Für Mitarbeitende**

a) Herausfinden, was die eigene bevorzugte Sprache der Wertschätzung ist und welche die bevorzugten Sprachen der Kolleg:innen sind.
b) Die Sprache, die persönlich am unwichtigsten ist, wird man selten bis gar nicht benutzen. Ist dies jedoch die bevorzugte Sprache des Teams, sollte man versuchen, diese zu lernen wie eine Fremdsprache.
c) Erkennen, dass Wertschätzung nicht nur ein Thema der Führungskraft ist. Auch Kolleg:innen können die Zufriedenheit und Produktivität erhöhen.

**Für Führungskräfte**

a) Sich klarmachen, dass Wertschätzung Mitarbeitende motiviert, beflügelt und zum Bleiben überzeugt, und das zu einer Priorität im Job-Alltag machen.
b) Wertschätzung braucht Struktur und Spontanität: durch fixe Gespräche und Termine sowie durch spontane Interaktionen im täglichen operativen Business.
c) Es ist normal, am Anfang ein merkwürdiges Gefühl zu haben, wenn man eine Sprache der Wertschätzung benutzt, die nicht die eigene ist. Im Team nach dem Radical-Honesty-Konzept zum Thema machen und den Mitarbeitenden erläutern, dass dies die Erprobung eines neuen Konzeptes ist, um Wertschätzung zu zeigen.

**Für Unternehmen**

a) Wertschätzung zu einem Eckpfeiler der Kultur machen und kreative Maßnahmen überlegen, um das Konzept im Alltag noch besser zu etablieren.
b) Mitarbeitende nicht zur regelmäßigen Wertschätzung zwingen – die Anerkennung muss immer authentisch und ehrlich sein.
c) Durch einen gut erstellten Fragebogen können Mitarbeitende und Führungskräfte über die jeweiligen Personen herausfinden, welche Sprache sie bevorzugen.

# 4 EIGENVERANTWORTUNG STATT FREMDBESTIMMUNG

Arbeitskräfte werden eingestellt, weil sie in Unternehmen spezifische Aufgaben übernehmen, Probleme lösen oder etwas voranbringen sollen. Dafür bekommen sie meist in den ersten Wochen und Monaten ein entsprechendes Onboarding mit Trainings, Workshops, Coachings und Gesprächen. Mit dem Ziel, so schnell wie möglich nützlich zu sein und in einer vorgegebenen Maschinerie des Arbeitgebers als eines von vielen Zahnrädern zu funktionieren.

Wenn erst einmal alles läuft und die Zahnräder angepasst worden sind, werden Mitarbeitende dann aber oftmals schnell ignoriert. Um ein Höchstmaß an Effizienz und Effektivität zu erreichen, entwickeln Unternehmen Strukturen, sie definieren Prozesse und stellen Regeln und Normen auf – die von Mitarbeitenden jedoch oft als störend, als Einschränkung und Begrenzung wahrgenommen werden. Eigenverantwortung, Autonomie und Entwicklung kommen viel zu kurz. Es scheint also wenig überraschend, dass für jede:n Vierte:n der Leidensdruck sogar so groß ist, dass der Job gekündigt wird, ohne überhaupt eine neue Stelle in Aussicht zu haben.[1]

Einen festen Job aufzugeben und dann erst eine neue Stelle zu suchen, zeigt das Ausmaß der Not dieser Menschen. Letztlich ist es aber so: Wer kann garantieren, dass das Gras auf der anderen Seite des Zaunes grüner ist? Der Kaffee weniger abgestanden schmeckt? Sich die Bürostühle besser drehen? Wer kann garantieren, dass wir unsere Stärken und Leidenschaften in anderen Unternehmen besser einbringen können? Dass wir mehr Freiräume und Eigenverantwortung erfahren dürfen? Die Antwort ist einfach: Niemand kann das.

Aber wir können daran arbeiten, die Wahrscheinlichkeit dafür zu erhöhen. Wenn sich Mitarbeitende grundsätzlich im Unternehmen wohlfühlen würden, gäbe es die Möglichkeit, dass sie ihre eigene Tätigkeit auf mehr Spiel- und Freiräume durchleuchten könnten. In Eigenverantwortung oder durch die Unterstützung von Führungskräften und den entsprechenden Abteilungen im Unternehmen. Na, wie klingt das? Eben! Deshalb schauen wir uns in diesem Kapitel verschiedene Möglichkeiten an, durch die wir im Job wieder mehr in die Eigenverantwortung kommen, unsere Stärken einbringen und uns langfristig im Unternehmen weiterentwickeln können. Damit wir nicht schon in der Probezeit am Sonntagmorgen das Gefühl haben, dass uns eine Faust von innen die Organe zerquetscht, weil der Montagmorgen nicht mehr weit weg ist.

## Intrapreneurship: Lasst sie ruhig mal machen

Es gibt eine Geschichte, die mich immer wieder aufs Neue beeindruckt: Die junge Software-Ingenieurin Swetha Machanavajhala war gerade von Indien in die USA gezogen, um ihren Job bei Microsoft anzutreten. Dort angekommen skypte sie wöchentlich mit ihren Eltern, die in der Heimat geblieben waren. Leider war die Internetverbindung in Indien sehr schlecht und Machanavajhala, die seit ihrer Geburt taub ist, hatte Mühe, die Lippen ihrer Eltern zu lesen.

Immer wieder musste Machanavajhala ihre Eltern bitten, das Licht im Hintergrund auszuschalten, damit sie sich besser auf die Gesichter der beiden konzentrieren konnte. Und immer wieder fragte sie sich, warum man nicht eine Technologie entwickeln könnte, die das erledigt? Also tat sie es. Dabei stellte sich heraus, dass Machanavajhalas Funktion, den Hintergrund unscharf zu stellen, auch aus Gründen der Privatsphäre gut geeignet war, um unordentliche Büros bei Videokonferenzen oder neugierige Cafébesucher bei Vorstellungsgesprächen zu verbergen. Und so wurde Machanavajhala zu einer der Personen, die maßgeblich die Entscheidung beeinflussten, ähnliche Funktionen für Microsoft Teams und Skype zu entwickeln. Schon bald stand sie im Rampenlicht von Microsoft und war zudem an internen Programmen beteiligt, die dafür sorgten, dass Menschen mit Behinderung ihr Leben nicht mehr vorhandenen Strukturen anpassen müssen.[2]

Machanavajhalas Beispiel zeigt, welche Innovationen geschaffen werden, wenn die Menschen sie aus eigenem Antrieb heraus entwickeln. Und genau darum soll es hier gehen.

## Innovationen – die Kraft der Zukunft

Kurz und knapp: Für Unternehmen sind Innovationen überlebenswichtig, denn sie führen zu langfristigem Erfolg. Wer sich nicht stetig weiterentwickelt, Veränderungen anpasst und diese fördert, existiert bald nicht mehr – wie zum Beispiel 88 Prozent der »Fortune 500«-Unternehmen aus dem Jahr 1955. Lediglich zwölf Prozent der umsatzstärksten Unternehmen der USA existierten 60 Jahre später immer noch. Obwohl hier keine Unternehmen dabei sind, die miteinander fusionierten, ist die Quote beachtlich.[3]

Auch McKinsey-Berater Claudio Feser, der mehrere Bücher zum Thema Leadership verfasst hat, kommt zu einem ähnlichen Ergebnis. Nach seinen Marktbeobachtungen überleben Unternehmen im Schnitt nur neun Jahre, bevor sie von der Bildfläche verschwinden – das entspricht in etwa der natürlichen Lebenserwartung eines Huhns. Ist also nicht das Gelbe vom Ei. Jedes 7. Unternehmen erreicht das 30. Lebensjahr, und nur jedes 20. Unternehmen darf sein 50-jähriges Jubiläum feiern.[4]

Prof. Dr. Joerg Dederichs, Professor für Strategisches Management an der CBS International Business School und ehemaliger Managing Director von 3M, bringt es auf den Punkt: »Jede Organisation muss innovativ sein – aufgrund von gesellschaftlichen und wirtschaftlichen Veränderungen. Und gerade in Zeiten des digitalen Wandels zeigt sich, dass die Innovationsintervalle immer kürzer werden. Die Anpassung an sich verändernde Umfeldbedingungen ist dabei wichtiger als die Unternehmensgröße – das wissen wir seit dem Aussterben der Dinosaurier. Daher ist es umso entscheidender, dass Unternehmen sowohl extern als auch intern herausfinden, wo sich die besten Quellen für Innovationen befinden und dann diesen Prozess systematisch angehen.«

Bleibt die Frage: Wie können Innovationen im Unternehmen entstehen und gefördert werden? Aus den vorherigen Kapiteln weißt du bereits, dass Empathie ein großer Faktor sein kann. Eine andere Möglichkeit, Innovationen zu fördern – und gleichzeitig die Zufriedenheit, Motivation, das Engagement und die Verbundenheit zum Unternehmen von Mitarbeitenden zu steigern –, heißt Intrapreneurship.

## Intrapreneurship – Innovationen von innen

Angestellte, wie die Microsoft-Managerin Machanavajhala, die sich aus einer intrinsischen Motivation und Leidenschaft in bestehenden Organisationen so verhalten, als ob sie selbst Unternehmer:innen wären, nennt man Intrapreneure: Sie kennzeichnet ein unternehmerisches, lösungsorientiertes und innovationsorientiertes Denken und Handeln mit dem Ziel, das Unternehmen nach vorne zu bringen: »Sie bringen neue Dinge auf den Weg, während diejenigen, die versuchen, auf dem offiziellen Weg zu innovieren, immer noch auf die Erlaubnis warten, beginnen zu dürfen.«[5]

Während 2018 nur jedes 5. Unternehmen ab einer Größe von 500 Mitarbeiter:innen das Intrapreneur-Potenzial seiner Teams nutzte[6], war es 2022 bereits jedes zweite Unternehmen.[7] Es ist nicht der Mangel an Ideen, die Innovationen ausbremsen, sondern eher der Mangel an Intrapreneurship. In jedem Unternehmen schlummert ein enormes Potenzial, da innovative Ideen vor allem auch aus persönlichen Erfahrungen oder Problemen entstehen. Oft werden die innovativen Ideen aber leider erst gar nicht weiterentwickelt oder umgesetzt, da es egoistische oder narzisstisch veranlagte Haltungen, Machtgefüge, Hierarchien, starre Strukturen und Prozesse nicht erlauben, dass Mitarbeitende ihre Ideen frei entfalten können. Aber so wie Start-ups nicht ohne ihre Entrepreneure funktionieren werden, bekommen Unternehmen ohne Intrapreneure echte Probleme.

Meist wird das Thema Intrapreneurship lediglich aus Sicht des Unternehmens betrachtet. Meines Erachtens bietet Intrapreneurship aber nicht nur zahlreiche Vorteile für Unternehmen, sondern insbesondere auch für deren Mitarbeitende – weil sie damit die Möglichkeit bekommen, das zweite der bereits beschriebenen drei angeborenen psychologischen Grundbedürfnisse für sich zu erfüllen: das Bedürfnis nach Autonomie.

Wie bereits an anderer Stelle verdeutlicht, wird das psychische Wohlbefinden von Menschen gesteigert und damit schlussendlich auch die Motivation, Zufriedenheit und Leistungsfähigkeit, wenn die psychologischen Bedürfnisse erfüllt sind. Ein sehr guter Grund also, dass wir uns auch dieses Grundbedürfnis einmal näher anschauen.

## Das Grundbedürfnis nach Autonomie

Im Rahmen unseres Bedürfnisses nach Autonomie möchten wir selbstbestimmt nach eigenen Werten entscheiden und uns auch dementsprechend verhalten. Die jeweiligen Aktionen gehen also von jedem Einzelnen aus und werden nicht von außen aufgezwungen – und erfordern damit auch keine externen Belohnungen oder Bestrafungen. Dieses psychologische Grundbedürfnis beruht nach Edward L. Deci auf »[…] Neugier, Exploration, Spontaneität und Interesse an den unmittelbaren Gegebenheiten der Umwelt […]«.[8]

Im Laufe der Zeit wird uns dieses angeborene psychologische Grundbedürfnis aber genommen – und zwar durch unsere von klein auf antrainierte und eingefahrene Vorstellung davon, worauf es im Leben ankommt (dicke Muskeln, schnelle Autos, steile Karriere…). Mit diesen Vorstellungen sind wir dann mehr verbunden als mit uns selbst. Wir sind sehr im Außen und richten uns nach dem, was von uns verlangt wird – erst von unseren eigenen Eltern, später im Job. Das machen wir, weil wir sonst in dieser Gesellschaft keinen Platz finden. Wir wollen aber dazugehören und Wertschätzung erfahren. Deshalb lernen wir schon als Kinder, unsere eigenen Bedürfnisse zu unterdrücken, wie ein Furz im vollbesetzten Fahrstuhl, und halten die Vorstellung, die wir verfolgen, für wichtiger als die Signale, die unser Körper gibt.

Wir tun dies, um Stress und inneres Chaos zu vermeiden. Beides entsteht nämlich in unserem Gehirn, wenn wir das, was wir ausleben wollen, aufgrund von Vorstellungen anderer nicht ausleben können – Stichwort Inkohärenz. Dadurch sind wir zum Objekt geworden. Das Schlimmste dabei ist: Wir sind damit erfolgreich und dies gerade in einer Gesellschaft, die immer noch geprägt ist von Wettbewerb und Leistungsgedanken. Wir passen uns mehr an, funktionieren immer besser und werden Maschinen Stück für Stück ähnlicher. Das führt aber irgendwann dazu, dass wir uns selbst nicht mehr mögen, es geht uns damit nicht mehr gut. Und wer mit sich selbst nicht mehr glücklich ist, der kann dies auch nicht mit anderen werden: nicht mit Kolleg:innen, nicht mit Freund:innen, nicht mit Partner:innen. Irgendwann sind wir dann so unglücklich, dass wir uns selbst belohnen müssen dafür, dass wir so tapfer waren, das alles auszuhalten. Das ist dann der Punkt, an dem wir uns neue Schuhe kaufen, teuren Schmuck, schnelle Autos, an dem wir uns in Affären stürzen oder anfangen, Schnaps zu trinken.

Diese Ersatzbefriedigungen sind nicht gut: nicht für den Einzelnen, nicht für die Gesellschaft. Wir sind zwar im Außen erfolgreich, aber innerlich nahezu tot. Denn uns fehlt die Lebendigkeit, wir spüren uns immer weniger. Es kommt sogar so weit, dass wir die Signale unseres Körpers nicht mehr wahrnehmen. Dabei ist es ja das Schöne an unserem Körper, dass er uns Signale sendet: wenn wir gestresst sind, hungrig oder müde. Aber wir essen nicht etwa dann, wenn uns der Magen bis in die elfte Rippe knurrt, sondern wenn es in den Arbeitsplan passt. Wir schlafen nicht, wenn wir schon beinahe mit dem Kopf auf die Tischplatte krachen, sondern erst dann, wenn nichts mehr zu tun ist. Wir finden auch keine Muße zum Ausruhen, bewegen uns nicht genug und spüren gar nicht, dass uns das alles nicht guttut.

So weit die schlechte Nachricht. Aber es gibt auch eine gute. Denn wir können da rauskommen. Indem jede:r damit anfängt, liebevoll mit sich selbst umzugehen[9], und Unternehmen bewusst Rahmenbedingungen schaffen, damit Mitarbeitende sich selbstbestimmter, gestaltungsfreier und eigenverantwortlicher verhalten können: zum Beispiel durch Intrapreneurship. Denn Mitarbeitende benötigen Eigenverantwortung und eine gewisse Freiheit beim Ausführen ihrer Tätigkeiten. Das heißt natürlich nicht, dass jeder tun und lassen kann, was er will. Vielmehr geht es darum, Rahmenbedingungen zu schaffen, ähnlich der Leitplanken auf der Autobahn, in deren Mitte wir uns, unter Einhaltung allgemeiner Regeln, frei bewegen können. Denn das Verhalten erfolgt immer im sozialen Kontext, also innerhalb eines Teams, und das erfordert Abstimmungen und Kompromisse.

Wenn Mitarbeitende ihre Bedürfnisse zunehmend nicht mehr innerhalb einer Organisation befriedigt bekommen, passiert das, was wir alle irgendwann schon einmal erlebt haben: Wir sind frustriert, fühlen uns nicht mehr mit dem Unternehmen verbunden, kündigen, machen uns selbstständig oder reduzieren unsere Arbeitszeit. Diesen Trend erlebst du besonders auf allen gängigen Social-Media-Kanälen, wo immer mehr redaktionelle Beiträge und Podcastfolgen entstehen, in denen sich Menschen neben ihrem Angestelltenverhältnis eine eigene Selbstständigkeit bzw. einen Nebenverdienst aufbauen. In einigen Branchen spüren das Unternehmen bereits, weil sie keine Mitarbeitende mehr finden, sondern nur noch auf Freelancer, auch »Gig-Worker« genannt, zurückgreifen können. Diese Menschen wollen sich schlichtweg nicht mehr anstellen lassen, um ihr Bedürfnis nach Autonomie zu schützen. Ich kann es verstehen.

## Win-win für alle

Nicht nur Mitarbeitende profitieren deutlich davon, wenn Unternehmen die Rahmenbedingungen dafür schaffen, die Selbstverantwortung zu fördern und das Bedürfnis nach Autonomie zu befriedigen. Auch die Unternehmen selbst gewinnen dadurch. Mitarbeitende werden dazu befähigt, stressigere Zeiten oder widrigere Umstände durchzustehen. Führungskräfte können erheblich entlastet werden, wenn Problemlösungen direkt aus dem Team kommen bzw. Mitarbeitende bei Problemen direkt mit Vorschlägen für Lösungen aufwarten. In der heutigen komplexen Welt ist es meiner Meinung nach ein Irrglaube, dass innovative Ideen ausschließlich von Führungskräften kommen. Selten sind Führungskräfte gleichzeitig Expert:innen für alle Bereiche ihres Aufgabengebietes. Unternehmen, die sowohl auf eine Führungskräfte- als auch auf eine Expert:innen-Laufbahn setzen, ermöglichen damit, dass Intrapreneure in ihrem Fachgebiet innovative Ideen einbringen. Das zahlt sich aus. Denn von Unternehmen, die Intrapreneurship fördern, kommen fast doppelt so viele neue Produkt-, Dienstleistungs- und Prozessinnovationen auf den Markt.[10]

Diese Erfolgsgeschichten können Unternehmen auch unternehmensintern einsetzen, um die Kultur und die Haltung bei den Mitarbeitenden generationsübergreifend im Unternehmen positiv zu beeinflussen und zu prägen. So nutzt zum Beispiel der amerikanische Multitechnologiekonzern 3M die Erfolgsgeschichten der eigenen Intrapreneure, um die Kreativität, Leidenschaft und Risikobereitschaft von Mitarbeitenden zu fördern und eine innovationsorientierte Kultur zu etablieren: »Wir machen jeden, der eine Idee hat, zu einem Superstar – egal ob etwas erfolgreich umgesetzt wird oder nicht«, sagt Stephan Rahn, 3M Director Brand & Communications (EMEA). Solche Geschichten inspirieren Mitarbeitende zudem, mit Mut, Entschlossenheit und Ausdauer bei vermeintlichen Misserfolgen dranzubleiben und weiter an sich und die eigenen Fähigkeiten und Ideen zu glauben.

Ein schönes Beispiel ist die Geschichte des Forschungschemikers George Swenson, die bei 3M jede:r kennt. Hier die Kurzversion: Immer wieder scheiterten Swensons Versuche, Granulate, die für die Beschichtung von Asphaltschindeln benötigt wurden, so einzufärben, dass Dächer in verschiedenen Farben gedeckt werden konnten und gleichzeitig ihr Funktionalität behielten. Das Problem war, dass die Farbe ausblich. Nach mehreren erfolglosen Versuchen forderte sein Chef ihn auf, die Forschung einzustellen. Was Swenson aber nicht tat, woraufhin er entlassen wurde. Am nächsten Tag stand er aber pünktlich auf der Matte und forschte weiter. Sein Chef machte ihm noch einmal deutlich, dass er nicht mehr für das Unternehmen arbeite, und er antwortete: »Nun, ich verstehe, dass das bedeutet, dass Sie mich nicht bezahlen werden, aber bedeutet es auch, dass ich nicht an dem Granulat arbeiten kann?« Beeindruckt von seiner Entschlossenheit erlaubte ihm sein Chef, die Ressourcen des Labors weiterhin in seiner Freizeit zu nutzen. Nachdem Swenson schließlich doch erfolgreich war, stellte 3M ihn wieder ein. Er baute fortan das große und profitable 3M-Geschäft mit Dachgranulat auf und leitete es. Das Unternehmen ist bis heute ein wichtiger Akteur in diesem Geschäft.[11]

## Garant für innovationen – aber auch für Burn-out

Wir alle könnten Intrapreneure sein, aber nicht alle von uns sollten es werden. Denn so schön es sich bis hierher vielleicht anhört, so besteht leider auch die Gefahr, dass die Leidenschaft und intrinsische Motivation der Mitarbeitenden zu Überforderung und Stress führen, weil die eigenen Grenzen nicht erkannt werden. Dies kann schlussendlich die Burn-out-Rate erhöhen. Hier sollten Führungskräfte ganz genau hinschauen.

Auch die Psychologin Sirka Laudon, Personalvorständin beim Versicherungsunternehmen AXA, betrachtet diese Entwicklung kritisch: »Man hat manchmal die leicht naive Vorstellung, dass, wenn eine Führungskraft weniger Impulse gibt, automatisch mehr Empowerment entstehen würde. Ich glaube aber daran, dass das gelernt werden muss. Dass Empowerment nichts ist, was mal eben so nebenbei passiert, wenn man einfach eine hierarchische Führung wegnimmt. Dass dann nicht plötzlich sehr selbstwirksame, autonome, handlungsaktive Menschen zum Vorschein kommen, die nur darauf warten, ihre Ideen auf die Straße zu bringen. Ich bin der Meinung, dass es ein gezieltes Training braucht, um Mitarbeitende zum Empowerment zu befähigen.«

Diese Erfahrung macht auch gerade der Gründer Mario Konrad von Ryzon, einer Sportbekleidungsmarke, der mir beim Mittagessen in Köln erzählt: »Am Anfang haben wir das Unternehmen sehr auf Basis von Eigenverantwortung aufgebaut. Aber mit der Zeit und dem Wachstum des Unternehmens mussten wir erkennen, dass die totale Freiheit und Eigenverantwortung nicht funktionieren. Wir mussten erkennen, dass es Strukturen, Prozesse und Regeln braucht, damit Menschen sich nicht orientierungslos fühlen. Dabei ist es aber immer noch ein Ziel von uns, den Menschen die maximale Eigenverantwortung zu geben.«

Es geht letztlich also gar nicht darum, Intrapreneure zu erschaffen, sondern eher, sie zu entdecken und dann natürlich auch noch entsprechend zu fördern. Wenn dabei erst einmal das passende Mindset aufgebaut und eine innovationsorientierte Kultur mit viel Eigenverantwortung entwickelt worden ist, braucht es zudem noch viele Ressourcen, um Mitarbeitende mit ihren Ideen abzuholen. Denn nichts ist frustrierender, als eine innovative Idee zu haben, aber zu merken, dass Unternehmen keine Kapazitäten zur Verfügung stellen können, um die Idee zu bewerten und umzusetzen.

### Nicht zögern, sondern machen

Das Erfinderunternehmen 3M aus Neuss zeigt, wie es richtig geht: Denn den Mitarbeitenden werden 15 Prozent ihrer Arbeitszeit dafür eingeräumt, an eigenen Innovationsideen zu arbeiten, völlig unabhängig davon, ob diese Ideen in die offizielle Planung des Unternehmens passen oder nicht. Darüber hinaus stehen den Mitarbeitenden alle Entwicklungsressourcen des Unternehmens zur Verfügung: von Laborgeräten über Projektteams bis hin zu finanziellen Ressourcen. Und das zahlt sich aus: Mit über 129.000 Patenten in über 100 Jahren zählt 3M zu den 50 innovativsten Unternehmen weltweit.[12]

Es ist zwar schwierig, jede einzelne Produktidee eindeutig auf diese 15-Prozent-Regel zurückzuführen, aber es scheint sicher, dass sie immer eine Rolle spielt wegen ihrer Signalwirkung auf die Mitarbeitenden: »Schaut her, das ist, was das Unternehmen will und was uns stark macht. Nutzt die Gestaltungsfreiräume, genießt das Vertrauen, geht Risiken ein und denkt das Unternehmen jeden Tag neu. Das ist in den Köpfen der Mitarbeitenden«, sagt mir Rahn.

Eine einzige Maßnahme wird aber nicht ausreichen, um eine erfolgreiche Innovationskultur zu schaffen. »Die Leute sind ja nicht blöd«, sagt Rahn. »Ich kann nicht an einem Tag Freiräume schaffen und die Mitarbeitenden am nächsten Tag wieder einschränken und vorgeben, was sie zu tun haben. Das Entscheidende ist deshalb, dass das Gesamterlebnis in sich stimmig sein muss.«

Und das passt bei 3M, das seit der Gründung im Jahr 1902 das richtige Mindset von Generation zu Generation weitergibt. »Dafür ist es wichtig, nicht nur Wissensträger im Unternehmen zu halten, sondern vielmehr Potenzialträger, also leistungsorientierte Teamplayer, die die Kultur und Haltung in die nächste Generation transportieren«, erklärt mir Prof. Dr. Joerg Dederichs. Eine erfolgreiche Innovationskultur und die Nutzung von Gestaltungsfreiräumen erfordern ein stetiges Vorleben. Die Kultur muss für neue Mitarbeitende erlebbar gemacht werden.

Genauso wichtig ist aber auch die Anerkennung und Wertschätzung für hervorragende Leistungen abseits monetärer Anreize. So fördert zum Beispiel die bereits in den 1960er-Jahren eingeführte Carlton Society bei 3M Innovationen und Beharrlichkeit in der Forschung und der Produkt- und Technologieentwicklung. In diesen elitären Kreis werden jedes Jahr von den über 8.000 Forscher:innen 30 ausgewählte Mitarbeitende aufgenommen, um deren Innovationskraft zu ehren. Dies ist die höchste Anerkennung für das Lebenswerk von Wissenschaftler:innen und Ingenieuren und in der 3M-Welt mit einem Nobelpreis vergleichbar.

Damit solche Erfolgsgeschichten entstehen können, braucht es neben der innovationsfördernden Kultur und der richtigen Haltung auch professionelle Strukturen. Denn Intrapreneurship bedeutet gleichermaßen Kreativität und Chaos. Und nicht selten scheitern Intrapreneurship-Projekte, da keine Prozesse etabliert wurden oder das Management nicht risikofreudig ist.

Das musste beispielsweise Eastman Kodak erfahren. Der US-amerikanische Kamerakonzern war über ein Jahrhundert lang Marktführer für analoge Kameras und Filme, musste aber 2012 Insolvenz anmelden. Der Grund dafür war die Entwicklung der Digitalkamera. Nun liegt der Verdacht nahe, dass man diesen Trend bei Kodak verschlafen hatte – aber genau das Gegenteil war der Fall. Bereits 1974 entwickelte der Kodak-Ingenieur Steve Sasson weltweit die erste digitale Kamera. Allerdings sah die damalige Geschäftsführung darin eine Bedrohung für das eigene Geschäft und hielt an alten Unternehmenswerten fest. Erst 1991 kam die erste digitale Kodak-Kamera auf den Markt – viel zu spät. Andere Unternehmen konnten sich besser positionieren, und so nahm die unternehmerische Entwicklung ihren Lauf.[13]

**Mein Fazit:** Unternehmen, die sich in der heutigen Zeit nicht mit Intrapreneurship beschäftigen, verlieren nicht nur gute Mitarbeitende, sondern lassen auch eine Menge Potenzial ungenutzt – gerade unter dem Aspekt von Künstlicher Intelligenz, mit der viele neue Formen, Produkte und Services kreiert werden können. Es braucht räumliche und technische Ressourcen sowie vor allem auch finanzielle Ressourcen – und hier ist Deutschland im weltweiten Vergleich noch sehr zurückhaltend.

Der Autor und Blogger Sascha Lobo hat es im Rahmen seines Vortrags auf dem OMR-Festival 2023 sehr gut veranschaulicht: Während das Unternehmen META, ehemals Facebook, 2022 bei einem Umsatz von 104 Milliarden Euro 31,6 Milliarden Euro in die Entwicklung und Forschung investierte, waren es bei der Deutschen Telekom bei einem Umsatz von 114 Milliarden Euro lediglich 33 Millionen Euro. Lobo merkt in seinem Vortrag an, dass es unterschiedliche Bilanzierungsregeln gibt, was einen Vergleich unfair macht, »[...] und trotzdem steht dahinter eine Botschaft: Nämlich, wir sind in Deutschland extrem investitionsavers.«[14] Hierzulande gibt es beim unternehmensinternen Investieren also definitiv noch Luft nach oben. Für mehr Innovationen. Für eine positivere Unternehmensentwicklung. Für mehr Zufriedenheit, Wohlbefinden, Engagement und Performance von Mitarbeitenden: Win-win-win.

## QUICK WINS

**Für Mitarbeitende**

a) Kreative Ideen ins Unternehmen aktiv und eigenverantwortlich einbringen.
b) Unterstützung bei Kolleg:innen und Führungskräften für eigene Ideen suchen, um Feedback zu bekommen bzw. die Idee weiterzuentwickeln.
c) Netzwerk mit möglichen Intrapreneuren aus anderen Abteilungen suchen und sich austauschen.

**Für Führungskräfte**

a) Mitarbeitende befähigen, ihrer Kreativität, Neugier und Autonomie während der Arbeitszeit nachzugehen.
b) Mögliche Intrapreneure erkennen und fördern. Zum Beispiel weil sie »Querulanten« sind und immer wieder alles hinterfragen. Aber Vorsicht, nicht alle Mitarbeitende sind dafür geeignet.
c) Im Team proaktiv Lösungen finden, wenn sich Mitarbeitende aus dem Alltagsgeschäft für die Weiterentwicklung einer Idee rausziehen und Kolleg:innen deren Arbeit übernehmen müssen.

**Für Unternehmen**

a) Professionelle Intrapreneurship-Strategie wählen und umsetzen: 1. Level: Coaching & Workshops anbieten. 2. Level: Arbeitszeit zur Verfügung stellen 3. Level: Zielgeführte Programme etablieren, in denen die Teilnehmenden nun 100 Prozent ihrer Arbeitszeit investieren können.
b) Die hervorragende Leistung bzw. Innovationskraft einzelner Mitarbeitenden anerkennen und wertschätzen.
c) Mitarbeitenden die Gestaltungsfreiräume sowie die Ressourcen wie Budgets, Räume und technische Tools zur Verfügung stellen, damit sie an eigenen Innovationsideen arbeiten können.

# Job Crafting: Selbstbestimmt statt fremdgesteuert

Während meines Studiums habe ich sechs Monate in London gelebt und gearbeitet. Ich war sofort in das Gewimmel des Wochenendmarktes in der Portobello Road verliebt, das Nachtleben von Soho oder die Straßenkultur von Camden Town. Die größte Metropole Europas bietet alle Verlockungen und Vergnügungen, alle Möglichkeiten und Herausforderungen, alle Abgründe und Höhen: von stocksteifen Soldaten mit Bärenfellmützen bis hin zu leckerem Fish and Chips. Natürlich war ich auch häufiger shoppen, schlenderte durch die Stadt, ließ mich treiben und oft auch beregnen (nein, es goss nicht jeden Tag). An diesem Tag aber war ich auf der Suche nach einem neuen Jackett für meine Business-Termine. Vor allem in dieser Stadt kommt es auf ein gutes Auftreten an. In einem Laden, den Namen habe ich leider vergessen, ist mir ein Badge an einem Ärmel aufgefallen: »Tailor me – To make me more you«. Ich musste schmunzeln. Ein Jackett, das nach meinen individuellen Maßen angepasst werden wollte, damit warb das Bekleidungsgeschäft. Und in diesem Moment wollte ich nichts lieber als dieses Stück Stoff, das nur mir passen sollte. Niemand anderem.

Daran musste ich beim Schreiben dieses Kapitels denken. Denn wird nicht inzwischen alles unseren Wünschen und Vorstellungen angepasst? Vom Kaffeebecher über Neuwagen bis hin zur Inneneinrichtung unserer Wohnzimmer. Wir Menschen lieben es, alles Mögliche zu personalisieren und individualisieren. Nur einen Bereich lassen wir dabei konsequent außen vor: unseren Job. Dabei ist das ein Bereich, in dem es am meisten Sinn ergibt, auf wichtige Details einzugehen. Immerhin beschäftigen wir uns in der Regel ein Drittel des Tages mit unserem Beruf. Ich habe mir jedenfalls den Schuh angezogen, dir hier ein paar Impulse zu geben, wie ein auf dich abgestimmter Arbeitsplatz aussehen könnte. Welche Vorteile er dir bringen würde und dem Unternehmen, für das du arbeitest. Das Jackett habe ich übrigens immer noch. Passe aber nicht mehr rein.

### Es ist Zeit, deinen Job zu personalisieren

Wenn wir es lieben, alle möglichen Konsumgüter nach unseren eigenen Vorlieben zu personalisieren und zu gestalten, und dafür sogar bereit sind, bis zu 50 Prozent mehr auszugeben,[15] dann kann nur erahnt werden, welches Potenzial es hat, wenn wir auch endlich unseren Job, unsere Tätigkeit unseren Vorlieben, Interessen, Stärken und Fähigkeiten in Eigenverantwortung anpassen: für Unternehmen, für Führungskräfte, für Mitarbeitende.

Was wir dafür brauchen, nennt sich Job Crafting. Der Begriff wurde von den beiden Organisationspsychologinnen Amy Wrzesniewski und Jane Dutton geprägt.[16] Dabei geht es darum, den eigenen Job proaktiv so zu gestalten, dass er besser zu einem selbst passt – indem Abläufe in Prozessen, die Beziehungen zu anderen oder das Sinnempfinden verbessert werden. Das heißt aber nicht, dass der komplette Job auf links gekrempelt werden muss, sondern dass lediglich ein paar Stellschrauben gedreht werden. Die Arbeit wird den Beschäftigten angepasst, nicht umgekehrt.

Im Gegensatz zu Intrapreneurship geht es beim Job Crafting nicht darum, dass etwas vom Unternehmen oder dessen Führungskräften auf die Mitarbeitenden übertragen wird (Top-down), sondern darum, dass sich die Mitarbeitenden selbst um Veränderungen bemühen (Bottum-up). Ziel ist es, die eigenen Tätigkeiten so zu gestalten, dass sie motivierender und sinnstiftender werden, damit es im Grunde keine externen Motivationsfaktoren mehr braucht. Dies kann mit der Zustimmung, Unterstützung und Einladung des Arbeitgebers erfolgen, aber auch ohne die Kenntnis von Vorgesetzten – aus eigenem Antrieb und eigener Verantwortung heraus.

Die Organisationspsychologinnen Wrzesniewski und Dutton empfehlen, sich die folgenden drei Ebenen anzuschauen:

1. **Task Crafting:** Die Abläufe im Job können durch die Art, Reihenfolge, Anzahl und den Umfang der anfallenden Tätigkeiten individuell angepasst werden. So können Aufgaben innerhalb eines Teams getauscht werden. Du könntest also zum Beispiel die Excel-Tabellen an eine Kollegin abgeben und dafür ein kreatives Brainstorming von ihr übernehmen, wenn dies euren Stärken entspricht. Du kannst neue Aufgaben in dein Arbeits-Portfolio integrieren oder aber auch reduzieren oder sogar komplett rauswerfen.
2. **Relationship Crafting:** Hierbei passt du die Beziehungen und Interaktionen mit Kolleg:innen im Arbeitsumfeld an, sodass du ein soziales Umfeld schaffst, in dem du mit genau den Menschen zusammenarbeitest, die dir ein Gefühl der Zugehörigkeit und Verbundenheit geben.
3. **Cognitive Crafting:** Die Bedeutung beziehungsweise die Einstellung zu deinen Aufgaben kannst du dahingehend anpassen, dass du sie aus einer anderen, einer höheren oder besseren Perspektive siehst. Es macht für dich mental einen großen Unterschied, ob du sagst, dass du Steine stapelst, eine Mauer baust oder eine Kathedrale errichtest.

Vermutlich setzt du davon schon mehr um, als du denkst. Denn Job Crafting findet bei vielen bereits intuitiv und unbewusst in kleinem Rahmen statt. Das hat jedenfalls einer der weltweit führenden Job-Crafting-Experten und TED-Speaker Rob Baker bei seiner Arbeit mit zahlreichen Kund:innen festgestellt und mir im Interview verraten. Wenn es aber Unternehmen, Führungskräften und auch Mitarbeitenden gelingt, Job Crafting ganz bewusst und aktiv einzusetzen, dann können vorgegebene Arbeitsbedingungen und definierte Handlungsspielräume so angepasst werden, dass es nicht nur den einzelnen Personen, sondern auch anderen zugutekommt, z. B. Kolleg:innen und Kund:innen. Um dem bestmöglichen Zustand an Wohlbefinden, Zufriedenheit und Performance näher zu kommen, gibt es zwei Strategien:

- Du kannst entweder das Ziel verfolgen, dich auf den Aufbau und die Verbesserung von Aufgaben und Beziehungen zu konzentrieren,
- oder dich bemühen, negative Rahmenbedingung zu vermeiden, indem Arbeitsanforderungen reduziert und eingeschränkt werden.

Ersteres ist laut Forschung allerdings Erfolg versprechender und führt eher zu positiven Effekten.[17]

## Physische und psychologische Flexibilität

Wir wissen nun also: Das übergeordnete Ziel von Job Crafting ist, die größtmögliche Übereinstimmung zwischen der jeweiligen Person und ihrem Arbeitsplatz zu realisieren. Erreicht werden kann dies einerseits durch die Erhöhung der herausfordernden Anforderungen sowie die Reduzierung hinderlicher Arbeitsanforderungen und andererseits durch die Erhöhung struktureller und sozialer Arbeitsressourcen. Aber genau hier kommt es im Joballtag oft zu Dissonanzen und Stressoren, weil der Arbeitsplatz und die Mitarbeitenden nicht richtig zusammenpassen – als würde man versuchen, eine Schlitzschraube mit einem Kreuzschlitz-Schraubendreher festzudrehen, was zu Unzufriedenheit, einer geringeren Produktivität bis hin zu Burn-out und Depressionen führen kann. Kommt es zu solchen Folgen, werden dann leider oftmals falsche Schlüsse gezogen.

Um ihren Gesundheitszustand und ihre Leistungsfähigkeit zu verbessern, wird Betroffenen empfohlen, zu meditieren, sich gesünder zu ernähren, mehr zu schlafen, Achtsamkeitsübungen auszuführen und Stressmanagement zu betreiben. Das ist sicher alles nicht schlecht. »Aber Burn-out ist ein Management- und Organisationsproblem, kein Problem der körperlichen oder mentalen Gesundheit, sodass die Förderung der Selbstfürsorge den Mitarbeitern normalerweise nicht dabei hilft, sich zu erholen«, sagt Christina Maslach, Professorin für Psychologie und Forscherin am Healthy Workplaces Center an der University of California.[18]

Mit anderen Worten: Jemandem, der sich in unkomfortablen Schuhen Blasen läuft, empfehlen wir doch keinen Lauf-Workshop. Wir würden eher raten, die Schuhe anpassen zu lassen – oder schlimmstenfalls neue zu kaufen. Für die Unternehmen bedeutet dies natürlich einen Mehraufwand. Es ist immer einfacher und vor allem günstiger, den einzelnen Menschen zu verändern, anstatt die übergeordneten Strukturen, Prozesse und Formen der Zusammenarbeit anzupassen. Deshalb warten wir beim Job Crafting erst gar nicht darauf, dass Führungskräfte die Dissonanzen irgendwann erkennen, sondern wir ergreifen selbst die Initiative, indem wir innerhalb eines vorgegebenen Rahmens unsere Position individuell nach unseren Vorlieben, Fähigkeiten und Stärken anpassen. Denn wir wissen einfach am besten, wo der Schuh drückt. Ganz nebenbei sorgt diese Selbstbestimmung auch noch dafür, dass wir uns ein drittes psychologisches Grundbedürfnis erfüllen können: Kompetenz.

## Unser psychologisches Grundbedürfnis nach Kompetenz

Hierbei geht es um den Wunsch nach Effektivität, darum, wertvolle Ergebnisse aus eigener Kraft zu erreichen. Wir wollen das Gefühl haben, durch den Einsatz unserer Stärken uns zugeteilte Aufgaben erfolgreich auszuführen und wirklich gebraucht zu werden.

Und hier kommt Job Crafting ins Spiel: Denn durch Selbstbestimmung können Mitarbeitende die optimale Diskrepanz zwischen Anforderungen und Fähigkeitsniveau erreichen und kommen sogar in die Erfahrung des von allen Menschen angestrebten Flow-Zustands[19]: ein Bewusstseinszustand, in dem Menschen »[…] Raum und Zeit vergessen, maximal glücklich, motiviert und leistungsfähig sind – wie im Rausch«.[20]

Wer sich ständig überfordert fühlt, ist von Angst geprägt und fühlt sich irgendwann beunruhigt und gestresst. Menschen, die dagegen überwiegend unterfordert sind, langweilen sich und fühlen sich ebenfalls ständig unter Spannung. Arbeiten im Flow hingegen motiviert, die Tätigkeit zu wiederholen.

Und wer das tut, trainiert seine Fähigkeiten, setzt sich immer größeren Anforderungen aus und wächst stetig weiter. Um in diesen Flow-Zustand zu kommen, braucht es zwei Dinge: Zum einen das optimale Gleichgewicht zwischen Unter- und Überforderung – wobei die Anforderungen leicht über den eigenen Fähigkeiten liegen sollten. Oder wie es das Beratungs- und Forschungsinstitut GAB München ausdrückt: »Eine Aufgabe ist eine passende Lernaufgabe, wenn sie über die vorhandenen Kompetenzen bzw. die eigene Komfortzone hinausgeht, aber mit Anstrengung, ggf. mehreren Versuchen, Hilfe und Begleitung zu bewältigen ist.«[21] Zum anderen braucht es weitere Faktoren, die durch ein erfolgreiches Job Crafting vom Mitarbeitenden autonom gestaltet werden können.

Zum Beispiel braucht es nach dem amerikanischen Neurowissenschaftler und Professor für Neurobiologie an der Stanford School of Medicine Andrew Huberman ein Warm-up, um richtig hochzufahren. So empfiehlt er 20 bis 30 tiefe Atemzüge, um Adrenalin auszuschütten, das uns wach macht. Beim Fokussieren hilft dagegen das Hormon Acetylocholin, das ausgeschüttet wird, indem du einen visuellen Fokus anvisierst – zum Beispiel einen Punkt an der Wand, für 30 bis 60 Sekunden. Darüber hinaus solltest du deine Arbeitssessions immer in 90-Minuten-Zyklen planen, da – wie du dich hoffentlich noch erinnern kannst – unser Gehirn und Körper ultradiane Rhythmen am Tag durchlaufen. Heißt: Unsere Leistungsfähigkeit steigt aufgrund von Körperrhythmen über den Tag verteilt an und fällt auch wieder ab.[22]

### Stärkenorientierung: Hier geht's lang

Um in den Flow-Zustand zu kommen und dabei gleichzeitig Kompetenz zu erleben, braucht es zusätzlich als Grundvoraussetzung den gezielten Einsatz der eigenen Stärken. Dazu verrät uns vor allem der amerikanische Psychologe Martin Seligman, der maßgebliche Beiträge zur Positiven Psychologie geleistet hat, dass Menschen nur dann aufblühen und eine optimale Balance zwischen den Arbeitsanforderungen und ihren Fähigkeiten haben, wenn sie ihre Stärken einsetzen, anstatt sich bemühen, ihre Schwächen zu reduzieren.

Wenn du deine Stärken kennst und zudem auch noch stärkenorientiert geführt wirst, dann ist die Wahrscheinlichkeit, dass du emotional mit deinem Unternehmen verbunden bist, um das Sechsfache höher. Und die Wahrscheinlichkeit, dass du eine ausgezeichnete Lebensqualität hast, ist drei Mal höher. Zudem erlebst du weniger Stress, arbeitest engagierter, bist kreativer, empfindest mehr Sinn in deiner Tätigkeit und fühlst dich selbstbewusster.[23]

Das Problem in unserem Alltag ist jedoch, dass wir uns häufig unserer Stärken gar nicht bewusst sind: »Als wir bei uns im Unternehmen Stärkencoachings eingeführt hatten, war ich schockiert, wie viele Menschen schon jahrelang in ihrem Job arbeiten, aber gar nicht wissen, was ihre Stärken sind, was ihre Leidenschaft ist«, sagt Laura Bornmann, ehemalige HR-Leiterin bei REWE Dortmund SE & Co. KG. Psycholog:innen aus meinem Expert:innen-Netzwerk erleben es in ihren Coachings sogar immer wieder, dass es Teilnehmenden unangenehm ist, über ihre eigenen Stärken zu sprechen. Das liegt daran, dass wir von klein auf durch unsere Erziehung und das Schulsystem darauf konditioniert werden, uns auf unsere Defizite und Mängel zu fokussieren. Dadurch entwickeln wir eine defizitorientierte Haltung, die schlussendlich dazu führt, dass sich 65 Prozent der Menschen zuerst auf ihre Schwächen konzentrieren – wenn ihnen ihre Schwächen und Stärken gleichzeitig aufgezeigt werden.[24] Umso wichtiger ist es, dass sich Mitarbeitende mit ihren Stärken vertraut machen. Da es, wie bereits ausgeführt, häufig zu einem verzerrten Selbstbild kommt, brauchen wir dringend die Unterstützung von Führungskräften oder externen Instanzen, die uns ein entsprechendes Feedback geben, auch zu unseren Charakterstärken, wie zum Beispiel Humor, Mut, Neugier, Kreativität, Ehrlichkeit oder Fairness. Aber wir können und sollten uns auch selbst auf den Weg machen, unsere Stärken zu erforschen. Neben kostenfreien Online-Tests und dem sehr empfehlenswerten (kostenpflichtigen) »Clifton Strengths« von Gallup, den schon über 30 Millionen Menschen genutzt haben, kannst du einfach damit anfangen, Gespräche mit Freund:innen, Kolleg:innen und Führungskräften zu suchen.

Wenn sich Mitarbeitende ihrer Stärken bewusst sind, dann ist das natürlich schön und gut – aber das hilft leider gar nichts, wenn die Führungskräfte nicht auf diese Stärken zurückgreifen und sie nicht fördern. Welche Auswirkung dies haben kann, zeigt eine Studie von Gallup. Hierbei wurden Mitarbeitende in zwei Teams aufgeteilt. In dem einen Team haben sich Führungskräfte auf die Stärken der Mitarbeitenden konzentriert, im anderen auf die Schwächen. Das Ergebnis: In dem Stärken-Team waren lediglich drei Prozent der Mitarbeitenden frustriert bei der Arbeit und 32 Prozent gaben an, sich die letzten Tage ausgebrannt gefühlt zu haben. Lag der Fokus dagegen auf den Schwächen, fühlten sich 44 Prozent frustriert bei der Arbeit und dramatische 53 Prozent der Team-Mitglieder:innen fühlten sich ausgebrannt.[25] Ist das nicht bemerkenswert? Immerhin geht es hier nicht um Mitarbeitende, die in unterschiedlichen Unternehmen oder gar Ländern beschäftigt sind. Es geht um Menschen, die alle in derselben Firma arbeiten, womöglich auf derselben Etage in denselben Büros sitzen und vielleicht sogar ähnliche Tätigkeiten ausführen. Und dennoch gibt es diese Unterschiede bei Wohlbefinden und Produktivität.

Es ist nicht nur wichtig, die Stärken zu erkennen, sondern auch positiv darüber zu reden. Ich finde, wir sollten uns mehr trauen, stolz auf unsere Fähigkeiten zu sein. So stolz, dass wir anderen auch von unseren Stärken erzählen – und uns dabei wohlfühlen, anstatt Angst davor zu haben, als eingebildeter Gockel abgestempelt zu werden. Es ist längst an der Zeit, die Stärkenorientierung noch viel mehr in den Mittelpunkt des Berufsalltags zu stellen.

Beim Sport ist es völlig normal, Menschen nach ihren Stärken einzusetzen. Kein Fußballtrainer käme auf die Idee, den erstklassigen Torwart Manuel Neuer im Sturm aufzustellen. Aber zwischen den Pfosten ist er Weltklasse. Sprinter Usain Bolt holt sicher keine Goldmedaille bei einem Marathon. Der Basketballer Michael Jordan hat es zwischendurch mal mit Baseball versucht und war darin sogar gar nicht schlecht – aber Michael Air Jordan gehörte immer in die Luft, da war er unbesiegbar.

Wenn wir das Außergewöhnliche finden wollen, müssen wir uns voll und ganz auf die Stärken konzentrieren und diese im Berufsalltag ausleben. Was wäre, wenn wir uns im Team oder im Unternehmen über unsere Stärken kennenlernen würden? Könnte das vielleicht nicht dazu führen, dass wir bei Konflikten oder Unstimmigkeiten untereinander weiterhin positiv über unser Gegenüber denken? Ich glaube fest daran! Welche Stimmung hätten wir wohl in Meetings und Gesprächen, wenn wir alle in unserer Stärke sind? Wie wäre es, ein Stärken-Quartett von allen Mitarbeitenden aufzubauen? Mit Karten, die einem auf einen Blick verraten, was die Leute in unserem Umfeld am besten können. Im nächsten Schritt könnte überlegt werden, wie diese Skills eingebracht werden könnten. Wenn zum Beispiel Humor deine Stärke ist, die bisher aber nur im privaten Rahmen zum Vorschein gekommen ist, sollte überlegt werden, wie dein Witz bei Meetings, Kunden-Telefonaten, E-Mails und anderen Interaktionen eingebracht werden könnte. Die Studien und Umfragen von Gallup zeigen eindeutig, dass sich das lohnt: Stärkenorientierte Entwicklung führt zu einer sieben bis 23 Prozent höheren emotionalen Bindung von Mitarbeitenden, zu einer acht bis 18 Prozent höheren Leistung und am Ende auch zu zehn bis 19 Prozent höheren Umsätzen sowie 14 bis 29 Prozent höheren Gewinnen.[26] Worauf warten wir also? Ich finde, wir sollten auf diese Karte setzen: »Job Crafting ist dafür ein ideales Instrument, um sich Stärken bewusst zu machen und diese bei der Arbeit zum Leben zu erwecken«, sagt Rob Baker mir im Gespräch.

## Es kann auch nach vorn losgehen

Mich begeistert vor allem sehr, dass durch Job Crafting alle unsere drei psychologischen Grundbedürfnisse erfüllt werden: Autonomie, Verbundenheit und Kompetenz. Wir alle können uns mit diesem Konzept voll entfalten, anstatt durch Fremdbestimmung und Begrenzungen daran gehindert werden. Und das ist sogar umfassend wissenschaftlich bewiesen: So kommen einige sogenannte Meta-Studien, die zahlreiche einzelne Studien zum Thema zusammenfassen, zu dem Ergebnis, dass die Möglichkeit von Job Crafting zu einer höheren Arbeitszufriedenheit, einem größeren Engagement in der Arbeit, einer besseren Arbeitsleistung und stärkeren Wahrnehmung von Sinnhaftigkeit führt.[27]

Weitere Studien zeigen, dass Job Crafting das proaktive Verhalten von Mitarbeitenden, also ihre Eigenverantwortung,[28] sowie die emotionale Verbundenheit und Zugehörigkeit zu Kolleg:innen steigert – wodurch wiederum die Fluktuationsrate stark reduziert wird.[29] Gleichzeitig verbessert sich auch die Gesundheit der Mitarbeitenden, die auf Job Crafting setzen, weil sie »tendenziell widerstandsfähiger sind und Stress besser abfedern können«, sagt Rob Baker mir im Gespräch. Menschen, die auf dieses Konzept setzen, schätzen ihre eigene Gesundheit sogar um elf Prozent besser ein als Mitarbeitende ohne Job Crafting.[30]

## Was nicht passt, wird passend gemacht

Mit diesen Erkenntnissen ist es endlich an der Zeit, dass Job Crafting sich in Unternehmen stärker etabliert und nicht nur von Mitarbeitenden umgesetzt, sondern auch von Unternehmen und deren Führungskräften unterstützt wird. Denn nur so schaffen wir es, dass Menschen, wie Gehirnforscher Prof. Dr. Gerald Hüther es sagt, aus einem Objekt endlich wieder Subjekte werden und selbstbestimmt statt fremdgesteuert agieren können.

Es gibt verschiedene Möglichkeiten, Job Crafting im Alltag umzusetzen: Als Erstes muss man verstehen, dass dieses Prinzip keine einmalige Sache ist. Es geht bei diesem Konzept um einen Prozess, der sich kontinuierlich weiterentwickelt und im Grunde nie zu einem Ende kommt. »Es braucht Zeit. Man muss geduldig sein, Menschen müssen es erfahren und daraus lernen, um ihren eigenen Weg zu finden«, erklärt mir Baker. Die gute Nachricht dabei ist, wie bereits geschrieben, dass Job Crafting nicht bedeutet, Veränderungen mit einer Abrissbirne herbeizuführen, sondern dass es nur kleiner Veränderungen bedarf. So konnte zum Beispiel Rob Baker bei der Arbeit mit seinen Kund:innen feststellen, dass 77 Prozent seiner Job-Crafting-Projekte weniger als zwölf Minuten pro Tag oder eine Stunde in der Woche in Anspruch nahmen. Um diese kleinen Veränderungen zu initiieren, empfiehlt Rob Baker, sich selbst folgende Fragen zu stellen:

1. Wie zufrieden bist du bei deiner Arbeit? Womit könntest du dein Wohlbefinden während des Jobs steigern? Wenn du über diese Fragen nachdenkst, wirst du sicherlich Aspekte wahrnehmen, die sich positiv und negativ auf deine mentale, physische und soziale Gesundheit auswirken. Vielleicht gibt es ja Möglichkeiten, wie du deine körperliche Gesundheit im Alltag steigern kannst, zum Beispiel, indem du Meetings nicht mehr am Schreibtisch in deinem Büro abhältst, sondern öfter bei einem Spaziergang (Walk & Talk Meeting).

2. Mit welcher Person interagierst du beim Job am häufigsten und mit welchen weiteren Kolleg:innen verbringst du Zeit bei deiner Arbeit? Die Antworten auf diese Fragen helfen dir dabei, herauszufinden, welche Kolleg:innen dir Energie geben, dich inspirieren und motivieren und welche deine Leistungsfähigkeit und deinen Spaß eher bremsen. Vielleicht fallen dir dabei schon Maßnahmen ein, wie du die positiven Beziehungen noch mehr intensivieren kannst, indem du zum Beispiel mehr gemeinsame Projekte mit diesen Menschen forcierst.

3. Welche konkreten Aufgaben und Tätigkeiten fallen während deiner Arbeit an? Hier kannst du bewerten, ob du deine Stärken bereits einbringen kannst oder es noch Luft nach oben gibt. Vielleicht gibt es auch Aufgaben, von denen du weißt, dass diese von anderen Kolleg:innen besser ausgeführt werden könnten – während du ihre Aufgabe besser hinbekämst und dabei auch mehr Freude erleben würdest. Hier eignet sich zum Beispiel die Übung »Love and loath« von Rob Baker: Dabei schreibst du zehn bis 15 deiner Aufgaben jeweils auf ein Post-it. Nun zeichnest du mittig auf ein Blatt Papier eine horizontale und anschließend wieder mittig eine vertikale Linie, sodass vier Bereiche entstehen. Die linke Seite bekommt den Titel »Energieräuber«, die rechte »Energiespender«. Als Nächstes verteilst du deine Post-its auf beiden Seiten, oben stehen Aufgaben, die viel Zeit beanspruchen, unten jene, die wenig Zeit benötigen. So erkennst du die Tätigkeiten, die du reduzieren oder tauschen solltest, und natürlich auch To-dos, mit denen du mehr Zeit verbringen musst. Dabei solltest du aber auf dem Zettel haben, dass auch mal Routinearbeiten zu erledigen sind, die keinen Spaß machen.

4. Zu welchen Uhrzeiten erledigst du deine verschiedenen Aufgaben? Hier kannst du überlegen, ob du deinen Kalender in verschiedene Blöcke aufteilst, in denen du dann Deep Work, kreatives Brainstorming und Abarbeiten umsetzen kannst. Dabei kannst du dich auch daran orientieren, ob diese Tätigkeiten zu den jeweiligen Uhrzeiten auch mit deinem persönlichen biologischen Rhythmus übereinstimmen.

5. Warum gibt es deinen Job, und was ist der Zweck für das Unternehmen? Ziel ist es, dein persönliches Sinnerleben bei der Arbeit zu steigern. Hier solltest du also ein paar gute Antworten finden.

6. An welchem Ort führst du deine Arbeit aus? Hierbei sollst du herausbekommen, in welchen Räumlichkeiten du beispielsweise die kreativsten Ideen hast und in welcher Umgebung du besser fokussiert und konzentriert arbeiten kannst. Abhängig von der Unternehmenskultur und von dem Bürogebäude gibt es hier verschiedene Möglichkeiten, die du dann für dich wahrnehmen kannst.

## Brauchbare Illegalität

Job Crafting, Intrapreneurship und das Bedürfnis nach Autonomie – das alles bedeutet auch, dass Mitarbeitende sich nicht immer an Einschränkungen, Vorgaben und Regeln halten, sondern diese auch mal brechen. Während es eindeutig ist, dass manche Regelabweichungen und sogar teilweise Gesetzesbrüche schwerwiegend sind und nicht geduldet werden dürfen, gibt es auch Regelbrüche, die zwingend notwendig sind, damit Unternehmen funktionieren.

Jetzt wird es kompliziert. Einerseits brauchen wir Regeln, Vorgaben und Normen, damit die Gesellschaft und auch Unternehmen überhaupt funktionieren. Anderseits lassen sich wissentliche Regelabweichungen in Unternehmen nicht vermeiden, wenn Innovationen, Kreativität, Lösungen, Veränderungen und das Bedürfnis nach Autonomie im Unternehmen gefördert werden sollen. »Organisationen werden mit widersprüchlichen Anforderungen konfrontiert, die nicht alle durch Entscheidungen auf der Formalebene gelöst werden können. Deswegen bilden sich in Organisationen kleine Schleichwege jenseits des offiziellen Ablaufs aus«, erklärt Stefan Kühl, Professor für Organisationssoziologie an der Universität Bielefeld und Autor des Buchs »Brauchbare Illegalität«.[31] Wir müssen uns nur mal bewusst machen, wie der Berufsalltag aussähe, wenn sich Mitarbeitende an alle Regeln und Vorgaben hielten. Das nennt sich dann Dienst nach Vorschrift. Solche Mitarbeitende werden gern als »Korinthenkacker« oder »Paragrafenreiter« bezeichnet. Und es ist ja auch etwas dran, denn durch solche Leute verlieren Unternehmen an Leichtigkeit und Geschwindigkeit, Planungen werden immer schwerfälliger.

Diese Zwickmühle hat der Soziologe Niklas Luhmann schon früh erkannt und den Begriff »Brauchbare Illegalität« geprägt. Darunter versteht er »adaptive Strategien jeder Art, mit denen sich ein Organisationsmitglied helfen kann, wenn es Strecken problematischer Legalität durchwandern muss«. Damit sind

Regelbrüche in Grauzonen definiert, die formale Erwartungen zwar verletzen, aber gleichzeitig brauchbar und nutzbringend sind.

Die Rede ist hier aber nicht davon, dass du Druckerpapier und Kugelschreiber mit nach Hause nimmst oder den ganzen Tag bei der Arbeit netflixt. Es geht nicht um den eigenen Vorteil, sondern darum, Nutzen zu haben für die Gesellschaft oder eben die Organisation, für die du arbeitest. Nur dann werden diese informalen Abweichungen geduldet und auch zwingend gebraucht, da Normabweichungen unvermeidlich sind, um Mitarbeitenden Raum zu geben, sich immer wieder an schnell verändernde Rahmenbedingungen anzupassen.

Vor dem Hintergrund zunehmender formeller Regeln und dem Bedürfnis nach mehr Eigenverantwortung und Autonomie braucht es in Unternehmen zukünftig mehr Mut, brauchbare Illegalität transparent anzusprechen und zu fördern. Wir brauchen eine Umgebung, in der keine Angst herrscht, eine Regel zu brechen, wenn es für das Unternehmen brauchbar und nutzenstiftend ist. Und damit es keine Missverständnisse darüber geben kann, was denn nun genau als brauchbar und nutzenstiftend zu betrachten ist, bedarf es eines gemeinsam definierten und gelebten Wertekompasses.

Aber selbst wenn es diesen Kompass gibt: Unrealistische und überaus ambitionierte Zielvorgaben an Führungskräfte und Mitarbeitende können zu Fehlern oder Regelabweichungen führen, die für das Unternehmen einen erheblichen Nachteil mit sich bringen oder sogar in eine Krise münden. Aber wie soll man mit diesen Fehlern und Regelabweichungen umgehen? In der Praxis wird oft ein Sündenbock gesucht, der verantwortlich gemacht wird und das Unternehmen verlassen muss. Damit in Zukunft ein solches Fehlverhalten nicht mehr vorkommt, werden noch mehr Regeln festgelegt. Ob ein solches Verhalten zielführend ist, stelle ich massiv infrage, denn dadurch wird eine Kultur geschaffen, die noch mehr Angst und Unsicherheiten verbreitet.

Das Konzept der brauchbaren Illegalität sollte nicht als eine Art Betriebsgeheimnis genutzt werden. Es sollte nicht hinter verschlossenen Türen über Grauzonen geflüstert werden. Wir brauchen eine offene und transparente Diskussion, um gemeinsam eine Kultur zu schaffen, in der sich Mitarbeitende an diese Grauzonen gewöhnen können, die im Unternehmen geschätzt werden. Dadurch entsteht eine psychologische Sicherheit. Ganz ehrlich: Es ist niemandem geholfen, Abläufe und Prozesse festzuhalten und zu kommunizieren, mit denen zwar die Compliance-Abteilungen zufrieden sind, die aber in der Realität überhaupt nicht umgesetzt werden können. Deswegen müssen sich Führungskräfte mit diesem Konzept befassen, auch wenn sie am liebsten davon nichts wüssten, um später im Fall der Fälle nicht in die Verantwortung gezogen zu werden. Neben einer offenen und transparenten Kommunikation und dem Wertekompass brauchen Mitarbeitende aber auch Erklärungen, die hinter bestimmten Regeln und Normen stecken, sowie realistische und wertevertretbare Zielvorgaben, die das Brechen von Regeln nicht immer erfordern.

Denn nur so können Mitarbeitende ermutigt und befähigt werden, selbst Fingerspitzengefühl zu entwickeln, wann es sich um brauchbare Illegalität und wann um nicht geduldetes Fehlverhalten handelt. Wir können nicht auf der einen Seite immer mehr formelle Regeln einführen, die den Spielraum für Mitarbeitende verkleinern, und gleichzeitig mehr Eigenverantwortung, Innovationen und Kreativität von ihnen verlangen. Das ist paradox und funktioniert nicht.

## Bei Fragen oder Stress bitte die Gebrauchsanweisung lesen

Starten kann jedes Unternehmen mit Job-Crafting-Schulungen. Im Gespräch mit Rob Baker zeigte er mir Daten der nationalen Bank Virgin Money im Vereinigten Königreich, die belegen, dass sich die Arbeitszufriedenheit der Mitarbeitenden nach entsprechenden Job-Crafting-Workshops um 34 Prozent erhöhte und die Freude an der Arbeit um 20 Prozent stieg.

Wer Job Crafting aktiv in seinem Unternehmensalltag anwendet, kann dabei sogar noch einen Schritt weitergehen, indem er die Erkenntnisse über sich selbst im Rahmen einer Art persönlichen »Gebrauchsanweisung« festhält und diese mit Kolleg:innen oder sogar Kund:innen teilt. Baker nennt dies »Job Canvas«. Dabei kann zum Beispiel festgehalten werden, welche Lieblingsaufgaben man hat, in welcher Rolle man sich im Team am wohlsten fühlt, auf welche Werte man achtet und welche Ressourcen und Unterstützung man braucht, um die bestmögliche Leistung erbringen zu können. Dadurch wissen alle genau Bescheid, wie man am besten miteinander umgeht.

Die Mitarbeitenden des Unternehmens The People Branding Company, die sich auf Personal Branding und Corporate Influencing fokussieren, nutzen solche individuellen Gebrauchsanweisungen. So hat beispielsweise die Mitarbeiterin Pauline Fuchs für alle festgehalten, dass ihre Rolle die einer Organisatorin und Supporterin ist, dass sie gerne mit Emojis kommuniziert, Platz für ihre Ideen braucht, sie sich am Vormittag am besten fokussieren kann und Projekte am liebsten von Anfang bis Ende begleitet. Solche Gebrauchsanweisungen können auch noch um die eigenen Stärken und Kompetenzen erweitern werden, der Kreativität sind dabei keine Grenzen gesetzt. Das Ziel ist es, neben der formalen internen Stellenbeschreibung, eine Art individuellen Steckbrief zu erstellen, um die Zusammenarbeit zu verbessern und die eigenen Vorstellungen von der Arbeit in der Realität umzusetzen.

So spannend sich Job Crafting auch anhört: Natürlich ist dieses Konzept kein Allheilmittel für alle Organisationsprobleme, und es soll auch nicht die Top-down-Versuche eines Unternehmens ersetzen. Aber es wäre fatal, dieses Konzept zu ignorieren oder sogar zu verhindern. Vielmehr geht es darum, ein Arbeitsumfeld zu schaffen, in dem Job Crafting zumindest möglich ist und aktiv unterstützt wird, um dessen positive Auswirkungen für Mitarbeitende zu fördern. Denn eine erfolgreiche Zukunft von Unternehmen kann meiner Meinung nach nur durch Job Crafting erreicht werden, da die Teams und Arbeitsplätze immer individueller werden. Jeder Mensch hat andere Bedürfnisse, Wünsche und Erwartungen.

Zudem funktioniert das alles nur, wenn wir Job Crafting nicht nur allein, sondern zusammen in unseren Teams anwenden – mit Führungskräften und Kolleg:innen gemeinsam. Denn in deiner Rolle interagierst du immer auch mit anderen. Der Teamgedanke sollte also keinesfalls ignoriert werden.

**Mein Fazit:** Lassen wir doch Mitarbeitende in einigen Bereichen selbst entscheiden, wie sie am besten arbeiten wollen und welche Ressourcen und Herausforderungen sie benötigen. Zudem verändern sich Jobprofile immer wieder durch externe Einflüsse und Entwicklungen. Die Haltung von Job Crafting kann erfolgreich dazu beitragen, dass Menschen ihre Rolle im Unternehmen flexibler sehen, weil sie ihre Aufgaben individuell anpassen und sich Gedanken darüber machen, wie sie ihre Arbeit verbessern können. Wer das für sich und das Unternehmen erkennt, kann eine Strategie umsetzen, die Gefühle der Hilflosigkeit verringert und es uns ermöglicht, unseren Job zu personalisieren.

## QUICK WINS

**Für Mitarbeitende**

a) Job Crafting nicht als einmaliges To-do verstehen, sondern als fortlaufenden Prozess.
b) Die eigenen Stärken durch Stärkentests oder gezielte Gespräche herausfinden und in Eigenverantwortung im Alltag fördern und einsetzen.
c) Den eigenen Arbeitsplatz nicht völlig umgestalten. Erst mal mit kleinen, regelmäßigen effektiven Maßnahmen anfangen, zum Beispiel durch die Integration von »Walk & Talks«.

**Für Führungskräfte**

a) Job Crafting nicht ignorieren oder verhindern, sondern aktiv unterstützen und fördern, indem den Mitarbeitenden der Raum zum Experimentieren gegeben wird.
b) Mitarbeitende dabei unterstützen, ihre Stärken zu erfahren und im Alltag einzusetzen: stärkenorientierte Führung leben.
c) Mitarbeitende zum Jahresende einladen, darüber nachzudenken, welche Projekte, Themen und Aufgaben sie im nächsten Jahr weiter fortsetzen möchten und welche weniger oder gar nicht. Die Antworten werden in Einzelgesprächen besprochen und anschließend in Team-Sessions gemeinsam diskutiert, um Aufgaben und Tätigkeiten entweder zu tauschen, auszulagern oder neu aufzunehmen.

**Für Unternehmen**

a) Durch Schulungen, Coachings oder Workshops Mitarbeitende und Führungskräfte zu Job-Crafting-Profis machen und Persönlichkeitsanalysen sowie Stärkentests kostenfrei anbieten.
b) Eine Vertrauenskultur mit psychologischer Sicherheit schaffen, um Eigenverantwortung der Mitarbeitenden zu fördern.
c) Brauchbare Illegalität im Unternehmen offen und transparent behandeln und kommunizieren.

## Lebenslanges Lernen: Wir sind noch lange nicht fertig

Wenn ich an meine Schulzeit denke, dann erinnere ich mich vor allem an zwei Dinge sehr gerne zurück: die großen Pausen, in denen ich mit anderen Tischtennis gespielt habe. Und das letzte Läuten der Schulklingel, wenn der Unterricht vorbei war. Ich war sicherlich kein schlechter Schüler, ein ausgesprochen guter war ich jedoch auch nicht. Lernen war damals einfach nicht so meins. Aber das änderte sich. Während meines Studiums wuchs mein Wunsch, die beiden Themen Sport und Events miteinander zu verbinden. Als ich später die Möglichkeit hatte, genau das beim Fußballclub Bayer 04 Leverkusen umzusetzen, war meine Freude groß. Jedoch hatte ich dort weder das Gefühl, meine Stärken richtig einbringen zu können, noch fühlte ich mich in dem, was ich dort tat, wertgeschätzt. Also fing ich nebenher damit an, bundesweit eigene Veranstaltungen zu planen: alkoholfreie Partys, Yoga- und Fitness-Events und Health-Workshops. Mein Ziel war es, Menschen für gesunden Lifestyle zu begeistern. Denn während dieser für mich völlig selbstverständlich war, hatten andere Menschen keinen Spaß daran. Das wollte ich ändern.

Währenddessen habe ich aber gemerkt, dass ich am meisten bewirken kann, wenn ich spezielle Angebote für Unternehmen entwickle. Also habe ich mich in das Thema betriebliches Gesundheitsmanagement eingearbeitet, und so wurden aus meinen Events nach und nach exklusive Keynotes, Workshops und andere Angebote für Unternehmen. Bei meiner Arbeit mit anderen Expert:innen wurde ich inspiriert und lernte erst etwas über Mental Health, dann Physical Health und schließlich auch Social Health – worüber ich dann wiederum zum Thema Mitarbeitenden-Retention kam. Ich fing an, einen Podcast zu entwickeln, ich fuchste mich in die Technik, machte Sprachübungen und führte Interviews.

In diesem gesamten Zeitraum war ich insgesamt zwar sehr erfolgreich, aber ich habe Fehler gemacht, viele Fehler sogar, und ich bin dankbar für jeden einzelnen. Denn nur durch den Mut, auch mal zu scheitern, habe ich immer mehr dazugelernt und sitze jetzt sogar hier und schreibe dieses Buch – meine Lehrer:innen können das bestimmt kaum glauben. Ich habe mit der Zeit verstanden, wie wichtig es ist, zu lernen, sich weiterzuentwickeln und niemals stehen zu bleiben. Mein Antrieb sind bis heute meine Neugier und meine Begeisterung. Einen Großteil meines Lebens habe ich nur getan, was ich meinte, zu können. Heute mache ich, was ich kann. Und das liebe ich.

## Wir lernen fürs Leben

In der heutigen Geschäftswelt sind wir immer wieder neuen Veränderungen und Rahmenbedingungen ausgesetzt, die instabile Bedingungen mit sich bringen, völlig unvorhersehbar sind und dadurch nicht mehr verstanden werden. Nicht zuletzt durch die rasante Geschwindigkeit von technologischen Fortschritten, die früher mehrere Jahrhunderte brauchten und heute innerhalb weniger Jahre erfolgen: »Die Entwicklung vollzieht sich in so atemberaubender Geschwindigkeit, dass keiner vorhersagen kann, was in drei Monaten sein wird. Das Einzige, was wir wissen, ist, dass unser Wissen von heute dann veraltet sein wird«, sagt Stephan Scheuer, Silicon-Valley-Korrespondent beim Handelsblatt.[32] Das hat auch Auswirkungen auf die Arbeitswelt: Das Weltwirtschaftsforum geht davon aus, dass von den 673 Millionen Arbeitsplätzen, die dem jährlich erscheinenden Insight Report zugrunde liegen, bis 2027 83 Millionen Stellen abgebaut, aber 69 Millionen neue Stellen geschaffen worden sind. Expert:innen prognostizieren, dass sich 44 Prozent der Kernkompetenzen eines durchschnittlichen Jobs in den nächsten fünf Jahren verändern werden.[33] Seit 2016 haben sich diese Kernkompetenz im Arbeitsleben bereits zu 25 Prozent verändert.[34] Deswegen wird laut Weltwirtschaftsforum eine der wichtigsten Kernkompetenzen für die Zukunft die Lernbereitschaft sein, sich neuen Situationen anzupassen und mit Unsicherheiten und Veränderungen positiv umzugehen. Viele Unternehmen haben diese Entwicklung bereits erkannt und werden ihm mit dem Konzept »lebenslanges Lernen« gerecht. Der Autobauer Mercedes-Benz hat verkündet, bis 2030 mehr als 1,3 Milliarden Euro in die Aus- und Weiterbildung seiner Beschäftigten in Deutschland zu investieren – das sind circa 1.000 Euro pro Mitarbeiter:in.[35]

Die Euphorie ist groß. Jedenfalls bei den Expert:innen und in Unternehmen. Nur bei den Mitarbeitenden ist die Bereitschaft dazu vergleichsweise niedrig. Allein die Abbruchquote von betrieblichem E-Learning liegt zwischen 60 und 70 Prozent.[36]

Es lässt sich eben niemand zwingen. »Menschen sind keine Zahnpastatuben, auf die man drückt und vorne kommt es raus«, sagt der Gehirnforscher Prof. Dr. Gerald Hüther mir im Gespräch. Wir können andere nicht einfach so ändern. Wir können uns nur selbst verändern – aus eigenem Antrieb, wenn wir es wollen. »Wer das Lernen von außen zu lenken versucht, unterdrückt damit genau das, was Lernen erst lebendig macht: Die Freude am Lernen – oft sogar ein Leben lang«, sagt mir Hüther. Menschen können dazu höchstens eingeladen, inspiriert oder begeistert werden. Aber am Ende muss jeder selbst entscheiden, zu lernen und sich zu verändern.

Obwohl das vielen Mitarbeiter:innen sicher bereits bewusst ist, kommt das Lernen im Alltag weitestgehend zu kurz. Dafür gibt es verschiedene Erklärungen:

- Da sind zum Beispiel einerseits ein Schulsystem und Lernmethoden von Universitäten, die uns die Freude am Lernen nehmen.
- Andererseits sinkt die Neugier mit zunehmenden Alter.
- Dazu kommen Ängste vor einer ungewissen Zukunft und Sorgen, die sich im eigenen Jobkontext breitmachen.
- Und zu allem Überfluss fühlen sich die Menschen überfordert, weil sie schon jetzt nicht alle Anforderungen aus den verschiedenen Bereichen des Lebens unter einen Hut bekommen.

Lange Zeit haben sich die meisten Menschen ausschließlich über ihre Rolle, ihren Titel und ihre Position bei der Arbeit definiert. In dieser Komfortzone wird selten die Notwendigkeit gesehen, sich weiterzuentwickeln. Etwas am Altbekannten zu ändern, birgt auch die Gefahr, sein eigenes Selbstbild zu zerstören. »Was bleibt dann von mir noch übrig?«, fragt Gerald Hüther. »Wenn ich die ganze Zeit die Rolle als Chef gespielt habe, dann bin ich ja nackt. Meine Frau könnte mich erkennen, meine Freunde. Die wollen dann nichts mehr mit mir zu tun haben. Da bricht eine ganze Welt zusammen. Das führt dann dazu, dass man darauf verzichtet und so weitermacht wie bisher, obwohl das nicht so beglückend ist«, erklärt er mir im Gespräch. Solche Menschen fühlen sich ihrer Situation oft hilflos ausgesetzt, obwohl es genügend Möglichkeiten gäbe, ihr zu entkommen.

### Das Problem mit der erlernten Hilflosigkeit

Mitarbeitende, die in ihrer Eigenverantwortung, in ihrem Handeln und in ihren Tätigkeiten von Kolleg:innen oder Vorgesetzten eingeschränkt werden, entwickeln mit zunehmender Zeit das Gefühl, sich veränderten Rahmenbedingungen nicht mehr eigenverantwortlich und selbstwirksam anzupassen.

Sie machen negative Erfahrungen, die sie immer stärker davon überzeugen, dass sie ihre Fähigkeit, die eigene Lebenssituation bewusst und aktiv zu verändern, verloren haben. Stattdessen bleiben sie passiv, hilflos und verlieren das Vertrauen in sich selbst, sodass sie sich dem vermeintlichen Schicksal beugen. In der Psychologie ist dieses Verhalten nach Martin Seligman und Steven Maier unter dem Begriff »erlernte Hilflosigkeit« bekannt.[37] Ein solches Verhalten ist auch oft in Unternehmen vorzufinden. Dort treffen wir dann auf die »Das-haben-wir-doch-schon-immer-so-gemacht-Menschen«, auf die »Man-kann-sowieso-nichts-ändern-Typen«, die »Es-ist-wie-es-ist-Kolleg:innen«. In stressigen Situationen, die sich nicht kontrollieren lassen, sehen sie keinen Ausweg und verfallen in Lethargie. Ihre Vergangenheit hat sie gelehrt, dass sie nichts tun können. Deshalb stehen diese Menschen Veränderungen nicht positiv gegenüber und sind intrinsisch nicht motiviert, dazuzulernen. Selbst wenn ihnen dafür Tür und Tor geöffnet sind.

Im Jahr 2016 kam es aber zu einer kleinen Sensation – die Theorie der erlernten Hilflosigkeit musste revidiert werden. Demnach sind das Verhalten der Passivität und das Gefühl fehlender Kontrolle gar nicht erlernt, sondern eine biologische Standardreaktion auf anhaltende Widrigkeiten, Bedrohung und Stress, die durch eine bestimmte Gehirnstruktur ausgelöst wird: dem dorsalen Raphekern.[38] Die Stimulation dieser Gehirnregion sorgt dafür, dass unsere Amygdala und unser sensomotorischer Cortex aktiviert werden. Um dagegen anzugehen, müssen wir den präfrontalen Cortex aktivieren oder, wie Seligman sagt, den Schalter des »Hope Circuit« in unserem Gehirn umschalten, da dann die Reaktionen des dorsalen Raphekerns ausgeschaltet werden.

Und wie kann das gelingen? Nach Seligman und Maier durch Zuversicht, die sich nicht nur erlernen lässt, sondern zwingend erlernt werden sollte, also die Vorstellung, dass man die Unvorhersehbarkeit seiner Umgebung kontrollieren und nutzen kann.[39] Zuversicht ist aber nicht mit Optimismus zu verwechseln, obwohl beide Begriffe oft als Synonyme verwendet werden. Während Optimismus ausschließlich die Erwartung ist, dass es in Zukunft besser wird, wird Zuversicht bzw. Hoffnung durch die Überzeugung geprägt, dass es besser wird, weil ich selbstwirksam ins Handeln komme.

Nach dem Psychologen Charles R. Snyder, der sich auf die Positive Psychologe spezialisierte, zeichnet sich Zuversicht im Rahmen seiner »Hope Theory« durch drei Faktoren aus:

1. Als Grundlage gibt es ein zukünftiges Ziel, das eine Person verfolgt und erreichen möchte.
2. Zudem gibt es die Willensstärke, dieses Ziel unbedingt erreichen zu wollen.
3. Die Person sieht verschiedene Möglichkeiten, um ans Ziel zu kommen.[40]

Um Zuversicht bzw. Hoffnung zu entwickeln, benötigst du alle drei Faktoren. Denn allein die Willensstärke hilft dir zum Beispiel nicht, wenn du keine Möglichkeiten siehst, aus einer Situation herauszukommen. Und andersherum bringt das Erkennen der verschiedenen Wege nicht viel, wenn du keine Energie hast, dich zu bewegen. Die gute Nachricht: Wer Zuversicht hat, erlebt nach der Forschung positive Effekte beim Erfolg, bei seiner Gesundheit und Zufriedenheit. Zudem genießen hoffnungsvolle Menschen nicht nur das Erreichen ihres Ziels, sondern auch den Weg dorthin[41]: »Der Weg ist also das Ziel«, erkannte schon Konfuzius.

## Lernlust statt Lernfrust

Für die Bereitschaft, lebenslang lernen zu wollen, brauchen wir also zuversichtliches Denken und Handeln. Im Arbeitskontext hört sich das vermutlich nicht besonders professionell an. Deshalb möchte ich noch über ein anderes Konzept reden, das aus der Psychologie kommt und im Grunde genau denselben Zustand beschreibt: »Growth Mindset«. Entdeckt und geprägt wurde dieser Begriff von der amerikanischen Psychologin Carol Dweck, die unterschiedliche psychologische Denkweisen und ihre Auswirkungen auf Erfolg oder Misserfolg untersuchte. Dabei fand sie heraus, dass unsere Leistungsfähigkeit und unser Lernverhalten von zwei unterschiedlichen Mindsets beeinflusst werden. Demnach sind Menschen mit einem Growth Mindset davon überzeugt, dass sie ihre Talente, Stärken und Fähigkeiten weiter ausbauen können, wenn sie dafür genügend investieren, trainieren oder lernen. Diese Menschen gehen davon aus, dass Unwissenheit als Potenzial und Fehler als Möglichkeiten gesehen werden, sich zu verbessern und daraus zu lernen.

Dem gegenüber steht das »Fixed Mindset«. Mit diesem gehen Menschen davon aus, dass Fähigkeiten angeboren sind und nicht durch Investitionen beziehungsweise Lernen weiterentwickelt werden können. Ihr Verhalten ist darauf ausgerichtet, Fehler zu vermeiden aus Angst, beim Scheitern als Verlierer wahrgenommen zu werden. Sie sehen Fehler eher als Bestätigung des eigenen mangelnden Talents und sind weniger bereit zu lernen.[42]

Während also Menschen mit einem Fixed Mindset in ihrer Komfortzone verharren, bei Hindernissen schneller aufgeben und keine Leidenschaft für lebenslanges Lernen entwickeln, suchen Menschen mit einem Growth Mindset nach neuen Herausforderungen, sind wissbegierig, möchten neue Kompetenzen und Fertigkeiten lernen und sind bereit, auf dem Weg auch Fehler zu machen.[43]

Falls du dir an dieser Stelle die Frage stellst, wie du dein Mindset positiv verändern kannst, also wie du von einem Fixed auf ein Growth Mindset wechselst, dann findest du hier ein paar Inspirationen aus der Psychologie:

1. Wenn du erst mal ins Handeln kommst und neue Fähigkeiten trainierst und erlernst, dann ändert sich auch deine Einstellung – nicht anders herum. Das ergab eine Feldstudie des Wirtschaftspsychologen und Neugierforschers Dr. Carl Naughton zum Thema Neugier, an der jeweils ein Team des Pharmaunternehmens Merck, von Porsche Consulting und dem Weizmann Institute of Science teilgenommen hat.[44] Die amerikanische Psychologin Marsha M. Linehan bringt es auf den Punkt: »Man kann sich nicht in neue Verhaltensweisen reindenken. Man kann sich nur durchs Handeln neue Denkweisen aneignen.«[45]
2. Wir sollten uns selbst und andere nicht für ihre Fähigkeiten loben, sondern für ihre Bemühung, das Durchhaltevermögen, den Fokus. Heißt: Statt also beispielsweise die Intelligenz, das Talent oder die Kreativität zu loben, erwähne lieber die konkrete Anstrengung oder die Ausdauer bei der Problemlösung. Das gilt auch bei Misserfolgen und vermeintlichen Fehlern. »Wir wollen uns wirklich auf die Verben konzentrieren, die zu diesen Fehlern führen. Keine Etiketten anbringen, wie dumm, lächerlich, bescheuert oder andere negative Bezeichnungen«, sagt der amerikanische Neurowissenschaftler Andrew Huberman.[46] Ziel ist es, die Identität von der eigentlichen Performance abzukoppeln und die Identität mit der Anstrengung selbst und dem Prozess zu verbinden. Denn das trainiert Resilienz, fördert das Bestreben, Herausforderungen anzunehmen, und steigert sogar die zukünftige Performance.[47] Du kannst das ja mal direkt bei dir oder deinen Kolleg:innen ausprobieren.

3. Entwickle ein Verständnis dafür, dass Scheitern und Fehler dazugehören, um erfolgreich zu sein. Andrew Huberman stellte fest, dass dabei die neuronalen Schaltkreise erhöht werden. Das schärft unsere Aufmerksamkeit – was wiederum dazu führt, dass wir beim nächsten Versuch besser werden können. Die optimale Fehlerquote liegt übrigens bei etwa 15 Prozent, wie eine Computermodellierung gezeigt hat.[48] Was uns dabei helfen kann, sind eine gelebte Lernkultur im Unternehmen und Vorbild-Führungskräfte, die zu ihren Fehlern stehen und diese auch öffentlich kommunizieren.
4. Orientiere dich an Vorbildern, die niemals aufgegeben haben und dadurch Erfolg hatten. Menschen wie Bill Gates und Steve Jobs – beide sind beruflich erst einmal gescheitert, bis sie dann jeweils zwei der wertvollsten Unternehmen und Marken aufgebaut haben, die wir heute kennen. Es braucht aber nicht nur bekannte Persönlichkeiten. Menschen aus deinem privaten Umfeld wirken ebenso inspirierend und motivierend: Menschen, die sich durch Training, Ausprobieren und Weiterbildung ihre Fähigkeiten und Kompetenzen angeeignet haben. Wir brauchen Menschen in unserem Umfeld, die wissbegierig sind. Satya Nadella, der CEO von Microsoft, verschickt zum Beispiel jeden Monat ein Video an Mitarbeitende, indem er erzählt, was er zuletzt gelernt hat.[49]
5. Mache dir klar, dass Stärken Talente sind, die du trainierst. Nach der Definition von Gallup entstehen Stärken aus der Multiplikation von Talent und Investition. Das heißt: Um angeborene Fähigkeiten in Stärken umzuwandeln, braucht es eine Investition. Und die ist nichts anderes, als sich weitere Kenntnisse und Fertigkeiten anzueignen. Man könnte auch sagen: Wer nicht weiterlernt, verfügt maximal über Talente. Der Schriftsteller Daniel Coyle ist für sein Buch »The Talent Code« um die Welt gereist, um Menschen zu interviewen, die jeweils in ihrem Fachgebiet die Besten der Besten sind. Er kommt zu dem Ergebnis, dass Stärken durch drei Schritte aufgebaut werden können: aktives Lernen, Begeisterung und die Begleitung durch einen persönlichen Coach. »Talent zu haben, ist schön und gut. Aber wir haben Kontrolle über die Fähigkeiten, die wir entwickeln. Und wir haben mehr Potenzial, als wir jemals vermuten würden«, sagt Coyle.[50]

## Konfetti im Kopf

Damit das Lernen im Arbeitsalltag aber noch besser funktioniert, braucht es besonders eine Voraussetzung: Begeisterung: »Das Gehirn ist kein Muskel! Wir können üben und trainieren, so viel wir wollen. Entscheidend ist, dass uns das, was wir lernen wollen, unter die Haut geht, dass wir begeistert sind«, sagt Gerald Hüther mir im Gespräch. Dazu ist es wichtig, dass das Lernen für uns bedeutsam ist, dass Lernen Relevanz hat. Hierbei können Führungskräfte ihre Mitarbeitenden wunderbar unterstützen, indem sie ihnen erklären, warum es bedeutsam ist, Kompetenzen weiterzuentwickeln und sich neue Fähigkeiten und neues Wissen anzueignen. Es ist wichtig, einen Bezug zu der eigenen Realität herzustellen und die Relevanz sichtbar zu machen: das Warum zu verdeutlichen, begeisternd und emotional. Dafür brauchen wir vor allem Empathie, die es ermöglicht, die Bedürfnisse und Probleme der Mitarbeiter:innen zu erkennen und darauf einzugehen. Und wenn es Führungskräfte erfolgreich schaffen, Mitarbeitende entsprechend zu unterstützen, dann entsteht bei ihnen die Neugier darauf, Wissen und Fähigkeiten zu trainieren.

Neugier ist eine Emotion. Und nach der Emotionstheorie des amerikanischen Psychologen Richard Lazarus werden unsere Emotionen nicht hervorgerufen, weil etwas passiert – sondern weil wir das, was passiert, individuell durch erlebte Erfahrungen bewerten.[51] Neugierforscher Dr. Carl Naughton erklärt mir bei seinem Besuch in Köln, dass zwei Voraussetzungen automatisch die Neugier in uns wecken: »Es muss einerseits ungewöhnlich sein bzw. so interessant, dass es uns anspricht. Und andererseits müssen wir mit dem Reiz bzw. mit dem Thema umgehen können. Es darf mich nicht völlig überfordern.« Und genau an dieser Stelle sind meines Erachtens die Unternehmen gefragt, ihren Mitarbeitenden anstehende Veränderungen und Entwicklungen so zu kommunizieren und zu erklären, dass sie interessant sind und die Mitarbeitenden nicht überfordern.

Wenn wir es also schaffen, mit einem Growth Mindset durch die Welt zu gehen und beim Lernen Neugier und Begeisterung zu entwickeln, dann sind wir intrinsisch dazu motiviert, uns von Selbstverständlichkeiten zu verabschieden und Neues zu erfahren. Aber das allein reicht im Unternehmenskontext für lebenslanges Lernen noch nicht aus. Denn wir brauchen auch ein Ziel und darüber hinaus Wege und Möglichkeiten, dieses Ziel zu erreichen. Denn was hilft es, die Bereitschaft zum Lernen zu haben, wenn in den Unternehmen die entsprechenden Rahmenbedingungen fehlen?

## Geteilte Verantwortung

Was es vor allem braucht, sind finanzielle Ressourcen, über die die Mitarbeitenden selbst verfügen können. Allerdings ist das nur bei 14 Prozent der Unternehmen der Fall. Es ist immer noch überwiegend so, dass in erster Linie die Geschäftsführung den Tresorschlüssel um den Hals hängen hat und über entsprechende Budgets entscheidet, gefolgt von Führungskräften und der Personalabteilung.[52] Hier braucht es nach meiner Meinung die Möglichkeit, dass Mitarbeitende mitentscheiden sollten, in welchen Bereichen sie sich weiterentwickeln.

Ein Unternehmen, welches das bereits 2020 erkannt hat, ist die Bank ING. Ihren knapp 4.000 Mitarbeitenden stellt das Unternehmen ein individuelles Weiterbildungsbudget von 500 Euro pro Jahr zur Verfügung.[53] Durch ein selbst verwaltetes Budget können Mitarbeitende schließlich personelle, soziale und methodischen Kompetenzen selbstständig weiterentwickeln, die sie neben einer fachlichen Vertiefung zunehmend brauchen, um die Anforderungen in einem Unternehmen bewältigen zu können.

Laut des »Future of Jobs Report 2023« stehen bei den Kernkompetenzen kreatives und analytisches Denken ganz oben auf der Liste, gefolgt von technischer Kompetenz, lebenslangem Lernen sowie Flexibilität und Agilität.[54] »Menschen müssen weniger befähigt werden, fachliche Kompetenzen zu lernen. Vielmehr geht es um die Hilfe zur Selbsthilfe: Kompetenzen erlernen, die Menschen dazu befähigen, sich selbst zu helfen, z. B. wo kann ich zuverlässige Informationen erhalten? Wie kann ich richtige und falsche Informationen voneinander unterscheiden?«, hält New-Work-Expertin Laura Bornmann fest. Neben diesen kognitiven Skills dürfen die sozialen Kompetenzen aber nicht vergessen werden. Denn bereits bei Kindern zeigt sich, dass deren zukünftige Entwicklung in verschiedenen Bereichen wie Bildung, Arbeit, kriminelle Aktivität, Drogenkonsum und psychische Gesundheit einer Langzeitstudie zufolge maßgeblich durch ihre sozialen und emotionalen Fähigkeiten beeinflusst wird. Daraus lässt sich ableiten, dass emotionale und soziale Fähigkeiten weitaus wichtiger sein könnten als reine kognitive Fähigkeiten.[55]

Darüber hinaus sind die zeitlichen Ressourcen eine Herausforderung. Wir haben alle viel zu viel zu tun. In beinahe jeder Branche hört man von zu viel Arbeit, die von zu wenig Personal geschultert werden muss. Dabei kommt das Lernen während der Arbeitszeit natürlich zu kurz. Die eigene Neugier wird von Zeitdruck, Stress und zahlreichen Versagensängsten in einen dunklen Hinterhof gezogen und verprügelt. In mehr als einem Drittel der Unternehmen gibt es keine klaren Richtlinien für Lernzeiten.[56] Das hieraus entstehende Problem ist, dass sich viele Mitarbeitende erst recht keine Zeit zum Lernen nehmen. Auch wegen des schlechten Gewissens. In vielen Unternehmen entsteht Neid unter Kolleg:innen, wenn sich andere Zeit zum Lernen nehmen.

Auch ich mache diese Erfahrung in meinen Workshops, in denen die mentale, soziale und physische Gesundheit gestärkt wird. Hier erlebe ich immer wieder, dass die Teilnehmer:innen von anderen Kolleg:innen belächelt werden. Das liegt auch daran, dass Stress in Deutschland immer noch ein Statussymbol ist und wir weitestgehend eine Präsenz- statt Ergebniskultur haben. Was wir meiner Meinung nach in Unternehmen brauchen, ist eher eine Gönnerkultur: es anderen zu gönnen, wenn die sich Zeit für ihre Weiterbildung nehmen.

»Lernen darf kein Zufall sein. Lernen muss Tagesgeschäft werden. Am besten tragen wir uns einen fixen Termin im Kalender ein, um uns weiterzubilden und unsere Kompetenzen weiter auszubauen«, rät Sebastian Harrer, ehemaliger Personalleiter der ING Deutschland und Honorarprofessor für Personalmanagement an der CBS International Business School.

Unternehmen brauchen zukünftig eine klare Regelung und Haltung zur Lernkultur. Mitarbeitende, die intrinsisch motiviert sind, lernen auch in der Freizeit: Sie buchen Online-Kurse und Workshops, nehmen an Retreats teil, hören sich Podcasts an. Es gilt aber auch, die Leute zu erreichen, die noch nicht davon überzeugt sind, dass stetiges Lernen wichtig ist. Denn das zahlt sich am Ende für alle aus. Lernende Mitarbeitende sind zu 47 Prozent weniger gestresst und 39 Prozent haben eher das Gefühl, produktiv und erfolgreich zu sein. 93 Prozent der CEOs, die in Programme zur Weiterbildung investiert haben, sehen eine bessere Produktivität, eine widerstandsfähigere Belegschaft und positive Effekte auf das Engagement von Mitarbeitenden.[57] Zudem sagen 94 Prozent der Arbeitnehmer:innen, dass sie länger bei einem Unternehmen bleiben würden, wenn dieses in ihre Weiterbildung und Entwicklung investieren würde.[58] Re- und Upskilling sorgen also für eine stärkere Mitarbeitendenbindung, höhere Produktivität und stärkeres Engagement, da Aufstiegs- und Entwicklungschancen aufgezeigt werden.

Es gilt also auch, Mitarbeitenden nicht nur Lernangebote zur Verfügung zu stellen, sondern besonders relevante Aufstiegs- und Entwicklungschancen anzubieten. Jedenfalls vermissen das viele: 33 Prozent der befragten Mitarbeitenden fühlen sich nicht ermutigt, neue Jobs im Unternehmen anzustreben. 21 Prozent haben sogar das Gefühl, nicht mit ihren Führungskräften über diese Möglichkeiten sprechen zu können, und mehr als zwei Drittel würden das Unternehmen verlassen, wenn es keine interne Mobilität zulässt.[59] Mitarbeitende brauchen die Möglichkeit, sich auch von ihrem aktuellen Standort auf ein Ziel zuzubewegen. Das ist es, was das hoffnungsvolle Denken und Handeln sowie das Growth Mindset fördert.

Es gibt viele tolle Möglichkeiten, das Konzept des lebenslangen Lernens im Berufsleben zu etablieren. Ein Weg, der sogar ohne größere Investitionen vonseiten der Unternehmen möglich ist, wird aber kaum gegangen. Nur gerade einmal zwei Prozent der berechtigten Mitarbeitenden (27 Millionen Arbeitnehmende) nehmen Bildungsurlaub in Anspruch[60] – das ist das gesetzlich verankerte Recht auf fünf bis zehn Tage bezahlte Freistellung für eine zertifizierte Weiterbildung. Diese reicht von Yoga-Retreats über Impro-Theater bis hin zu einer spezifischen beruflichen Weiterbildung. Für Lara Körber, der Gründerin der Plattform »Bildungsurlauber.de«, liegen in unserem persönlichen Gespräch die Gründe für die geringe Quote auf der Hand: Zum einen ist da das fehlende Wissen bei Mitarbeitenden, Führungskräften und sogar HR-Abteilungen. Zum anderen gibt es unternehmenskulturelle Hindernisse, die es Mitarbeitenden schwer bis unmöglich machen, den Bildungsurlaub in Anspruch zu nehmen. Denn in vielen Unternehmen wird diese Maßnahme nicht als das wahrgenommen, was sie ist, nämlich eine dringend nötige Investition in die eigenen Leute, sondern eher als bedauerliche Fehlzeiten.

Noch mal, es ist dein Recht, Bildungsurlaub zu nehmen. Und du tust damit allen einen Gefallen!

## Zusammen ist man weniger allein

Beim lebenslangen Lernen geht es nicht nur darum, für sich selbst Kompetenzen zu entwickeln, sondern auch andere Menschen daran teilhaben zu lassen. Im Teilen von Wissen innerhalb eines Unternehmens oder Netzwerkes sieht Christoph Zulehner, Wirtschafts- und Sozialwissenschaftler sowie Autor des Buchs »Die Evolution der Zusammenarbeit«, eine große Chance. Denn wenn Menschen ihr Wissen teilen, »[…] entsteht ein neuartiges, kollektives

Bewusstsein, das allen arbeitenden Menschen ermöglicht, über sich hinauszuwachsen […].«[61]

Meines Erachtens können damit zudem Stress, Sorgen und Ängste genommen werden. Denn immer noch haben wir den Anspruch, alles selbst wissen zu müssen. Durch die zunehmende Komplexität wird das aber nicht mehr möglich sein – und auch vielleicht nicht mehr erforderlich, weil wir uns zunehmend nicht mehr nur über das Wissen definieren, sondern auch über unsere Fähigkeiten. Wir sollten weg von »alles wissen« und hin zu »alles lernen«. Eine Vernetzung wird immer relevanter. Eine Möglichkeit dazu kann die renommierte Methode des Amerikaners John Stepper sein: WOL – Working Out Loud. Diese soziale Lernmethode verfolgt das Ziel, dass Mitarbeitende sich beim Lernen unterstützen und ihr Wissen untereinander teilen, damit alle davon profitieren können. Dafür bilden die Mitarbeitenden Kleingruppen von drei bis fünf Personen, in denen sie die eigene Arbeit für andere in einem Rahmen von zwölf Wochenstunden sichtbar machen und Wissen bereitstellen. Durch eine vorgegebene strukturierte und erprobte Methode lernen sie, sich zu vernetzen, über die jeweiligen Entwicklungen Feedback zu geben und gemeinsam am Vorankommen jeder einzelnen Person zu arbeiten. Dabei gibt es kein vorgegebenes Lernziel: »Es ist mehr Vertrauen im Spiel und am Ende gibt es keinen Statusbericht, keine Prüfung. Jeder wählt sein eigenes Lernziel«, sagt Stepper gegenüber dem Human Resources Manager.[62]

Damit eignet sich diese Methode nicht nur dazu, etwas für sich selbst zu lernen, sondern insbesondere auch dafür, soziale Beziehungen zu fördern und aufzubauen, indem gemeinsam Probleme gelöst werden und man sich gegenseitig unterstützt. Es geht um die Eigeninitiative und die Freude daran, gemeinsam etwas zu lernen und sich gegenseitig zu unterstützen. Mit jeder Woche lernen sich die Kolleg:innen besser kennen. Es entsteht ein Gefühl eines geschützten Raums, der Zugehörigkeit und Verbundenheit, die die Beziehung zum Unternehmen verändert. Eine Studie über die Wirksamkeit von WOL zeigt, dass die Methode die Qualität der Zusammenarbeit steigern, Transparenz im Unternehmen erhöhen, das Wohlbefinden der Mitarbeitenden durch den sozialen Austausch verbessern und die persönliche Entwicklung fördern kann.[63] Dafür ist auch Vertrauen, Radical Honesty und Empathie gefragt. Das WOL-Konzept wird also gleich zwei wichtigen Aspekten gerecht: lebenslangem Lernen einerseits und andererseits dem Bedürfnis nach sozialer Gesundheit.

## Von wegen lange Leitung

Ende 2022 hat Vodafone, einer der führenden Kommunikationskonzerne mit knapp 15.000 Mitarbeitenden in Deutschland, eine digitale Lern-Plattform eingeführt. Nach dem Motto »Grow with Vodafone« soll diese die Kompetenzentwicklung der Mitarbeitenden unterstützen: »Unternehmen, Führungskräfte und Mitarbeitende müssen ständig Neues lernen, um zukunftsfit zu bleiben. Abschlüsse und Berufserfahrung sind keine für sich stehenden Kriterien mehr, um eine Rolle auszufüllen. Was wir früher einmal gelernt haben, verliert heute an Halbwertszeit«, sagt Personalchefin Felicitas von Kyaw. Das Ziel ist außerdem, die Lust aufs Lernen zu fördern und gleichzeitig neugierig zu bleiben. Herzstück dieser Plattform ist die Künstliche Intelligenz, die es ermöglicht, auf Basis des Nutzungsverhaltens personalisierte Lern- und Entwicklungsempfehlungen zu geben. »Wenn das Lernen persönlich wird, dann macht es mehr Spaß als mit einem Standardprogramm, das dir vorschreibt, was du jetzt machen musst«, erzählt mir von Kyaw. Es gibt die Möglichkeit, ein eigenes Skill-Profil zu erstellen. Darauf basierend schlägt die Plattform notwendige, nützliche Module vor, damit eine vorhandene Fähigkeit weiterentwickelt wird oder eine neue erlernt werden kann. Bei der Ermittlung zukünftig hilfreicher Fähigkeiten unterstützt der Karriere-Planer. »Er zeigt, welche Skills erforderlich sind, um in eine bestimmte Rolle hineinzuwachsen und um die individuelle berufliche Entwicklung weiterverfolgen zu können«, führt von Kyaw aus. Damit werden Mitarbeitende eingeladen, sich erst einmal mit sich selbst und ihren bereits vorhandenen Fähigkeiten zu beschäftigen und sich zu fragen, wo sie stehen und vor allem wo sie hinwollen. Die Mitarbeitenden können durch die KI-Unterstützung auf eine personalisierte Oberfläche zugreifen, die sich durch ihr Nutzungsverhalten und ihre Aktivitäten sowie abgeschlossenen Lerninhalte kontinuierlich verändert und anpasst. Der Vorteil der Plattform ist zudem, dass sowohl alle internen als auch externen Lerninhalte gebündelt an einem zentralen Ort für die Mitarbeitenden zur Verfügung stehen.

Dabei kommt der Austausch untereinander nicht zu kurz. Mitarbeitende können »Lern-Playlists« teilen oder sich gegenseitig Lerninhalte empfehlen. Auch außerhalb der digitalen Plattform halten Mitarbeitende den Kontakt zu anderen – in selbst organisierten Netzwerken und anderen Initiativen. »Es ist uns als Arbeitgeber wichtig, eine Lernkultur zu fördern, die Freude am Lernen unterstützt«, erzählt von Kyaw. Dafür können Mitarbeitende auch

Zeit während der Arbeit nutzen. Zusätzlich gibt es ergänzende Angebote, wie etwa der »Vodafone Spirit Day«, bei dem sich Mitarbeitende einmal pro Quartal für einen Tag aufs Lernen fokussieren sollen. »Unser Ziel ist es, Lernen zu einer alltäglichen Sache zu machen, indem wir den Arbeitsort auch zum Lernort machen und Praxisnähe ermöglichen«, sagt von Kyaw. Aber nicht nur für das lebenslange Lernen eignet sich die Plattform, sondern auch für die HR-Abteilung, um potenzielle Mitarbeitende für neue Stellen aufgrund ihrer Skill-Profile identifizieren zu können. Ein praktischer Nebeneffekt.

**Mein Fazit:** Wir lernen niemals aus, selbst im hohen Alter nicht. Vielleicht sollten wir uns alle als eine Art »Beta-Version« betrachten, in der einerseits bestehendes Wissen und vorhandene Fähigkeiten immer weiterentwickelt werden und andererseits komplett neue Skills dazukommen. Und wir sollten vor allem begreifen, welche enorm wichtige Rolle unsere Weiterentwicklung einnimmt. Der Hirnforscher Prof. Dr. Gerald Hüther bringt es in unserem Gespräch auf den Punkt: »Lernen heißt nicht weniger, als lebendig zu bleiben. Wer nichts mehr lernt, ist tot.«

## QUICK WINS

**Für Mitarbeitende**

a) Verständnis dafür entwickeln, dass Weiterbildung die Produktivität und das Wohlbefinden steigert.
b) Feste Zeiten zum Lernen einplanen und die Termine im Kalender blocken.
c) Wissen nicht nur konsumieren, sondern immer wieder im Alltag anwenden, um das Gelernte erfolgreich zu integrieren.
d) Ein Growth Mindset entwickeln und Fehler machen, um erfolgreich zu lernen.

**Für Führungskräfte**

a) Den Mitarbeitenden das Verständnis vermitteln, dass Lernen die gleiche Priorität haben muss wie das Abarbeiten der To-dos.
b) Über das eigene Lernverhalten sprechen: E-Mails verschicken oder in Meetings erzählen, was man letzte Woche gelernt hat.
c) Die Mitarbeitenden regelmäßig fragen, was sie in den letzten Wochen gelernt haben – persönlich und für das Unternehmen.

d) Die Anstrengung bei Mitarbeitenden loben und nicht nur das Talent beziehungsweise die Fähigkeiten.

**Für Unternehmen**

a) Eine Kultur etablieren, in der Mitarbeitenden verdeutlicht wird, dass Lernen eine erwünschte, produktive und notwendige Tätigkeit ist.
b) Bei der Besetzung von Teams/Projektgruppen darauf achten, nicht nur Kritiker:innen zu integrieren, die die Perspektive der anderen Seite einnehmen, um Ideen und Prozesse aus allen Perspektiven zu beleuchten, sondern auch hoffnungsvolle Menschen, die verschiedene Wege aufzeigen, um ans Ziel zu gelangen.
c) Unternehmensintern das Recht auf Bildungsurlaub und die damit verbundenen Möglichkeiten kommunizieren.

# 5 UNENDLICHKEIT STATT ZIELEINLAUF

Sie sagte, ihr Name sei Maria. Wir lernten uns ganz klassisch kennen, so, wie man es von früher kennt, abends beim Ausgehen. Nicht etwa beim Swipen auf einer Datingplattform, wie es inzwischen völlig normal zu sein scheint. Maria ist eine Frau, für die Männer Liegestütze und Klimmzüge machen. Vom ersten Moment unserer Begegnung an stolperte ich mit diesem grenzdebilen Lächeln durch die Welt. Ich war verliebt, so unfassbar heftig verliebt.

Wenn ich heute darüber nachdenke, möchte ich mir am liebsten ein Vierkantholz über den Scheitel ziehen. Ich war damals gerade voll in dem Prozess, meine Selbstständigkeit auf den Weg zu bringen. Aber kann ich es damit entschuldigen? Als ich das erste Mal ein Date verschob, hatte Maria noch vollstes Verständnis. Auch noch beim zweiten und dritten Mal. Aber spätestens, als ich einmal vergessen hatte, eine Verabredung abzusagen, wurde es brenzlig. Maria saß allein bei Kerzenschein im Restaurant und wartete vergeblich auf mich, während ich mit einem potenziellen Kunden telefonierte. Wir sprachen darüber und natürlich konnte ich sie verstehen. Sie war mir wichtig, sehr wichtig sogar, also versuchte ich, mich zu bessern. Aber immer wieder kam das Dringliche dazwischen: Kunden, Buchhaltung, Deadlines. Die Liste war lang, länger jedenfalls als Marias Geduldsfaden.

Noch heute frage ich mich, was aus uns hätte werden können, wenn ich damals die richtigen Prioritäten gesetzt hätte. Wenn ich langfristig auf eine Zukunft mit Maria hingearbeitet hätte, statt die kurzfristigen Erfolge im Job feiern zu wollen. Mit der Zeit habe ich erkannt, auch durch die Recherche zu diesem Buch, dass es auf den richtigen Fokus ankommt. Im Privaten ebenso wie im Job. Und in keinem dieser beiden Bereiche möchte ich jemals wieder ein langfristiges Ziel für einen kurzfristigen Erfolg aus den Augen verlieren. Und das solltest du auch nicht.

## Alles hat ein Ende, nur die Wurst hat zwei

Die meisten von uns haben längst verstanden, dass es essenziell ist, mehr Menschlichkeit ins Arbeitsleben zu integrieren. Nicht morgen, nicht den Tag danach, nicht nächsten Monat oder nächstes Jahr, nicht wenn wir 50 sind, 60 oder 70. Sondern. Genau. Jetzt! Wenn wir das aber alle wissen, warum gibt es dann immer noch so viele Unternehmen, Führungskräfte und Mitarbeitende, die Tag für Tag anders handeln? Die mehr Frust als Lust am Arbeitsplatz verspüren? Diese Frage stellte ich mir die letzten Jahre immer wieder, bis es bei mir Klick gemacht hat, als ich ein Interview mit dem amerikanischen Philosophen Simon Sinek gesehen hatte. In diesem Moment fand ich endlich die Antwort und auch eine Lösung. Denn die Inhalte in diesem Buch sind schön und gut, aber wenn wir nicht unsere grundsätzliche Haltung im Alltag verändern, werden wir das Wissen nicht anwenden, sondern doch lieber unseren alten Routinen und Verhaltensweisen nachgehen.

In dem Interview wurde Sinek gefragt, was für ihn die wichtigste Eigenschaft sei, die Führungskräfte und Mitarbeitende haben sollten. Seine Antwort lautete: Mut.[1] Den Mut, entgegen unseren gewohnten Denkmustern zu handeln. Denn jeden Tag sind wir großem Druck und Stress von außen ausgesetzt, weil wir kurzfristig erfolgreich sein müssen: Die Quartalszahlen sollen auf den letzten Drücker noch gepusht werden. To-dos, die der Boss uns mal eben zwischen Tür und Angel aufgedrückt hat, müssen am besten bis gestern erledigt sein, weil sonst die Welt untergeht und das Universum kollabiert. Und dann sind da noch diese unzähligen Deadlines, die ihrem Namen alle Ehre machen. Vielleicht kommt dir die eine oder andere Situation bekannt vor?

Das Problem dabei ist, dass wir alle davon ausgehen, dass wir ein zeitlich begrenztes Spiel spielen. Dass es ein Ende gibt. Aber das gibt es gar nicht. Denn die Quartalszahlen müssen nicht nur dieses Mal gut sein, sondern auch das nächste Mal und das danach. Wenn wir mit unserem Unternehmen einmal Marktführer sind, dann sollen wir es bleiben, in diesem Jahr, im nächsten und all den Jahren danach. Es läuft nicht wie bei einem Fußballspiel, bei dem es nach 90 Minuten (plus Nachspielzeit) vorbei ist, weil ein Schiedsrichter abpfeift. In der Wirtschaft und in unserem privaten Leben sind wir alle Teil eines unendlichen Spiels, bei dem es keine Gewinner:innen und Verlierer:innen gibt. Es gibt nicht einmal festgelegte Regeln oder ein gemeinsam vereinbartes Ziel.

Natürlich kannst du für dich ausrufen, der Beste, Größte und Erfolgreichste sein zu wollen. Aber nach welchen Kriterien bewertest du? Niemand muss deinen Regeln zustimmen. Und selbst wenn das der Fall wäre und du allgemein anerkannt der Beste, Größte und Erfolgreichste bist – was kommt dann? Ist das Spiel nun für alle vorbei? Ist es nicht und wird es nie sein. Deine Arbeit im Kleinen und die gesamte Wirtschaft im Großen folgen einem Spiel, das kein Ende kennt. Es geht immer weiter und weiter und weiter. Genau deswegen brauchen wir den Mut, unsere Ziele nicht nach einem endlichen Spiel zu definieren, sondern, wie Sinek es sagt, vielmehr einem unendlichen Spiel anzupassen. Das bedeutet, dass wir ab sofort langfristig denken sollten und uns dabei nicht mehr auf das Dringliche, sondern auf das Wichtige fokussieren. Der Unterschied zwischen diesen beiden Begriffen ist an dieser Stelle entscheidend.

- **Dringend** bedeutet, dass eine Tätigkeit deine sofortige Aufmerksamkeit erfordert. Das sind die Aufgaben, die in greller Neonschrift über deiner Stirn blinken (mit so einem surrenden Geräusch im Hintergrund). Wir befinden uns dann in einem reaktiven Modus, der dafür sorgt, dass unsere Denkweise defensiv, negativ und eng ist.
- **Wichtige** Aufgaben dagegen sind all jene Tätigkeiten, die langfristige Relevanz für uns haben, weil sie zu unserer Mission, unseren Werten und Zielen beitragen (das sind die Momente, an die du dich weit in der Zukunft zurückerinnern wirst und dir hoffentlich selbst auf die Schulter klopfst). In diesen Phasen sind wir eher ruhig, rational und offen für Veränderungen und neue Möglichkeiten.

Nun ist es leider so, dass wir doch alle irgendwie immer überwiegend auf das Dringliche fokussiert sind, weil wir kurzfristig erfolgreich sein möchten. Du kennst es bestimmt aus deinem beruflichen Alltag: Gerade willst du Feierabend machen, da kommt noch dieser mega-ultra-gigantomanisch wichtige Anruf eines Kunden rein – und du kommst schon wieder zu spät zum Essen nach Hause und kannst die Kinder nicht ins Bett bringen.

Wenn wir das Dringliche dem Wichtigen vorziehen, dann vernachlässigen wir unsere Kolleg:innen, unsere Freund:innen und unsere Familie, also die Verbundenheit zu Menschen, ohne die ein zufriedenes Leben gar nicht möglich ist. Und so vernachlässigen wir am Ende sogar uns selbst. Und das alles nur, weil wir eine Ziellinie vor Augen haben, die gar nicht existiert.

Denn das Leben kennt keinen Stillstand, hinter jeder Kurve wartet ein neuer Streckenabschnitt, der wieder unsere komplette Kraft erfordert (obwohl unser Akku längst auf Reserve steht). Es wird immer die To-do-Liste nach einer To-do-Liste geben – ich frage mich manchmal, auf welche To-do-Liste ich meine To-do-Listen schreiben soll.

Leider können wir das Wichtige oft erst dann erkennen, wenn es fast zu spät ist. Wenn irgendein persönliches oder berufliches Armageddon passiert und ein Güterzug durch unser Leben donnert, um alles platt zu fahren. Erst sind wir frustriert und demotiviert. Und wenn wir davon immer noch nicht aufwachen und genauso weitermachen wie bisher, stehen wir plötzlich direkt vor dem Abgrund – und irgendein verzweifelter Witzbold versucht uns Mut zu machen, indem er sagt, dass wir nach vorn schauen und einen Schritt nach dem anderen gehen sollen. So weit dürfen wir es nicht kommen lassen. Wir sollten nicht ausbrennen, wir sollten brennen! Lasst uns doch gemeinsam das Leben und die Arbeit so gestalten, dass wir langfristig glücklich und erfolgreich werden.

Im beruflichen Kontext würde es dann nicht mehr darum gehen, kurzfristig den Gewinn zu erhöhen oder die Kosten zu senken. Es würde darum gehen, ein Umfeld zu schaffen, in dem die Mitarbeitenden ihr bestes Potenzial ausschöpfen können und Kund:innen zufriedengestellt werden. Und dabei wächst der Gewinn nebenbei von ganz allein. Es geht einfach nicht darum, jeden Tag der Beste zu sein. Wir müssen nicht alles tun, um den Wettbewerb zu schlagen. Es geht darum, sich selbst zu übertreffen oder den Status quo zu halten. Darum, seine eigenen Ziele, Vorstellungen und Werte zu erfüllen. Der Wirtschaftsphilosoph und Bestseller-Autor Anders Indset hat mal zu mir gesagt: »Wir müssen uns davon befreien, zu gewinnen oder zu verlieren. Es geht vielmehr darum, möglichst lange genug mitzuspielen.«

Wenn wir endlich die Haltung einnehmen, dass es darum geht, langfristig zu bestehen, dann werden wir auch das Wohlergehen der Mitarbeitenden über den Gewinn des Unternehmens stellen, weil es sich langfristig auszahlt. Wir werden uns die Zeit für zwischenmenschliche Bedürfnisse nehmen, weil wir wissen, dass wir sonst einsam werden. Und wir werden vielleicht sogar das Wohl unserer Planeten an erste Stelle stellen, weil wir verstehen, dass wir nur so überleben können.

## Für Geduld habe ich keine Zeit

Wenn wir uns vom Dringlichen verabschieden wollen, um beim Wichtigen anzukommen, dann brauchen wir vor allem eine Fähigkeit: Geduld. Und das ist gar nicht so einfach in einer Welt, in der alles so rasend schnell passiert und wir schon nervös werden, wenn wir im Restaurant auf unser Essen warten oder vor uns an der Supermarktkasse jemand nach dem Kleingeld sucht. Auf der Social-Media-Plattform TikTok entscheiden Zuschauer:innen innerhalb von 0,4 Sekunden, ob sie sich ein Video anschauen wollen oder nicht. Null-komma-vier Sekunden![2]

Es fällt uns schwer, auf etwas zu warten und das dann auch noch mit Fassung zu tragen. Das liegt daran, dass wir zunehmend durch Technologien, Unternehmen und Mitmenschen daran gewöhnt sind, unverzüglich das zu bekommen, was wir uns wünschen. Aber geistige Ausdauer zahlt sich aus. So kommt zum Beispiel Prof. Dr. Matthias Sutter, der Direktor des Max-Planck-Instituts zur Erforschung von Gemeinschaftsgütern in Bonn, zu dem Ergebnis, »dass Menschen mit mehr Geduld im Schnitt besser ausgebildet sind, mehr Geld verdienen, deutlich weniger häufig straffällig sind und gesünder leben – indem sie weniger übergewichtig sind, seltener rauchen und trinken und sich mehr bewegen.«[3] Bei Studien zu diesem Thema wird immer wieder auch auf eine Befragung zurückgegriffen, bei der herausgefunden wurde, ob Personen einen bestimmten Geldbetrag jetzt sofort haben wollen oder lieber einen höheren Betrag in drei Wochen.

Wer sich hier besonders geduldig zeigte, übte eine große Selbstkontrolle aus, das heißt, er hatte nach Matthias Sutter »die Fähigkeit, einer kurzfristigen Versuchung widerstehen zu können, um ein größeres Ziel in der Zukunft zu erreichen.« Aber lässt sich das auch auf Unternehmen übertragen? Eine Studie von Kurt Matzler, Professor für Strategisches Management an der Universität Innsbruck, mit 259 Tiroler Unternehmen zeigt, dass jene Unternehmen im Schnitt innovativer waren und eine höhere Rentabilität hatten, deren Führungskräfte sich als selbstkontrollierter und zukunftsorientierter beschrieben.[4]

Geduld und Ungeduld sind im Grunde wie Muskeln. Das heißt, wir können beide Fähigkeiten trainieren oder aber verkümmern lassen. Der Psychologe, Autor und Podcaster Dr. Leon Windscheid hat mir bei unserer Begegnung verraten, dass sich die Geduld wie ein Bizeps aufpumpen lässt. Dafür bedient er sich einer Technik, die »kognitive Umdeutung« genannt wird. Es geht darum, einer Geduldsprobe positiv gegenüberzustehen oder wenigstens nicht negativ. Wenn du zum Beispiel auf eine Person wartest, die sich verspätet, dann kannst du dich darüber ärgern, wie du es vermutlich bisher getan hast. Oder aber du freust dich ab jetzt darüber, weil du nun nämlich noch die Gelegenheit hast, einmal durchzuatmen, dich zu strecken, aus dem Fenster zu schauen, deinen Gedanken freien Lauf zu lassen oder stattdessen irgendetwas zu tun, wofür du sonst keine Zeit gehabt hättest. Auf diese Weise können wir in der vermeintlich schwierigen Wartesituation positive Erfahrungen sammeln. Die Folge: Der Geduldsmuskel wächst.

Ich bin davon überzeugt: Wenn wir uns geduldiger zeigen, werden sich die Zusammenarbeit und unsere zwischenmenschlichen Beziehungen bei der Arbeit verbessern. Weil unsere Nervosität, Rastlosigkeit und Eile andere negativ beeinflussen. »Ungeduld ist Gift für das Miteinander. Ungeduld setzt unser Gegenüber unter Druck und verbreitet Stress und Ärger«, sagt mir Windscheid. Studien zeigen, dass geduldigere Menschen hoffnungsvoller, kooperativer und empathischer sind.[5] Vor allem die Geduld einer Führungskraft hat nach einer Studie von Professor David Sluss von der ESSEC Business School einen positiven Einfluss auf die Zusammenarbeit, Kreativität und Produktivität der Mitarbeitenden.[6]

## Wer bin ich in 20 Jahren?

Können wir noch mehr tun, um Geduld in unseren Alltag zu kultivieren? Wir können! Dafür schauen wir uns zunächst einmal eine Studie an, die der Autor und Professor für Psychologie an der UCLA Anderson School of Management Hal Hershfield gemacht hat. Dabei kam heraus, dass für viele Menschen das eigene Zukunftsbild so fremd ist wie eine tatsächlich fremde Person.[7]

Anders ausgedrückt bedeutet dies, dass Menschen, deren Zukunfts-Ich fast wie eine eigenständige Person ist, die mit der gegenwärtigen Identität wenig bis gar nichts zu tun hat, sich viel weniger Gedanken machen über die langfristigen Folgen ihres Handelns. Deshalb fällt es einigen auch so schwer, z. B. an die Altersvorsorge zu denken, finanziell wie gesundheitlich. Unser Zukunfts-Ich genießt einfach nicht den hohen Stellenwert wie unser gegenwärtiges Ich. Daran können wir nur dann etwas ändern, wenn uns unser Zukunfts-Ich vertrauter, persönlicher und nahbarer wird. »Wenn Menschen eine bessere Verbindung zu ihrem zukünftigen Ich haben, dann können sie die Konsequenzen ihrer heutigen Entscheidungen für ihr zukünftiges Ich besser erkennen«, sagt Hershfield.[8]

Je besser uns das gelingt, desto eher verändern wir unser aktuelles Verhalten und können geduldiger werden. Wir sollten also schon heute, vielleicht sogar genau in diesem Moment, mehr Zeit dafür aufbringen, um uns eine realistische Vorstellung von unserer eigenen Zukunft zu machen. Hershfield schlägt vor, uns selbst als einen älteren Avatar in der Zukunft abzubilden.[9] Auf diese Weise bekommen die vielen Apps zur Fotobearbeitung doch noch einen Sinn. Aber es geht auch ohne Technik, zum Beispiel, indem wir aufschreiben, wie, wo und was wir später sein möchten, oder vielleicht sogar per Briefwechsel mit unseren Zukunfts-Ich interagieren. Dies lässt sich übrigens auch wunderbar im Team umsetzen, indem Fragen dazu gestellt werden, wie man zukünftig miteinander arbeiten will und wie man dabei miteinander umgeht.

Je vertrauter wir also mit dem Zukunfts-Ich oder der Vorstellung unserer Arbeit in der Zukunft sind, desto geduldiger können wir in der Gegenwart sein. Geduld kann also dabei helfen, nicht nur zu uns selbst, sondern auch zueinander zu finden. Denn wer sich Zeit nimmt, um seine Ziele zu erreichen und um anschließend die Erfolge zu feiern, der wird höchstwahrscheinlich zufriedener durch sein Leben gehen als diejenigen, die in kürzester Zeit alles erreichen möchten.

### Davon werden wir noch unseren Enkeln erzählen

Bei meinem Gespräch mit dem Wirtschaftsphilosophen Anders Indset bin ich auf ein interessantes Wort gestoßen, das von einem deutschen Familienunternehmen geprägt worden ist. Es lautet: enkelfähig. Damit ist nicht etwa unser Oma- und Opa-Skill gemeint, sondern es handelt sich hierbei um eine emotionalisierte Form, um auf Unternehmensseite mit dem Thema Unendlichkeit umzugehen. Bereits 2019 hat Thomas Schmidt, ehemaliger Geschäftsführer der Investmentgesellschaft »Franz Haniel & Cie.« aus Duisburg, das Thema in den Fokus gerückt. Dabei geht es um das nachhaltige Wirtschaften für kommende Generationen. Dieses Konzept wird nicht nur für die eigene Kultur und Strategie des Familienunternehmens angewandt, das bereits seit über 265 Jahren existiert, sondern gilt insbesondere als Kriterium, um in andere Unternehmen zu investieren. Das Ziel ist nicht etwa der kurzfristige Profit, sondern langfristig wirtschaftlich erfolgreich mitzuspielen und sich nachhaltig aufzustellen. Es geht darum, Werte für heutige und künftige Generationen zu schaffen und Geschäfte auf die richtige Art und Weise zum Nutzen der

Menschen, des Planeten und des gesellschaftlichen Fortschritts zu tätigen: »Enkelfähigkeit bedeutet somit, wirtschaftliche Tragfähigkeit über Zeit statt auf Zeit«, erklärt mir Indset.

Dabei geht es für die Unternehmensführung nicht um das Verzichten, sondern vielmehr ums Dürfen. Es geht nicht darum, gegen etwas zu sein, sondern für etwas. Sich nicht von negativen Restriktionen begrenzen lassen, sondern positiv nach Lösungen und neuen Wegen suchen. Das Unternehmen Haniel zeigt eindrucksvoll, dass sich nachhaltiges Wirtschaften und die enkelfähige Haltung bei Investitionen mittlerweile nicht nur langfristig lohnen, sondern sich für das Unternehmen schon kurz- und mittelfristig in jedem Fall rechnen. Dabei geht es für mich aber nicht nur um das Thema Nachhaltigkeit. Ich finde, dass sich das Konzept »Enkelfähigkeit« auch auf andere Bereiche übertragen lässt: auf zwischenmenschliche Beziehungen zum Beispiel, auf das Miteinander im Unternehmen oder auf Innovationen und die Kultur im Unternehmen. Also eigentlich auf alle Faktoren eines Unternehmens. Am besten fragt du dich an dieser Stelle mal selbst, was du zur Enkelfähigkeit beitragen willst und kannst.

**Mein Fazit:** Eines sollte uns allen klar sein. Uns wird irgendwann die Puste ausgehen, wenn wir weiterhin in unseren Hamsterrädern feststecken. Wenn wir immer wieder und wieder versuchen, den kurzfristigen Erfolgen hinterherzujagen, und nicht verstehen, was es mit dem unendlichen Spiel auf sich hat. Unweigerlich werden dabei Köpfe rollen. Denn um kurzfristige Unternehmensziele zu erreichen, werden häufig Investitionen gekürzt, Mitarbeitende untereinander ausgespielt und zur absoluten Erschöpfung getrieben. Erst verlieren die Mitarbeitenden das Vertrauen in die Führungsetage, dann bröckelt die Motivation der Führungskräfte selbst und am Ende verliert das Unternehmen an Innovationskraft. Es ist Zeit, das unendliche Spiel anzuerkennen, geduldiger zu werden und sich langfristig orientiert zu verhalten und zu handeln. Sonst werden wir zunehmend mehr Arbeitsfrust statt Lust erleben.

## QUICK WINS

**Für Mitarbeitende**

a) Geduldiger werden, zum Beispiel durch die Technik der kognitiven Umdeutung.
b) Im Alltag versuchen, das Wichtige vor dem Dringlichen zu erledigen – und einen langfristigen statt kurzfristigen Fokus zu wählen.
c) Eine bessere Beziehung zum eigenen Zukunfts-Ich aufbauen und pflegen.

**Für Führungskräfte**

a) Stärkerer Fokus auf langfristige Ziele legen.
b) Im Team gemeinsam eine Vorstellung für das Zukunftsbild des Teams aufbauen und anschließend pflegen.
c) Nicht zwanghaft bei der Umsetzung sein und sich auch mal erlauben, kurzfristig zu denken.

**Für Unternehmen**

a) Verstehen, dass wir ein unendliches Spiel spielen und daher eine enkelfähige Haltung beim Wirtschaften essenziell ist.
b) Bewerber:innen auf ihre Geduld testen.
c) Mitarbeitenden eine vertraute und persönliche Vorstellung der Zukunft des Unternehmens ermöglichen, um das Verhalten der Mitarbeitenden langfristig zu beeinflussen.

# DAS IST (NOCH LÄNGST NICHT) DAS ENDE

Jetzt sind wir schon am Schluss. Zumindest, was dieses Buch angeht. Alles andere geht weiter seinen gewohnten Gang. Oder – und das würde ich mir für dich und uns alle wünschen – vielleicht geht es ab jetzt auch anders weiter als bisher. Der Physiker Albert Einstein hat einmal gesagt: »Die reinste Form des Wahnsinns ist es, alles beim Alten zu lassen und gleichzeitig zu hoffen, dass sich etwas ändert.«

Dass sich etwas ändern sollte, steht außer Frage. Denn wir haben alle erkannt, dass Menschen frustriert sind, dass sie sich einsam fühlen, keine Wertschätzung erfahren und die Arbeit nicht nur wenig erfüllend ist, sondern sogar krank macht. Wollen wir also wirklich so weitermachen? Nach dem Motto: »Höher, schneller, weiter«? Diese Haltung mag uns wohl in der Vergangenheit zu mehr Wohlstand verholfen haben, aber für die Zukunft hat sie aus meiner Sicht ausgedient. Genau jetzt haben wir die Möglichkeit, Selbstverständlichkeiten der letzten Jahrzehnte zu hinterfragen und endlich damit anzufangen, an dem zu arbeiten, was möglich ist.

Dazu bedarf es organisatorischer Veränderungen, also eine Anpassung der Strukturen und der Rahmenbedingungen in Unternehmen. Dabei ist es mir aber zu einfach, mit dem Finger nur auf Unternehmen und die Gesellschaft zu zeigen. Denn nicht nur Systeme können Menschen verändern, sondern Menschen können auch Systeme verändern. Indem jede:r von uns Verantwortung übernimmt, sich selbst besser kennenlernt und sein individuelles Verhalten überdenkt und gegebenenfalls anpasst.

Wie wollen wir also zukünftig arbeiten? Das kann ich dir so leicht nicht beantworten. Denn wir müssen uns von der Vorstellung verabschieden, dass es eine Einheitslösung für alle Menschen und Unternehmen gibt. Die Form, wie wir arbeiten, und die Art und Weise, wie wir bei der Arbeit miteinander umgehen wollen, sind nicht vorgegeben. Heute jedenfalls nicht mehr. Statt zurück sollten wir also nach vorne schauen. Denn auf diesem Weg nach vorn haben wir jetzt einerseits die technischen Möglichkeiten, völlig neu zu denken und den Arbeitsalltag anders zu organisieren. Andererseits gibt es inzwischen andere Bedürfnisse, Erwartungen und Wünsche an die Arbeitswelt.

Die Puzzleteile für eine erfolgreiche Veränderung liegen vor uns auf dem Tisch. Jetzt geht es darum, die richtigen Teile gemeinsam zu einem großen Ganzen zusammenzufügen. Darum, eine Arbeitsumgebung zu schaffen, die uns stärkt und nicht schwächt, in der wir hart und viel arbeiten können, ohne dabei auszubrennen. Eine Arbeitsumgebung, in der es einfach ist, das Vernünftige und Richtige zu tun, in der wir abends öfter zufrieden als unzufrieden nach Hause gehen und in der wir uns selbst und unsere menschlichen Bedürfnisse nicht verlieren. Kurz: Eine Arbeitswelt, die lebenswerter ist als die bisherige.

Dazu hast du in diesem Buch hoffentlich verschiedene Impulse erhalten. Denn mein Ziel ist es, dich und andere altersübergreifend zu einem Austausch einzuladen, um anschließend abzuwägen und auszuprobieren: Was gelingt uns, was eher nicht? Was fühlt sich gut an, wo zwickt es? Dabei geht es nicht darum, das Letzte aus uns allen herauszuquetschen wie aus einer Zitrone, sondern vielmehr das Beste in uns hineinzustecken. Damit wir nicht nur individuell davon profitieren, sondern auch unsere Kolleg:innen, unsere Mitmenschen.

Ob das einfach wird? Auf. Keinen. Fall! Denn wir haben einerseits das Bedürfnis nach Sicherheit, Struktur und Gewissheit. Es ist Teil unseres Überlebensinstinkts, solche Umgebungen aufzusuchen. Uns treibt aber andererseits auch der Wunsch an, aus der Komfortzone herauszukommen, unsere Grenzen auszutesten und uns unserer Unsicherheit zu stellen. Denn nur so entwickeln wir uns weiter, finden Kreativität und können neue Perspektiven entdecken. Für mich ist es wie bei Yin und Yang – den beiden zentralen Begriffen der chinesischen Philosophie, mit denen zwei entgegengesetzte und gleichsam miteinander verbundene Kräfte zum Ausdruck gebracht werden. Keine dieser Kräfte ist der anderen überlegen. So ähnlich verhält es sich auch in der Arbeitswelt: Hier treffen zum Beispiel Management auf Führung, Leistung auf Wohlfühlcharakter, Stabilität auf Flexibilität, Effizienz auf Kreativität, Überstunden auf Regeneration, Konkurrenz auf Kollaboration, Profitstreben auf soziale Verantwortung und Kontrolle auf Selbstwirksamkeit.

Bisher sind diese Bereiche nicht ausgeglichen, sondern in Dysbalance. Wenn wir sie aber ins Gleichgewicht bringen und als Ganzes betrachten, dann werden wir merken, dass sie sich nicht ausschließen, sondern sogar gegenseitig verstärken. Ich persönlich jedenfalls blicke zuversichtlich in die Zukunft. Die Best-Practice-Beispiele aus diesem Buch zeigen mir, dass es an vielen Stellen schon sehr gute Ansätze gibt. Ansätze für eine Reise, bei der wir allerdings nie die Ziellinie überqueren werden. Denn unser Umfeld wird sich weiterhin immer schneller verändern. Dies endlich zu akzeptieren ist in meinen Augen der erste Schritt. Der zweite Schritt ist es dann, endlich ins Handeln zu kommen und sich und Methoden auszuprobieren.

Und vielleicht hilft dir auch mein persönliches Motto, das etwas Druck rausnimmt: **Mach nicht mehr, sondern mach es einfach anders!**

# ANMERKUNGEN


## Vorwort

1 DIHK (12.01.2023). Trotz schwieriger Wirtschaftslage: Fachkräfteengpässe nehmen zu. Abgerufen am 21.08.2023 unter https://www.dihk.de/de/themen-und-positionen/fachkraefte/beschaeftigung/trotz-schwieriger-wirtschaftslage-fachkraefteengpaesse-nehmen-zu-89118.
2 IAB (2023). Fachkräftemangel: Wie Unternehmen erfolgreich Beschäftigte gewinnen. Abgerufen am 21.08.2023 unter https://iab.de/fachkraeftemangel-wie-unternehmen-erfolgreich-mitarbeiterinnen-und-mitarbeiter-gewinnen/.

## Besser spät als nie

1 Azami, S. (13.01.2023). Das Schweigen brechen: Toxische Arbeitskultur in Deutschland. Abgerufen am 28.08.2023 unter https://www.youtube.com/watch?v=sfSmHgv2Alo&t=7s.
2 Gallup (2023). State of the Global Workplace 2023 Report.
3 McKinsey (21.12.2022). McKinsey-Umfrage: Ein Drittel der Beschäftigten denkt an Kündigung. Abgerufen am 29.08.2023 unter https://www.mckinsey.com/de/news/presse/2022-12-21-great-attrition-deutschland.
4 Gallup (2023). State of the Global Workplace 2023 Report.
5 Gallup (2021). Engagement Index 2021.
6 Podcast Rebellisch gesund (15.03.2023). Gesundes Arbeiten bei SAP: Flexibilität ist das Geheimrezept unseres Erfolgs! Mit (dem damaligen) SAP Personalchef Cawa Younosi.

## 1. Flexibilität statt Starrheit

1 Dua et al. (23.06.2023). Americans are embracing flexible work – and they want more of it. Abgerufen am 02.09.2023 unter https://www.mckinsey.com/industries/real-estate/our-insights/americans-are-embracing-flexible-work-and-they-want-more-of-it#/.
2 Lever (2022). Great Resignation: The State of Internal Mobility and Employee Retention Report. Abgerufen am 02.09.2023 unter https://www.lever.co/wp-content/uploads/2022/02/Lever_Great-Resignation-Report_2022.pdf.
3 Bitkom (31.03.2022). New Work: Die Hälfte der Deutschen arbeitet im Homeoffice. Abgerufen am 02.09.2023 unter https://www.bitkom.org/Presse/Presseinformation/New-Work-Haelfte-arbeitet-im-Homeoffice.
4 Wendsche, J. & A. Lohmann-Haislah (2016). Ein Scoping-Review zur Wirkung von Arbeitspausen. In: Arbeit in komplexen Systemen. Digital, vernetzt, human?! Bericht zum 62. Arbeitswissenschaftlichen Kongress vom 2.-4. März 2016, RWTH

Aachen University, Institut für Arbeitswissenschaft (IAW) Dortmund, GfA-Press; Stenfors et al. (2019). Positive Effects of Nature on Cognitive Performance Across Multiple Experiments: Test Order but Not Affect Modulates the Cognitive Effects. Front. Psychol. 10:1413.

5 Demling, A. (02.02.2015). Tinder-Gründer Jonathan Badeen: »Vor Dates hatte ich Schiss«. Abgerufen am 02.09.2023 unter https://www.spiegel.de/netzwelt/apps/tinder-interview-mit-gruender-jonathan-badeen-a-1015991.html.

6 Tagesschau (26.07.2023). Teilzeit nimmt auch bei Führungskräften zu. Abgerufen am 12.09.2023 unter https://www.tagesschau.de/wirtschaft/teilzeit-fuehrungskraefte-100.html.

7 Statistisches Bundesamt (27.04.2023). Arbeitskräfteangebot: Erwerbsbeteiligung unter den 25- bis 59-Jährigen 2022 mit 87 % bereits auf sehr hohem Niveau. Abgerufen am 12.09.2023 unter https://www.destatis.de/DE/Presse/Pressemitteilungen/2023/04/PD23_N026_13.html#: ~ :text = Im % 20Jahr % 202022 % 20arbeiteten % 2030,Männern % 20mit % 2013 % 20 % 25 % 20deutlich % 20niedriger.

8 Asana (2023). Die Anatomie der Arbeit. Globaler Bericht 2023.

9 Bellezza et al. (2017). Conspicuous Consumption of Time: When Busyness and Lack of Leisure Time Become a Status Symbol. Journal of Consumer Research, Volume 44, Issue 1, June 2017, S. 118–138.

10 Celniker et al. (2023). The moralization of effort. Journal of Experimental Psychology: General, 152(1), S. 60–79.

11 Klein et al. (2005). Contrast and the justification of effort. Psychonomic Bulletin & Review, 12(2), S. 335–339.

12 Spiegel (07.10.2016). Viele Japaner kommen auf 80 Überstunden pro Monat. Abgerufen am 15.08.2023 unter https://www.spiegel.de/wirtschaft/unternehmen/japan-viele-japaner-kommen-auf-80-ueberstunden-pro-monat-a-1115585.html.

13 GBD (2016). Global and regional burden of disease and injury in 2016 arising from occupational exposures: a systematic analysis for the Global Burden of Disease Study 2016. Occupational and Environmental Medicine 2020; 77, S. 133–141.

14 Wilson et al. (2014). Just think: The challenges of the disengaged mind. Science. 2014 Jul 4; 345(6192): 75–7.

15 Bitkom (2023). Mehr als Homeoffice: Wie Corona die Arbeitskultur in Unternehmen dauerhaft verändert hat. Abgerufen am 15.08.2023 unter https://www.bitkom.org/Presse/Presseinformation/Homeoffice-Wie-Corona-Arbeitskultur-Unternehmen-dauerhaft-veraendert.

16 Zak, P. J. (2017). The Neuroscience of Trust. Harvard Business Review, January-February 2017, S. 84–90.

17 Bregman, R. (2022). Im Grunde gut. 8. Auflage. Hamburg: Rowohlt, S. 21.

18 Frei, F. & A. Morriss (2020). Begin with Trust. The first step to becoming a genuinely empowering leader. Harvard Business Review. Abgerufen am 25.07.2023 unter https://hbr.org/2020/05/begin-with-trust.

19 Zak, P. J. (2017). The Neuroscience of Trust. Harvard Business Review, January-February 2017, S. 84–90.

20 Barmer (2020). Social Health @work. Abgerufen am 27.07.2023 unter https://www.barmer.de/resource/blob/1004172/ea66685b839e7aded009101aa7ba7641/social-health-work-studienbericht-data.pdf.

21 Weck, A. (28.03.2023). Homeoffice: So gelingt Teamarbeit auf Distanz – laut einer Studie. t3n. Abgerufen am 27.07.2023 unter https://t3n.de/news/teamarbeit-homeoffice-entscheidender-faktor-studie-1513710/.
22 Gallup (2015). State of the American Manager. Abgerufen am 15.10.2023 unter https://d46w5x9vt7qfg.cloudfront.net/businessreport/2015/04/StateOfAmericanManager_032715_mhLowRes.pdf.
23 Gallup (2022). Engagement Index 2022 Deutschland.
24 Clifton, J. & J. Harter (2019). It's the Manager: Moving From Boss to Coach. Washington: Gallup Press, S. 114.
25 Gallup (2015). State of the American Manager. Abgerufen am 15.10.2023 unter https://d46w5x9vt7qfg.cloudfront.net/businessreport/2015/04/StateOfAmericanManager_032715_mhLowRes.pdf.
26 Peter, L. J. & R. Hull (1996). The Peter Principle. In: Billsberry, J. (Hrsg.). The Effective Manager. London: Sage Publications & The Open University, S. 209–213.
27 Benson et al. (2018). Promotions and the Peter Principle. NBER Working Paper No. w24343.
28 »In other words, firms tend to promote top sales workers into management, even though they become the worst managers.« Benson et al. (08.03.2018). Research: Do People Really Get Promoted to Their Level of Incompetence? Harvard Business Review. Abgerufen am 15.08.2023 unter https://hbr.org/2018/03/research-do-people-really-get-promoted-to-their-level-of-incompetence.
29 Nink, M. (2018). Engagement Index: Die neusten Daten und Ergebnisse der Gallup-Studie. München: Redline Verlag, S. 116.
30 Kruger, J. & D. Dunning (1999). Unskilled and unaware of it: How difficulties in recognizing one's own incompetence lead to inflated self-assessments. Journal of Personality and Social Psychology, 77(6), S. 1121–1134.
31 Stepstone (2020). Stepstone Befragung: Deutschland und seine Chefs. Abgerufen am 20.08.2023 unter https://www.stepstone.de/e-recruiting/wissen/erfolgreich-fuehren/.
32 Nuhfer et al. (2017). How Random Noise and a Graphical Convention Subverted Behavioral Scientists' Explanations of Self-Assessment Data: Numeracy Underlies Better Alternatives. Numeracy 10, Iss. 1: Article 4; Ackerman et al. (2002). What we really know about our abilities and our knowledge. Personality and Individual Differences, 33(4), S. 587-605.
33 Zell, E. & Z. Krizan (2014). Do people have insight into their abilities? A meta-synthesis. Perspectives on Psychological Science, 9(2), S. 111–125.
34 Stieger et al. (2010). Independent effects of personality and sex on self-estimated intelligence: Evidence from Austria. Psychological Reports, 107, S. 553–563; Furnham, A. (1999). Sex differences in self-estimates of lay dimensions of intelligence. Psychological Reports, 85, S. 349–350.
35 Sutter, M. (2022). Der menschliche Faktor oder worauf es im Berufsleben ankommt: 50 verhaltensökonomische Erkenntnisse. München: Carl Hanser Verlag, S. 63ff.
36 Lehnert, F. (28.09.2021). Warum wir uns oft selbst überschätzen. Quarks. Abgerufen am 30.07.2023 unter https://www.quarks.de/gesellschaft/psychologie/warum-wir-uns-oft-selbst-ueberschaetzen/#Fehleinschätzungen1.

37 Raschka, B. (11.02.2020). Vom Mitarbeiter zum Chef: Der Sprung ins kalte Wasser. Stepstone. Abgerufen am 30.07.2023 unter https://www.stepstone.de/e-recruiting/blog/vom-mitarbeiter-zum-chef-der-sprung-ins-kalte-wasser/.

38 Ebd.

39 Cheng, C. & G. Lewis (2019). 3 factors strongly linked to better employee retention. Abgerufen am 02.08.2023 unter https://business.linkedin.com/content/dam/me/business/en-us/talent-solutions/resources/images/pdfs/think-insights-employee-retention-final.pdf.

40 LinkedIn Learning (2023). LinkedIn Workplace Learning Report. Abgerufen am 02.08.2023 unter https://learning.linkedin.com/content/dam/me/learning/en-us/pdfs/workplace-learning-report/LinkedIn-Learning_Workplace-Learning-Report-2023-EN.pdf.

41 CareerAddict (2020). Employee Turnover: Why People Quit Their Jobs. Abgerufen am 02.08.2023 unter https://www.careeraddict.com/careeraddict-study-quit.pdf.

42 Gartner (27.01.2022). Gartner Recommends Organizations Confront Three Internal Labor Market Inequities to Retain Talent. Abgerufen am 03.08.2023 unter https://www.gartner.com/en/newsroom/2022-01-26-gartner-recommends-organizations-confront-three-internal-labor-market-inequities-to-retain-talent.

43 Ebd.

44 Kolbjørnsrud et al. (2016). The promise of artificial intelligence: Redefining management in the workforce of the future. Accenture: Institute for High Performance.

45 Podcast Rebellisch gesund (21.06.2023). Männlicher Zyklus: Wie Testosteron das Verhalten beeinflussen kann! Mit Prof. Dr. Lars Penke.

46 Roenneberg et al. (2019). Chronotype and Social Jetlag: A (Self-) Critical Review. Biology, 8(3): 54.

47 Wright et al. (2013). Entrainment of the Human Circadian Clock to the Natural Light-Dark Cycle. Current Biology, 23(16), S. 1554–1558.

48 Quarks (26.03.2023). 6 oder 9 Uhr? Warum wir zur falschen Zeit aufstehen! Abgerufen am 10.10.2023 unter https://www.youtube.com/watch?v=kY5rFRU8A1c.

49 Yam et al. (2014). Morning employees are perceived as better employees: Employees' start times influence supervisor performance ratings. Journal of Applied Psychology, 99(6), S. 1288–1299.

50 Parsons et al. (2015). Social jetlag, obesity and metabolic disorder: investigation in a cohort study, International Journal of Obesity volume 39, S. 842–848; Wong et al. (2015). Social Jetlag, Chronotype, and Cardiometabolic Risk. The Journal of Clinical Endocrinology & Metabolism, 100(12), S. 4612–4620.

51 Zerbini, G. (2017). Conflicted clocks: social jetlag, entrainment and the role of chronotype: From physiology to academic performance; from students to working adults. University of Groningen.

52 Vitale, J. & A. Weydahl (2017). Chronotype, Physical Activity, and Sport Performance: A Systematic Review. Sports Medicine, 47(9), S. 1859–1868; Facer-Childs et al. (2018). The effects of time of day and chronotype on cognitive and physical performance in healthy volunteers. Sports Medicine Open, 4(47).

53 Leproult et al. (2001). Transition from Dim to Bright Light in the Morning Induces an Immediate Elevation of Cortisol Levels. The Journal of Clinical Endocrinology & Metabolism, 86(1), S. 151–157.

54 Zisapel, N. (2010). Melatonin and sleep. The Open Neuroendocrinology Journal, 3, S. 85–95.

55 Kang, S. & T. R. Kurtzberg (2019). Reach for your cell phone at your own risk: The cognitive costs of media choice for breaks. Journal of Behavioral Addictions, 8(3), S. 395–403.

56 München TV (10.05.2023). Arbeiten nach Biorhythmus – Klinik Wartenberg macht's vor. Abgerufen am 15.10.2023 unter https://www.muenchen.tv/mediathek/video/arbeiten-nach-biorhythmus-klinik-wartenberg-machts-vor/.

57 Sat.1 (19.06.2023). Arbeiten nach Biorhythmus? Neues Konzept an der Klinik Wartenberg. Abgerufen am 15.10.2023 unter https://www.sat1.de/serien/1730-sat1-bayern/videos/arbeiten-nach-biorhythmus-neues-konzept-an-der-klinik-wartenberg.

58 Schoep et al. (2019). Productivity loss due to menstruation-related symptoms. BMJ Open, 9: e026186.

59 Nickel, S. (11.04.2022). Auszeit wegen Periode? Menstruationsforscherin Lara Owens über den Umgang mit der Monatsblutung. Frankfurter Rundschau. Abgerufen am 02.04.2023 unter https://www.fr.de/panorama/auszeit-wegen-periode-menstruationsforscherin-lara-owens-ueber-den-umgang-mit-der-monatsblutung-91473055.html.

60 »Most women try to push through and go to work, anyway. This is often because they feel reluctant to disclose menstrual-related symptoms to their superiors, for fear of being perceived as weak or incapable of doing their jobs.« Francis, A. (28.04.2022). Could ›menstrual leave‹ change the workplace? BBC. Abgerufen am 02.04.2023 unter https://www.bbc.com/worklife/article/20220426-could-menstrual-leave-change-the-workplace.

61 Hardy, C. & M. S. Hunter (2021). Premenstrual Symptoms and Work: Exploring Female Staff Experiences and Recommendations for Workplaces. Int J Environ Res Public Health, 18(7): 3647; Johnston-Robledo, I. & J. Chrisler (2011). The Menstrual Mark: Menstruation as Social Stigma. Sex Roles, 68(1), S. 1–10.

62 God et al. (24.09.2020). Das teure Tabu. A. T. Kearney. Abgerufen am 30.03.2023 unter https://www.de.kearney.com/article/-/insights/das-teure-tabu.

63 Hardy, C. & M. S. Hunter (2021). Premenstrual Symptoms and Work: Exploring Female Staff Experiences and Recommendations for Workplaces. International Journal of Environmental Research and Public Health, 18(7): 3647.

64 Schoep et al. (2019). Productivity loss due to menstruation-related symptoms. BMJ Open, 9: e026186.

65 Nickel, S. (21.08.2022). Lara Owen ist die Pionierin der Menstruationsforschung: »Es reizte mich, dieses Tabu zu brechen«. Stern. Abgerufen am 30.03.2023 unter https://www.stern.de/gesundheit/gesund-leben/forscherin-lara-owen---menstruation-ist-arbeit--das-muss-honoriert-werden--30688196.html

66 Chang et al. (2011). A preliminary study on menstrual health and menstrual leave in the workplace in Taiwan. Taiwan Journal of Public Health, 30(5), S. 436–450.

67 »I have managed many female members of staff over the years and I have seen women at work who are bent over double because of the pain caused by their periods. Despite this, they feel they cannot go home because they do not class themselves as unwell. And this is unfair. At Coexist we are very understanding. If someone is in pain – no matter what kind – they are encouraged to go home. But, for us, we

wanted a policy in place which recognises and allows women to take time for their body's natural cycle without putting this under the label of illness.« Morris, S. (02.03.2016). UK company to introduce ›period policy‹ for female staff. The Guardian. Abgerufen am 29.03.203 unter https://www.theguardian.com/lifeandstyle/2016/mar/02/uk-company-introduce-period-policy-female-staff.

68 Owen, L. (2018). Menstruation and humanistic management at work. Journal of the Association for Management Education and Development, 25(4), S. 23–31.

69 »I have sat in and participated in many organisational meetings in my working life, but rarely in ones which felt as relaxed, friendly, accepting and free, even when people were in disagreement about other matters.« Owen, L. (2018). Menstruation and humanistic management at work. Journal of the Association for Management Education and Development, 25(4), S. 29.

## 2. Human Relations statt Human Resource

1 Waldinger, R. & M. Schulz (2023). The Good Life. London: Rider, S. 104ff.

2 »Personal connection creates emotional stimulation, which is an automatic mood booster, while isolation is a mood buster.« Solan, M. (01.11.2021). Health and happiness go hand in hand. Harvard Health Publishing. Abgerufen am 17.07.2023 unter https://www.health.harvard.edu/mind-and-mood/health-and-happiness-go-hand-in-hand.

3 BetterUp (2022). Die europäische Krise der sozialen Verbundenheit – Bericht 2022.

4 Gallup (2023). Gallup's 2023 Global Emotions Report.

5 Gallup (2023). The Global State of Social Connections.

6 Holt-Lunstad et al. (2015). Loneliness and social isolation as risk factors for mortality: a meta-analytic review. Perspectives on Psychological Science, 10(2), S. 227–237.

7 BetterUp (2022). Die europäische Krise der sozialen Verbundenheit – Bericht 2022.

8 Gallup (27.05.2023). Jon Clifton, Gallup - 2023 WNE Undergraduate Commencement. Abgerufen am 07.07.2023 unter https://www.youtube.com/watch?v=B5KXyio57Dk.

9 Simon Sinek (02.11.2016). Most Leaders Don't Even Know the Game They're In. Abgerufen am 07.07.2023 unter https://www.youtube.com/watch?v=RyTQ5-SQYTo.

10 Qualtrics (2020). The other COVID-19 crisis: Mental health. Abgerufen am 05.07.2023 unter https://www.qualtrics.com/blog/confronting-mental-health/.

11 Asana (2023). Globaler Bericht zur Anatomie der Arbeit 2023.

12 Ebd.

13 »Far too many employers leave close connections to chance. That's a mistake. When we look at the data on why people stay with an employer year after year, often the best predictor is not the size of their paycheck or how well they get along with their manager – it's how connected they feel to the people on their team.« Dunn, J. (05.01.2023). The Importance of Work Friends. The New York Times. Abgerufen am 10.07.2023 unter https://www.nytimes.com/2023/01/05/well/work-friends-happiness-challenge.html.

14 Ryan, R. M. & E. L. Deci (2000). Self-determination theory and the facilitation of intrinsic motivation, social development, and well-being. American Psychologist, 55(1), S. 68–78.

15 BetterUp (2022). Die europäische Krise der sozialen Verbundenheit – Bericht 2022.
16 »Friendship is the single most overlooked factor when it comes to building an extraordinary workplace.« Adams, S. (14.11.2014). Why Your Work Colleagues Should Also Be Your Good Friends. Forbes. Abgerufen am 12.07.2023 unter https://www.forbes.com/sites/susanadams/2014/11/14/why-your-work-colleagues-should-also-be-your-good-friends/?sh = 1b2dcb3953d3.
17 Wildgoose (19.09.2019). Friends & Happiness in the Workplace Survey & Stats. Abgerufen am 15.07.2023 unter https://wearewildgoose.com/uk/news/friends-in-the-workplace-survey/.
18 Coan et al. (2006). Lending a hand: Social regulation of the neural response to threat. Psychological Science, 17(12), S. 1032–1039.
19 The Brainwaves Video Anthology (08.11.2017). Jim Coan – The Brain and the Environment. Abgerufen am 25.07.2023 unter https://www.youtube.com/watch?v = n1fPICEfZKs.
20 Schnall, S. (2008). Social Support and the Perception of Geographical Slant. Journal of Experimental Social Psychology, 44(5), S. 1246–1255.
21 Coan, J. A. & D. A. Sbarra (2015). Social Baseline Theory: the social regulation of risk and effort. Current Opinion in Psychology, 1(87), S. 87–91.
22 Mann, A. (15.01.2018). Why We Need Best Friends at Work. Gallup. Abgerufen am 18.07.2023 unter https://www.gallup.com/workplace/236213/why-need-best-friends-work.aspx.
23 Harter et al. (2020). The Relationship Between Engagement at Work and Organizational Outcomes. Gallup 2020 Q12 Meta-Analysis.
24 Patel, A. & S. Plowman (17.08.2022). The Increasing Importance of a Best Friend at Work. Gallup. Abgerufen am 18.07.2023 unter https://www.gallup.com/workplace/397058/increasing-importance-best-friend-work.aspx.
25 Mann, A. (15.01.2018). Why We Need Best Friends at Work. Gallup. Abgerufen am 18.07.2023 unter https://www.gallup.com/workplace/236213/why-need-best-friends-work.aspx.
26 Rath, T. & J. Harter (19.08.2010). Your Friends and Your Social Well-Being. Gallup. Abgerufen am 12.07.2023 unter https://news.gallup.com/businessjournal/127043/friends-social-wellbeing.aspx.
27 HRweb (11.01.2018). Pressemeldung: XING-Studie »Liebe am Arbeitsplatz«: Jeder 7. Österreicher führt eine eheähnliche Beziehung im Büro. Abgerufen am 05.12.2023 unter https://www.hrweb.at/2018/01/xing-studie/.
28 »A work spouse is a rare gem that can help make a difficult workplace more bearable and a positive work environment extraordinary.« Braithwaite, D. O. (26.06.2023). Why So Many People Bond With a »Work Spouse«. Psychology Today. Abgerufen am 20.07.2023 unter https://www.psychologytoday.com/intl/blog/communication-matters/202306/its-off-to-the-work-spouse-i-go.
29 »They're my saving grace when I get stressed, when I have a weird idea I don't know what to do with, or when I need to yell during my lunch walk.« Rose, J. (25.04.2023). Why are we arguing over the term ›work spouse‹? No matter what we call our closest colleagues, the support they provide matters most. Business Insider. Abgerufen am 20.07.2023 unter https://www.businessinsider.com/work-spouses-necessary-work-wife-work-husband-genz-millennial-genx2023-4.

30 Gable, S. L. & H. T. Reis (2010). Good news! Capitalizing on positive events in an interpersonal context. In: Zanna, M. P. (Hrsg.). Advances in experimental social psychology, 42, S. 195–257.
31 Deutsch-Schwedische Handelskammer (09.10.2013). Warum machen Schweden ständig Kaffeepause? Abgerufen am 21.07.2023 unter https://www.handelskammer.se/de/nyheter/warum-machen-schweden-staendig-kaffeepause.
32 Osmani, A. (09.11.2023). Effective Engineering Teams. Abgerufen am 14.12.2023 unter https://addyosmani.com/blog/effective-teams/.
33 Haas, M. (11.09.2018). Was macht ein gutes Team aus? Süddeutsche Zeitung. Abgerufen am 30.08.2023 unter https://sz-magazin.sueddeutsche.de/die-loesung-fuer-alles/was-macht-ein-gutes-team-aus-86087.
34 Gartner Research (22.09.2020). The Missing Element in Nearly Every Learning Strategy; Gallup (2017). State of the American Workplace; Zak, P. J. (2017). The Neuroscience of Trust. Harvard Business Review, January-February 2017, S. 84–90.
35 »Unfortunately, at work, nice is often synonymous with not being candid.« Gallo, A. (15.02.2023). What Is Psychological Safety? Harvard Business Review. Abgerufen am 30.08.2023 unter https://hbr.org/2023/02/what-is-psychological-safety.
36 »Candor is hard but non-candor is worse.« Ebd.
37 Edmondson, A. (1999). Psychological Safety and Learning Behavior in Work Teams. Administrative Science Quarterly, 44(2), S. 350–383.
38 Edmondson, A. (1996). Learning from mistakes is easier said than done: Group and organizational influences on the detection and correction of human error. Journal of Applied Behavioral Science, 32(1), S. 5–28.
39 Taapken, N. (2023). EY: Fehlerkultur Report 2023.
40 SimplyAS10 (23.03.2022). Pete Carroll Couldn't Believe This Penalty On D. K. Metcalf. Abgerufen am 02.02.2023 unter https://www.youtube.com/shorts/d449SYhs_KE.
41 »The courage to confront our own and others' imperfections is crucial to solving the apparent contradiction of wanting neither to discourage the reporting of problems nor to create an environment in which anything goes. This means that managers must ask employees to be brave and speak up – and must not respond by expressing anger or strong disapproval of what may at first appear to be incompetence.« Edmondson, A. (2011). Strategies for Learning from Failure. Harvard Business Review, April 2011.
42 »Vulnerability isn't just about sharing your struggles, it's also about standing up for your values and beliefs, publicly and privately.« Omadeke, J. (22.07.2022). The Best Leaders Aren't Afraid to Be Vulnerable. Harvard Business Review. Abgerufen am 29.08.2023 unter https://hbr.org/2022/07/the-best-leaders-arent-afraid-of-being-vulnerable.
43 TED (03.01.2011). Brené Brown: Die Macht der Verletzlichkeit. Abgerufen am 29.08.2023 unter https://www.youtube.com/watch?v=iCvmsMzlF7o.
44 Sprecher et al. (2013). Effects of self-disclosure role on liking, closeness, and other impressions in get-acquainted interactions. Journal of Social and Personal Relationships, 30(4), S. 497–514.
45 TED (03.01.2011). Brené Brown: Die Macht der Verletzlichkeit. Abgerufen am 29.08.2023 unter https://www.youtube.com/watch?v=iCvmsMzlF7o.

46 Bruk et al. (2018). Beautiful mess effect: Self–other differences in evaluation of showing vulnerability. Journal of Personality and Social Psychology, 115(2), S. 192–205.
47 Bruk et al. (2022). You and I both: Self-compassion reduces self–other differences in evaluation of showing vulnerability. Personality and Social Psychology Bulletin, 48(7), S. 1054–1067.
48 Coutifaris, C. G. & A. M. Grant (2022). Taking your team behind the curtain: The effects of leader feedback-sharing and feedback-seeking on team psychological safety. Organization Science, 33(4), S. 1574–1598.
49 Friedman, R. (21.10.2021). 5 Things High-Performing Teams Do Differently. Harvard Business Review. Abgerufen am 30.08.2023 unter https://hbr.org/2021/10/5-things-high-performing-teams-do-differently.
50 Front (15.09.2021). What the best teams do differently with Dr. Ron Friedman. Abgerufen am 30.08.2023 unter https://www.youtube.com/watch?v=-xcqrP3GnZM.
51 »Most people recognize that psychological safety takes time to build, but moments to destroy.« Edmondson, A. & M. Mortensen (19.04.2021). What Psychological Safety Looks Like in a Hybrid Workplace. Harvard Business Review. Abgerufen am 01.09.2023 unter https://hbr.org/2021/04/what-psychological-safety-looks-like-in-a-hybrid-workplace.
52 McQueen, N. (26.06.2018). Workplace Culture Trends: The Key to Hiring (and Keeping) Top Talent in 2018. Abgerufen am 30.08.2023 unter https://blog.linkedin.com/2018/june/26/workplace-culture-trends-the-key-to-hiring-and-keeping-top-talent.
53 Ingram, P. & Y. Choi (2022). What Does Your Company Really Stand For? Harvard Business Review, November-December 2022, S. 41–47.
54 TED (02.07.2018). Why the secret to success is setting the right goals. Abgerufen am 30.08.2023 unter https://www.youtube.com/watch?v=L4N1q4RNi9I.
55 Microsoft (22.09.2022). Work Trend Index: Hybrid Work Is Just Work. Are We Doing It Wrong?
56 Randstadt Deutschland (2021). New Work Trendreport. Abgerufen am 30.08.2023 unter https://www.randstad.de/s3fs-media/de/public/2021-10/randstad-new-work-trendreport-1.pdf; BetterUp. (7.11.2018). Workers Value Meaning at Work; New Research from BetterUp Shows Just How Much They're Willing to Pay for It. Abgerufen am 30.08.2023 unter https://www.betterup.com/press/workers-value-meaning-at-work-new-research-from-betterup-shows-just-how-much-theyre-willing-to-pay-for-it.
57 Schnell, T. (2020). Psychologie des Lebenssinns (2. Aufl.). Berlin: Springer, S. 233ff.; Kienbaum (2020). Kienbaum Purpose Studie. Abgerufen am 29.08.2023 unter https://media.kienbaum.com/wp-content/uploads/sites/13/2020/10/Kienbaum_ Purpose_Studie2020.pdf.
58 Personalwirtschaft (2019). Klarheit schafft Bindung. Abgerufen am 30.08.2023 unter https://www.personalwirtschaft.de/news/hr-organisation/praxistransfer-klarheit-schafft-bindung-103138/.
59 Grant, A. (2011). How Customers Can Rally Your Troops. Harvard Business Review, June 2011, S.96–103.

60 Heidbrink et al. (2021). Die Jungbullen kommen. Harvard Business Manager, Mai 2021, S. 38–53.
61 Grijalva, E. (2013). Narcissism and Leadership: A Meta-Analytic Review of Linear and Nonlinear Relationships. Personnel Psychology, 68(1), S. 1–47.
62 Heidbrink et al. (2021). Die Jungbullen kommen. Harvard Business Manager, Mai 2021, S. 41.
63 Gallup (2023). State of the Global Workplace 2023 Report.
64 Chierchia et al. (2017). Caring Cooperators and Powerful Punishers: Differential Effects of Induced Care and Power Motivation on Different Types of Economic Decision Making. Scientific Reports, 7, 11068.
65 Gelles, D. & D. Yaffe-Bellany (19.08.2019). Shareholder Value Is No Longer Everything, Top C.E.O.s Say. The New York Times. Abgerufen am 05.09.2023 unter https://www.nytimes.com/2019/08/19/business/business-roundtable-ceos-corporations.html.
66 Felber, C. (2018). Gemeinwohl-Ökonomie. München: Piper Verlag, S. 33.
67 Gallup (15.04.2023). Gallup CEO Jon Clifton Joins Semafor's World Economy Summit. Abgerufen am 06.09.2023 unter https://www.youtube.com/watch?v=-6G3xSOp4TI.

## 3. Human Skills statt Soft Skills

1 Boston Consulting Group (04.02.2021). Human-centered leaders are the future of leadership. Abgerufen am 02.07.2023 unter https://web-assets.bcg.com/b4/67/551c4d9340a78a15ad08db02cf15/bcg-humancenteredleadersarethefutureofleadership-20210204-vf.pdf.
2 Simon Sinek (02.11.2016). Most Leaders Don't Even Know the Game They're In. Abgerufen am 02.07.2023 unter https://www.youtube.com/watch?v=RyTQ5-SQYTo.
3 Van Bommel, T. (2021). The Power of Empathy in Times of Crisis and Beyond. Catalyst. Abgerufen am 01.07.2023 unter https://www.catalyst.org/reports/empathy-work-strategy-crisis.
4 Postinett, A. (04.01.2022). Inside Microsoft: Wie Satya Nadella den Konzern wieder zum wertvollsten Unternehmen der Welt machen will. Handelsblatt. Abgerufen am 02.07.2023 unter https://www.handelsblatt.com/technik/it-internet/microsoft-inside-microsoft-wie-satya-nadella-den-konzern-wieder-zum-wertvollsten-unternehmen-der-welt-machen-will/27917888.html.
5 Deutschrapideal (20.08.2022). SIDO Ansage: habt Verständnis! Abgerufen am 05.09.2022 unter https://www.youtube.com/shorts/T2t4I_nMvlA.
6 Simon Sinek (26.10.2022). How Gen Z Deals With Stress. Abgerufen am 02.07.2023 unter https://www.youtube.com/watch?v=uUYUQxfUSNo.
7 Singer et al. (2004). Empathy for pain involves the affective but not sensory components of pain. Science 303(5661), S. 1157–1162.
8 Singer, T. & O. Klimecki (2014). Empathy and compassion. Current Biology 24 (18), S. R875–R878.
9 Carter, J. (o. J.). Going Beyond Empathy and Leading With Compassion. Abgerufen am 01.07.2023 unter https://de.potentialproject.com/insights/going-beyond-empathy-and-leading-with-compassion.

10 Singer, T. & V. Engert (2019). It matters what you practice: Differential training effects on subjective experience, behavior, brain and body in the ReSource Project. Current Opinion in Psychology, 28, S. 151–158; Klimecki et al. (2014). Differential pattern of functional brain plasticity after compassion and empathy training. Social Cognitive and Affective Neuroscience, 9(6), S. 873–879.
11 Valk et al. (2017). Structural plasticity of the social brain: Differential change after socio-affective and cognitive mental training. Science Advances, 3(10), e1700489.
12 Singer et al. (2016). The ReSource Project: Background, design, samples, and measurements. Max Planck Institute for Human Cognitive and Brain Sciences, 2.
13 Trautwein et al. (2020). Differential Benefits of Mental Training Types for Attention, Compassion, and Theory of Mind. Cognition 194, 104039; Engert et al. (2017). Specific reduction in cortisol stress reactivity after social but not attention-based mental training. Science Advances, 3(10), e1700495.
14 Böckler et al. (2018). Distinct mental trainings differentially affect altruistically motivated, norm motivated, and self-reported prosocial behaviour. Scientific Reports, 8, 13560.
15 Carter, J. (o. J.). Going Beyond Empathy and Leading With Compassion. Abgerufen am 01.07.2023 unter https://de.potentialproject.com/insights/going-beyond-empathy-and-leading-with-compassion.
16 Harvard Business Review (28.10.2021). Microsoft's Satya Nadella on Flexible Work, the Metaverse, and the Power of Empathy. Abgerufen am 03.07.2023 unter https://hbr.org/2021/10/microsofts-satya-nadella-on-flexible-work-the-metaverse-and-the-power-of-empathy.
17 Microsoft (09.09.2021). To Thrive in Hybrid Work, Build a Culture of Trust and Flexibility. Abgerufen am 05.07.2023 unter https://www.microsoft.com/en-us/worklab/work-trend-index/support-flexibility-in-work-styles.
18 »People talk about compartmentalizing your work life from your private life, [but] in reality, how does one do it? You are one complete self in both places. So that's where I think about empathy as listening to what happens to you in life, and then expressing yourself completely, even at work.« Next Big Idea Club. (o. J.). Microsoft's CEO on the Power of Being a Learn-It-All. Abgerufen am 05.07.2023 unter https://nextbigideaclub.com/magazine/conversation-microsofts-ceo-on-the-power-of-being-a-learn-it-all/17851/.
19 Nink, M. (2018). Engagement Index: Die neusten Daten und Ergebnisse der Gallup-Studie. München: Redline Verlag, S. 132.
20 Bregman, R. (2022). Im Grunde gut. 8. Auflage. Hamburg: Rowohlt, S. 90.
21 Henrich, J. (2015). The secret of our success: How culture is driving human evolution, domesticating our species, and making us smarter. Princeton: Princeton University Press, S. 214.
22 Bregman, R. (2022). Im Grunde gut. 8. Auflage. Hamburg: Rowohlt, S. 91.
23 BMAS (2016). Personalentwicklung und Weiterbildung. Abgerufen am 05.05.2023 unter https://www.bmas.de/SharedDocs/Downloads/DE/Publikationen/Forschungsberichte/fb-469-personalentwicklung-weiterbildung.pdf?__blob=publicationFile&v=2.
24 Randstad (2023). Randstad-ifo-Personalleiterbefragung. Ergebnisse: 4. Quartal 2022.

25 Clifton, J. & J. Harter (2019). It's the Manager: Moving From Boss to Coach. Washington: Gallup Press, S. 88.
26 Buckingham, M. & A. Goodall (2019). The Feedback Fallacy. Harvard Business Review, March-April 2019, S. 92–101.
27 Ebd.
28 Blanton, B. (2015). Radikal Ehrlich: Verwandle Dein Leben – Sag die Wahrheit. Hannover: inspiriert Verlag e. K.
29 Mekiffer, S. (o. J.). Wie radikale Ehrlichkeit dabei hilft, dass Konflikte nicht eskalieren. Abgerufen am 20.06.2023 unter https://www.neuenarrative.de/magazin/wie-radikale-ehrlichkeit-dabei-hilft-dass-konflikte-nicht-eskalieren/.
30 McCord, P. (2017). Powerful. Building a Culture of Freedom and Responsibility. San Francisco: Silicon Guild, S. 52.
31 Ebd., S. 48.
32 »At Netflix we learned that preparing people for changes to come led to a sense of trust around the company: trust that we would proactively take the company where it needed to go and that we wouldn't mislead anyone about the changes that would require. [...]. Transparency about the difficulty of these decisions didn't make coming to them any easier, but the honest dialogue did mean that people all over the company were prepared.« Ebd., S. 55.
33 »[...] the giving and taking of honest feedback was central to how well his teams worked, and his teams worked beautifully.« Ebd., S. 49.
34 »There is definitely a buzz about radical honesty in Silicon Valley and in many other companies.« Gray, R. (23.02.2018). Being ›radically honest‹ in the workplace. Abgerufen am 21.06.2023 unter https://www.hrmagazine.co.uk/content/features/being-radically-honest-in-the-workplace/.
35 Compensation Partner (2019). Gründe für die Kündigung. Abgerufen am 22.06.2023 unter https://www.compensation-partner.de/downloads/infografik_kuendigung_print.pdf.
36 Chapman, G. & P. White (2013). Die 5 Sprachen der Mitarbeitermotivation. Marburg an der Lahn: Francke, S. 6.
37 Compensation Partner (2019). Gründe für die Kündigung. Abgerufen am 22.06.2023 unter https://www.compensation-partner.de/downloads/infografik_kuendigung_print.pdf.
38 McKinsey & Company (08.09.2021). ›Great Attrition‹ or ›Great Attraction‹? The choice is yours. Abgerufen am 23.06.2023 unter https://www.mckinsey.com/capabilities/people-and-organizational-performance/our-insights/great-attrition-or-great-attraction-the-choice-is-yours.
39 Garr, S. S. (2012). The State of Employee Recognition in 2012. SHRM Globoforce.
40 Compensation Partner (2019). Gründe für die Kündigung. Abgerufen am 22.06.2023 unter https://www.compensation-partner.de/downloads/infografik_kuendigung_print.pdf.
41 Chapman, G. & P. White. (2013). Die 5 Sprachen der Mitarbeitermotivation. Marburg an der Lahn: Francke, S. 18.
42 Des Georges, C. (2019). Can employee recognition help you keep them longer? Abgerufen am 20.06.2023 unter https://www.surveymonkey.com/curiosity/employee-recognition-and-retention/.

43 Hastwell, C. (02.03.2023). Creating a Culture of Recognition. Great Place To Work. Abgerufen am 20.06.2023 unter https://www.greatplacetowork.com/resources/blog/creating-a-culture-of-recognition.
44 Kahn, V. (02.03.2022). Survey Says: Appreciation Matters More Than You Think. Abgerufen am 20.06.2023 unter https://bonusly.com/post/employee-appreciation-survey.
45 Bloznalis, S. (16.12.2022). 18 Employee Recognition Statistics You Need to Know. Abgerufen am 20.06.2023 unter https://www.workhuman.com/blog/employee-recognition-statistics/.
46 Kahn, V. (02.03.2022). Survey Says: Appreciation Matters More Than You Think. Abgerufen am 20.06.2023 unter https://bonusly.com/post/employee-appreciation-survey.
47 Chapman, G. & P. White (2013). Die 5 Sprachen der Mitarbeitermotivation. Marburg an der Lahn: Francke, S. 49.
48 Przybylski, A. K. & N. Weinstein (2012). Can you connect with me now? How the presence of mobile communication technology influences face-to-face conversation quality. Journal of Social and Personal Relationships, 30(3), S. 237–246.
49 White, P. (2017). The Vibrant Workplace: Overcoming the Obstacles to Building a Culture of Appreciation. Chicago: Northfield Publishing.
50 White, P. (2016). Appreciation at Work training and the Motivating by Appreciation Inventory: development and validity. Strategic HR Review, 15(1), S. 20–24.
51 »We're a mining operation, and the touchy-feely thing isn't something men are generally comfortable with.« Goldberg, E. (2022). Why Your Boss Wants to Know Your Love Language. The New York Times. Abgerufen am 23.06.2023 unter https://www.nytimes.com/2022/03/04/business/employee-satisfaction-remote-work.html.
52 »When this first started you could see the eye-rolling.« Ebd.
53 »But it's become so much a part of what we do. I'm a believer.« Ebd.

## 4. Eigenverantwortung statt Fremdbestimmung

1 Xing (18.01.2022). XING-Studie zeigt: Jeder Vierte kündigt Job, ohne neue Stelle in Aussicht zu haben. Abgerufen am 05.07.2023 unter https://www.xing.com/news/articles/xing-studie-zeigt-jeder-vierte-kundigt-job-ohne-neue-stelle-in-aussicht-zu-haben-4540742#: ~ :text = Was%20bemerkenswert%20ist%3A%20Jeder%20vierte,einen%20neuen%20Job%20zu%20finden.
2 Ray, S. (13.02.2019). Empathy and innovation: How Microsoft's cultural shift is leading to new product development. Abgerufen am 04.07.2023 unter https://news.microsoft.com/source/features/innovation/empathy-innovation-accessibility/.
3 Deloitte Digital (2015). Fünf Erkenntnisse zu Intrapreneurship. Abgerufen am 04.07.2023 unter https://www2.deloitte.com/content/dam/Deloitte/de/Documents/technology/Intrapreneurship_Whitepaper_German.pdf.
4 Feser, C. (2012). Serial Innovators: Firms That Change the World. Hoboken: John Wiley & Sons.
5 »They make new things happen while those trying to innovate by the official route are still waiting for permission to begin.« McDowell, E. (1985). What's new on the

Corporate Bookshelf. Entrepreneurs in a Corporate Setting. The New York Times. Abgerufen am 04.07.2023 unter https://www.nytimes.com/1985/04/14/business/what-s-new-on-the-corporate-bookshelf-entrepreneurs-in-a-corporate-setting.html.

6 Bitkom (30.08.2018). Wenn die Mitarbeiter neue Geschäftsideen entwickeln. Abgerufen am 04.07.2023 unter https://www.bitkom.org/Presse/Presseinformation/Wenn-die-Mitarbeiter-neue-Geschaeftsideen-entwickeln.html.

7 Rodrigo et al. (2022). Intrapreneurship Monitor 2022. Abgerufen am 05.07.2023 unter https://www.iei.uni-bayreuth.de/pool/Dateien/2023/Allgemein/intrapreneurship-DEC-2022-3_5.pdf.

8 Deci, E. L. & R. M. Ryan (1993). Die Selbstbestimmungstheorie der Motivation und ihre Bedeutung für die Pädagogik. Zeitschrift für Pädagogik, 39(2), S. 223–238.

9 Hüther, G. (2021). Lieblosigkeit macht krank. Freiburg: Herder.

10 Rodrigo et al. (2022). Intrapreneurship Monitor 2022. Abgerufen am 05.07.2023 unter https://www.iei.uni-bayreuth.de/pool/Dateien/2023/Allgemein/intrapreneurship-DEC-2022-3_5.pdf.

11 3M (2002). A Century of Innovation. The 3M Story. Abgerufen am 06.07.2023 unter https://multimedia.3m.com/mws/media/171240O/3m-century-of-innovation-book.pdf.

12 Menn, A. (02.06.2023). Das sind die 50 innovativsten Unternehmen der Welt. WirtschaftsWoche. Abgerufen am 07.07.2023 unter https://www.wiwo.de/technologie/forschung/fuenf-deutsche-konzerne-vertreten-das-sind-die-50-innovativsten-unternehmen-der-welt/29183742.html.

13 Weck, A. (11.04.2019). Intrapreneurship: Wie die Innovation von innen gelingt. t3n. Abgerufen am 06.07.2023 unter https://t3n.de/magazin/intrapreneurship-innovation-von-innen-247789/.

14 OMR (09.05.2023). SASCHA LOBO: Durch Deutschland muss ein KI-Ruck gehen. Abgerufen am 10.05.2023 unter https://www.youtube.com/watch?v=xLLqO_oJG3Q.

15 Deloitte (2019). The Deloitte Consumer Review. Made-to-order: The rise of mass personalisation. Abgerufen am 06.07.2023 unter https://www2.deloitte.com/content/dam/Deloitte/ch/Documents/consumer-business/ch-en-consumer-business-made-to-order-consumer-review.pdf.

16 Wrzesniewski, A. & J. E. Dutton (2001). Crafting a Job: Revisioning Employees as Active Crafters of Their Work. Academy of Management Review, 26(2), S. 179–201.

17 Zhang, F. & S. K. Parker (2018). Reorienting job crafting research: A hierarchical structure of job crafting concepts and integrative review. The Job Annual Review, 40(2), S. 126–146; Lichtenthaler, P. W. & A. Fischbach (2018). A Meta-Analysis on Promotion-and Prevention-Focused Job Crafting. European Journal of Work and Organizational Psychology, 28(1), S. 30–50.

18 »But burnout is a management and organizational issue, not a physical or mental health issue, so promoting self-care won't usually help employees recover.« Leiter, M. P. & C. Maslach (17.03.2023). To Curb Burnout, Design Jobs to Better Match Employees' Needs. Abgerufen am 05.07.2023 unter https://hbr.org/2023/03/to-curb-burnout-design-jobs-to-better-match-employees-needs?registration=success.

19 Csikszentmihalyi, M. (1990). Flow: The psychology of optimal experience. New York: Harper Perennial.

20 Becker, F. (o. J.). Flow-Erleben: Theorie von Csikszentmihalyi. Abgerufen am 05.07.2023 unter https://wpgs.de/fachtexte/flow-erleben/.

21 GAB München (o. J.). Dosierte Überforderung. Abgerufen am 05.07.2023 unter https://www.gab-muenchen.de/glossar/dosierte-ueberforderung/.

22 Huberman, A. (29.10.2021). Teach & Learn Better With A »Neuroplasticity Super Protocol«. Abgerufen am 02.03.2023 unter https://www.hubermanlab.com/newsletter/teach-and-learn-better-with-a-neuroplasticity-super-protocol.

23 Schutte, N. S. & J. M. Malouff (2019). The Impact of Signature Character Strengths Interventions: A Meta-analysis. Journal of Happiness Studies, Springer, 20(4), S. 1179–1196; Gallup (o. J.). Erfahren Sie mehr über das wissenschaftliche Fundament von CliftonStrengths. Abgerufen am 14.07.2023 unter https://www.gallup.com/cliftonstrengths/de/253787/Wissenschaft-Cliftonstrengths.aspx; Dubreuil et al. (2014). From strengths use to work performance: The role of harmonious passion, subjective vitality and concentration. The Journal of Positive Psychology, 9(4), S. 335–349.

24 Gallup (2018). Engagement Index 2018.

25 Gallup (2020). Engagement Index 2020 Deutschland.

26 Gallup (o. J.) Erfahren Sie mehr über das wissenschaftliche Fundament von CliftonStrengths. Abgerufen am 14.07.2023 unter https://www.gallup.com/cliftonstrengths/de/253787/Wissenschaft-Cliftonstrengths.aspx.

27 Rudolph et al. (2017). Job crafting: A meta-analysis of relationships with individual differences, job characteristics, and work outcomes. Journal of Vocational Behavior, 102, S. 112–138; Oprea et al. (2019). Effectiveness of job crafting interventions: a meta-analysis and utility analysis. European Journal of Work and Organisational Psychology, 28(6), S. 723–741.

28 Niessen et al. (2016). When and why do individuals craft their jobs? The role of individual motivation and work characteristics for job crafting. Human Relations, 69(6), S. 1287–1313.

29 Tims et al. (2012). Development and validation of the job crafting scale. Journal of Vocational Behavior, 80(1), S. 173–186; Laker et al. (2020). How job crafting can make work more satisfying. MIT Sloan Management Review.

30 Universität St. Gallen (2021). Job-Crafting zur gezielten Nutzung von Stärken. Abgerufen am 14.07.2023 unter https://www.barmer.de/resource/blob/1031988/5b540b52a648a0d951b98c1290019529/seminarunterlagen-job-crafting-data.pdf.

31 Kühl, S. (2015). Volkswagen ist überall. Die alltägliche Normalität der Regelabweichung. Abgerufen am 12.07.2023 unter https://www.uni-bielefeld.de/soz/personen/kuehl/pdf/Kuehl-Stefan-Working-Paper-7_2015-151005-Volkswagen-ist-ueberall.-Die-alltaegliche-Normalitaet-der-Regelabweichung-.pdf.

32 Matthes, S. (02.05.2023). Die Zukunft unserer Arbeit – Der Rückblick des Chefredakteurs. Abgerufen am 28.07.2023 unter https://www.handelsblatt.com/meinung/morningbriefing/morning-briefing-plus-die-woche-die-zukunft-unserer-arbeit-der-rueckblick-des-chefredakteurs/29161764.html#:~:text=Und%20ein%20Zitat%20von%20Stephan.

33 World Economic Forum (2023). Future of Jobs Report 2023. Abgerufen am 28.07.2023 unter https://www3.weforum.org/docs/WEF_Future_of_Jobs_2023.pdf.

34 LinkedIn Learning (2023). 2023 Workplace Learning Report. Building the agile future. Abgerufen am 28.07.2023 unter https://learning.linkedin.com/resources/workplace-learning-report.
35 Handelsblatt (07.07.2022). Mitarbeiterbindung: Mercedes steckt mehr als Milliarde Euro in Weiterbildung. Abgerufen am 28.07.2023 unter https://www.handelsblatt.com/unternehmen/industrie/autoindustrie-mitarbeiterbindung-mercedes-steckt-mehr-als-milliarde-euro-in-weiterbildung/28488236.html.
36 Schütt, D. (30.06.2020). Lernen mit Erfolg. Harvard Business manager. Abgerufen am 29.07.2023 unter https://www.manager-magazin.de/harvard/digitalisierung/weiterbildung-wie-fuehrungskraefte-ihre-mitarbeiter-motivieren-koennen-a-00000000-0002-0001-0000-000171530690.
37 Seligman, M. E. P. & S. F. Maier (1967). Failure to escape traumatic shock. Journal of Experimental Psychology, 74, S. 1–9.
38 Maier, S. F. & M. E. P. Seligman (2016). Learned helplessness at fifty: Insights from neuroscience. Psychological review, 123(4), S. 349–367.
39 Seligman, M. E. P. (2018). A Psychologist's Journey from Helplessness to Optimism. New York City: PublicAffairs.
40 Snyder et al. (2002). Hope theory: A member of the positive psychology family. In: Snyder, C. R. & S. J. Lopez (Hrsg.). Handbook of positive psychology. Oxford: University Press, S. 257–276.
41 Gallagher, M. W. & S. J. Lopez (2009). Positive expectancies and mental health: Identifying the unique contributions of hope and optimism. The Journal of Positive Psychology, 4(6), S. 548–556
42 Dweck, C. S. (2006). Mindset: The new psychology of success. New York: Random House.
43 Moser et al. (2011). Mind Your Errors: Evidence for a Neural Mechanism Linking Growth Mind Set to Adaptive Post-Error Adjustments. Psychological Science, 22(12), S. 1484-1489.
44 Naughton et al. (2018). Der Neugier auf der Spur. Harvard Business manager. Abgerufen am 22.07.2023 unter https://www.merckgroup.com/company/curiosity/Merck_Harvard-Business-Manager_0418_Der_Neugier_auf_der_Spur.pdf.
45 »You can't think yourself into new ways of acting. You can only act yourself into new ways of thinking.« Linehan, M. M. (2020). Building a Life Worth Living: A Memoir. New York: Random House.
46 Podcast Huberman Lab (16.07.2023). How to Enhance Performance & Learning by Applying a Growth Mindset.
47 Mueller, C. M. & C. S. Dweck (1998). Praise for intelligence can undermine children's motivation and performance. Journal of Personality and Social Psychology, 75(1), S. 33–52; Kamins, M. L. & C. S. Dweck (1999). Person versus process praise and criticism: Implications for contingent self-worth and coping. Developmental Psychology, 35(3), S. 835–847; Cimpian et al. (2007). Subtle Linguistic Cues Affect Children's Motivation. Psychological Science, 18(4), S. 314–16.
48 Huberman, A. (29.10.2021). Teach & Learn Better With A «Neuroplasticity Super Protocol«. Abgerufen am 02.03.2023 unter https://www.hubermanlab.com/newsletter/teach-and-learn-better-with-a-neuroplasticity-super-protocol.

49 Ibarra, H. & A. Scoular (02.01.2023). Führen wie ein Coach. Harvard Business manager. Abgerufen am 24.07.2023 unter https://www.manager-magazin.de/harvard/fuehrung/motivation-fuehrungskraefte-sollten-mitarbeiter-coachen-a-00000000-0002-0001-0000-000171530702.

50 »Although talent feels and looks predestined, in fact we have a good deal of control over what skills we develop. And we have more potential than we might ever presume to guess.« Coyle, D. (2020). The Talent Code: Greatness Isn't Born. It's Grown. Here's How. New York: Random House Business.

51 Lazarus, R. S. (1991). Progress on a cognitive-motivational-relational theory of emotion. American Psychologist, 46(8), S. 819–834.

52 Hays (2020). Lebenslanges Lernen. Eine empirische Studie des Instituts für Beschäftigung und Employability IBE und Hays. Abgerufen am 25.07.2023 unter https://www.hays.de/documents/10192/118775/hays-hr-report-2020-lebenslanges-lernen-de-de.pdf/83c90d98-6e64-5989-95bc-ee56c63a0c44?t=1579526516747.

53 ING (02.09.2020). ING Deutschland stellt individuelles Weiterbildungsbudget für Mitarbeiter zur Verfügung. Abgerufen am 25.07.2023 unter https://www.ing.de/ueber-uns/presse/pressemitteilungen/ing-deutschland-stellt-individuelles-weiterbildungsbudget-fur-mitarbeiter-zur-verfugung/.

54 World Economic Forum (2023). Future of Jobs Report 2023. Abgerufen am 28.07.2023 unter https://www3.weforum.org/docs/WEF_Future_of_Jobs_2023.pdf.

55 Jones et al. (2015). Early Social-Emotional Functioning and Public Health: The Relationship Between Kindergarten Social Competence and Future Wellness. American Journal of Public Health, 105(11), S. 2283–2290.

56 Hays (2020). Lebenslanges Lernen. Eine empirische Studie des Instituts für Beschäftigung und Employability IBE und Hays. Abgerufen am 25.07.2023 unter https://www.hays.de/documents/10192/118775/hays-hr-report-2020-lebenslanges-lernen-de-de.pdf/83c90d98-6e64-5989-95bc-ee56c63a0c44?t=1579526516747.

57 PwC (2020). 23rd Annual Global CEO Survey. Abgerufen am 27.07.2023 unter https://www.pwc.com/gx/en/ceo-survey/2020/reports/pwc-23rd-global-ceo-survey.pdf.

58 LinkedIn Learning (2019). 2019 Workplace Learning Report. Abgerufen am 27.07.2023 unter https://learning.linkedin.com/content/dam/me/business/en-us/amp/learning-solutions/images/workplace-learning-report-2019/pdf/workplace-learning-report-2019.pdf.

59 Lever (2022). Great Resignation: The State of Internal Mobility and Employee Retention Report. Abgerufen am 02.09.2023 unter https://www.lever.co/wp-content/uploads/2022/02/Lever_Great-Resignation-Report_2022.pdf.

60 DGB (15.08.2022). Bildungsurlaub: Wie beantragen? Wer hat Anspruch? Wer zahlt? Abgerufen am 24.07.2023 unter https://www.dgb.de/urlaub/++co++fe6281e0-b9eb-11e5-a576-52540023ef1a.

61 Zulehner, C. (2022). MESH – Die Evolution der Zusammenarbeit. Warum vernetzte Kompetenz mehr ist als bloße Kooperation. Wiesbaden: Springer.

62 Schritt, S. (16.06.2023). John Stepper: Gemeinsam lernen und wachsen. Human Resources Manager. Abgerufen am 27.07.2023 unter https://www.humanresources-manager.de/content/working-out-loud-gemeinsam-lernen-und-wachsen/.

63 Mistry, S. H. (2023). Use of Working Loud (WOL) as Technique in Organisation: Benefits and Challenges. International Journal of Advance and Innovative Research, 10(2), April-June 2023, S. 1–5.

## 5. Unendlichkeit statt Zieleinlauf

1 Simon Sinek (23.10.2020). The Most Important Trait of a Leader. Abgerufen am 27.12.2020 unter https://www.youtube.com/watch?v=eKQSLgtNcVo&t=3s.
2 OMR (11.05.2023). State of the German Internet 2023. Abgerufen am 15.05.2023 unter https://www.youtube.com/watch?v=1pNDTri61IY.
3 Moffitt et al. (2011). A gradient of childhood self-control predicts health, wealth, and public safety. PNAS, 108(7), S. 2693–2698.
4 Sutter, M. (2022). Der menschliche Faktor oder worauf es im Berufsleben ankommt: 50 verhaltensökonomische Erkenntnisse. München: Carl Hanser Verlag, S. 50.
5 Curry et al. (2008). Patience is a virtue: Cooperative people have lower discount rates. Personality and Individual Differences, 44(3). S. 780–785; Schnitker, S. A. & R. A. Emmons (2007). Patience as a virtue: Religious and psychological perspectives. Research in the Social Scientific Study of Religion, 18, S. 177–207.; Schnitker, S. (2012). An Examination of Patience and Well-Being. The Journal of Positive Psychology, 7(4), S. 263–280.
6 Sluss, D. (02.09.2020). Becoming a More Patient Leader. Harvard Business Review. Abgerufen am 01.09.2023 unter https://hbr.org/2020/09/becoming-a-more-patient-leader.
7 Ersner-Hershfield et al. (2009). Saving for the Future Self: Neural Measures of Future Self- Continuity Predict Temporal Discounting. Social Cognitive and Affective Neuroscience, 4(1), S. 85–92.
8 »If people are better connected to their future selves, then they're going to have an enhanced ability to recognise the consequences of their present-day decisions on their future selves.« Robson, D. (02.02.2022). How thinking about ›future you‹ can build a happier life. BBC. Abgerufen am 02.09.2023 unter https://www.bbc.com/worklife/article/20220201-how-thinking-about-future-you-can-build-a-happier-life.
9 Hershfield et al. (2011). Increasing Saving Behavior Through Age-Progressed Renderings of the Future Self. Journal of Marketing Research, 48, S. 23–37.

# ÜBER DEN AUTOR

Jonas Höhn ist Speaker, Podcaster und Gründer der detoxRebels. Sein Auftritt in der TV-Show »Die Höhle der Löwen« machte ihn und sein Unternehmen einem Millionenpublikum bekannt. Seitdem darf der sympathische Rebell mit seinem Expert:innen-Team bundesweit Unternehmen wie TUI, Vodafone und SodaStream dabei unterstützen, die Rahmenbedingungen für ein besseres Arbeiten zu schaffen. Für eine moderne Unternehmenskultur mit gesunden Mitarbeitenden. Sein Antrieb sind seine Neugier und seine Leidenschaft für Mental, Physical und Social Health. Mit seinem Podcast »Rebellisch gesund«, in dem Jonas Höhn mit führenden Persönlichkeiten aus Wissenschaft, Psychologie und Wirtschaft spricht, sorgt er regelmäßig für neue Impulse und ganz besondere Aha-Erlebnisse. Überraschend anders eben, unterhaltsam und natürlich rebellisch.

www.detoxrebels.com